Günther Ossimitz

Entwicklung systemischen Denkens

Profil

Adresse des Autors:
Ass. Prof. Mag. Dr. Günther Ossimitz
Universität Klagenfurt
Abt. Didaktik der Mathematik
Universitätsstr. 65-67
A- 9020 Klagenfurt

Die Drucklegung dieses Buches wurde gefördert von:
Forschungskommission der Universität Klagenfurt
Stadt Klagenfurt
Kärntner Universitätsbund

Die Deutsche Bibliothek - CIP-Einheitsaufnahme

Ossimitz, Günther
Entwicklung systemischen Denkens / Günther Ossimitz - München ;
Wien : Profil, 2000
(Klagenfurter Beiträge zur Didaktik der Mathematik ; Bd. 1)
Zugl.: Klagenfurt, Univ., Habil.-Schr, 2000
ISBN 3-89019-494-X

Printed in Germany
ISBN 3-89019-494-X

Inhaltsverzeichnis

Vorwort

Dieses Buch hat eine lange Entstehungsgeschichte. Eine entscheidende Initialzündung gab Gerhart Bruckmann im Jahr 1986 mit einem Hauptvortrag *Zur Didaktik der Systemdynamik* an der Universität Klagenfurt. Bruckmanns leidenschaftliches Plädoyer für ein neues, vernetztes Verständnis von Mathematik wurde von Roland Fischer aufgegriffen. In seinem Auftrag verfassten Franz Schlöglhofer und ich im Jahr 1989 ein erstes Diskussionspapier, das schließlich zu einem neuen Lehrplankapitel *Untersuchung vernetzter Systeme* im Mathematiklehrplan der 7. Klasse (= 11. Schulstufe) des Realgymnasiums führte. Im Herbst 1990 erschien dann der Band *Materialien zur Systemdynamik*.

In den darauffolgenden Jahren beschäftigte ich mich auf verschiedenen Ebenen intensiv mit dem Thema "Systemdynamik und systemisches Denken im Mathematikunterricht": Auf der Ebene von Softwareevaluation, didaktischer Reflexion (z. B. über verschiedene Darstellungsformen in der Systemdynamik oder über den Modellbildungsaspekt), und vor allem ganz intensiv auf der Ebene der Lehrerfortbildung. Dabei gelang es, engagierte Lehrer[1] zu finden, die bereit waren, ihren Systemdynamik-Unterricht hinsichtlich der Frage, inwieweit die Schüler dabei systemisch denken lernen, empirisch evaluieren zu lassen. Nach einer kleinen Pilotstudie mit nur sieben untersuchten Schülern aus zwei Klassen bildete das Projekt *Entwicklung vernetzten Denkens* mit über 130 untersuchten Schülern den Höhepunkt dieser empirischen Arbeiten.

Dabei entspann sich auch ein intensiver Austausch mit der Arbeitsgruppe um Eckhard Klieme und Ulla Maichle vom Institut für Bildungsforschung in Bonn, die ähnliche Untersuchungen zum Einsatz der Simulationssoftware MODUS in Nordrhein-Westfalen durchführten. Diese Kooperation kulminierte in einem gemeinsam mit Joachim Wedekind vom Deutschen Institut für Fernstudien und Bernard Winkelmann vom IDM Bielefeld organisierten Expertenworkshop zum Thema *Systemisches Denken – Lehren und Lernen in Simulations- und Modellbildungssystemen*, im November 1995.

In den darauf folgenden Jahren verlagerte sich meine Beschäftigung mit systemischem Denken und Systemdynamik (gesundheitsbedingt) mehr auf die Ebene von Internetkontakten, die hauptsächlich in der *System Dynamics Mega Link List* (Ossimitz 2000a) ihren materiellen Ausdruck findet – der weltweit umfassendsten Link-Sammlung zu Web-Ressourcen zur Systemdynamik und zum systemischen Denken.

---

[1] Personenbezogene Bezeichnungen in Pluralform (wie "die Lehrer", "die Schüler", "die Personen" usw.) beziehen sich unabhängig vom grammatikalischen Geschlecht gleichermaßen auf Damen und Herren. Sollten nur männliche Personen gemeint sein, wird dies eigens vermerkt.

Das vorliegende Werk fasst meine nunmehr über zehnjährigen Erfahrungen mit dem Thema zusammen. Dabei war die sequenzielle Anordnung der miteinander vernetzten Inhalte eine beträchtliche Herausforderung, die viele Kompromisse und Querverweise erforderte. Dennoch habe ich mich bemüht, jedes der fünf Kapitel möglichst so zu halten, dass es auch unabhängig vom übrigen Werk gelesen werden kann. Dies bedingte einige Wiederholungen, für die ich um Verständnis bitte.

Für das Zustandekommen dieses Buches bin ich einer ganzen Reihe von Personen zu Dank verpflichtet. Roland Fischer hat als akademischer Lehrer und Mentor meine Laufbahn von den ersten Studententagen an in einer Weise begleitet und gefördert, die mich tief geprägt hat und die man einem jungen Wissenschaftler nur wünschen kann. Willibald Dörfler hat an vielen Stellen ganz entscheidend dazu beigetragen, meinen Horizont (speziell im Softwarebereich) zu erweitern.

In der Auseinandersetzung im Verhältnis Mathematik-Systemdynamik war mir Bernard Winkelmann eine ganz große Unterstützung. Auch bei Eckhard Klieme, Joachim Wedekind und meinen alten Weggefährten Franz Schlöglhofer möchte ich mich für die gute Zusammenarbeit herzlichst bedanken.

Schließlich ist mir die Abteilung "Didaktik der Mathematik" unter der umsichtigen Leitung von Werner Peschek in den letzten Jahren eine wissenschaftliche Heimat geworden, in der gerade unter schwierigsten Umständen ganz große menschliche Qualitäten sichtbar wurden.

Beim Korrekturlesen des Manuskripts haben mir meine Schwester Barbara, meine Frau Gabriela, Gerda Elsner sowie meine Kollegin Edith Schneider ganz wesentlich geholfen. Ihnen gebührt mein herzlichster Dank, wie auch Herrn Kagelmann vom Profil-Verlag für die freundliche Zusammenarbeit.

Schließlich gibt es noch eine Reihe von Personen, die zwar sehr indirekt, aber dennoch entscheidend am Zustandekommen dieses Buches beteiligt waren. Meine Eltern haben in mir von frühester Kindheit an eine Freude für Intellektuelles geweckt, mir große Stücke zugetraut und mein Weiterkommen nach Kräften gefördert. Und in den letzten Jahren haben hervorragende Teams von medizinischen Spezialisten im LKH Klagenfurt und am AKH Wien sowie ein mir unbekannter Knochenmarkspender aus London sich in aufopfernder Weise um mein Leben bemüht, die allerhöchste Anerkennung und Respekt verdient und für die ich nur von ganzem Herzen "Danke" sagen kann. Ihnen allen sei dieses Buch gewidmet.

Günther Ossimitz — Klagenfurt, im August 2000

1 Wege zum systemischen Denken und Handeln

"Systemisches Denken"[2] lässt sich nicht so einfach einer bestimmten Fachwissenschaft zuordnen. Daher möchte ich in diesem Kapitel überblicksartig skizzieren, in welchen Zusammenhängen "systemisches Denken" eine Rolle spielt und werde drei große Bereiche im Überblick besprechen:

1. *Qualitative Ansätze*: Der biokybernetische Ansatz von Frederic Vester, systemorientierte Managementansätze wie etwa von Gomez/Probst bis hin zu Peter Senge's *Fifth Discipline*, bei der organisationales Lernen als eine Art kollektive Variante systemischen Denkens betrachtet wird.
2. Der Forschungsansatz *Komplexes Problemlösen* in der deutschen Kognitionspsychologie (Dörner, Funke, Putz-Osterloh): Anhand von computersimulierten Szenarien wird untersucht, wie sich Versuchspersonen in komplexen, systemischen Situationen verhalten und was sie dabei denken.
3. Der *System Dynamics* Ansatz: Im Zentrum stehen zunächst systemdynamische Simulationsmodelle. In jüngerer Zeit wurde vor allem in den USA System Dynamics (SD) mit *Systems Thinking* (ST) in Verbindung gebracht – zunächst als Marketingargument für eine bestimmte Systemdynamiksoftware und als Argument, SD/ST auf breiter Ebene im Schulunterricht einzuführen.

Auch wenn diese drei Bereiche zunächst relativ unabhängig voneinander erscheinen, ergeben sich im Gesamtbild einige interessante Wechselbeziehungen, die ich am Ende dieses Kapitels beleuchten möchte.

1.1 Qualitative Ansätze

1.1.1 Frederic Vester

Dem Münchner Biokybernetiker Frederic Vester gebührt das Verdienst, im deutschen Sprachraum einiges zur Popularisierung eines (irgendwie gearteten) Systemverständnisses beigetragen zu haben. Sein primärer Referenzkontext ist dabei "die biologische Welt, das System unserer Biosphäre" (Vester 1988, S. 74), dem wohl komplexesten und auch erfolgreichsten System überhaupt. Die von ihm behandelten Themen reichen von Studien über Umweltfragen, wie *Das Überlebensprogramm* (Vester 1972) oder *Ballungsgebiete in der Krise* (Vester

---

[2] Oder auch ähnliche Begriffe wie "Systemdenken", "systemorientiertes Denken", "systems thinking", "vernetztes Denken", "komplexes Problemlösen". Vorläufig kann man diese Begriffe als synonym betrachten. Eine genauere Begriffsbestimmung erfolgt in Kap. 2.2.

1983a), bis hin zu Systembetrachtungen auf der neuronalen Ebene im Rahmen einer vielbeachteten Fernsehserie mit dem Titel *Denken-Lernen-Vergessen* (vgl. Vester 1978). Die von Vester organisierte Wanderausstellung *Unsere Welt – ein vernetztes System* war in den Jahren 1978-1983 in fünfzig Städten unterwegs und hatte insgesamt ca. 750.000 Besucher (vgl. Vester 1983b).

Im Jahr 1983 brachte Vester auch das Umweltspiel *Ökolopoly* heraus, das später auch als PC-Simulationsspiel erschien. Etwa zur selben Zeit begann Vester ein Sensitivitätsmodell zu vermarkten, das ursprünglich vom deutschen Umweltbundesamt im Rahmen einer UNESCO-Studie entwickelt wurde (Vester/Hesler 1980). Genaueres zum Sensitivitätsmodell findet man in Vester (1999).

Insgesamt steht bei Vester eher die pragmatische Dimension des Designs und der praktischen Steuerung von Systemen im Vordergrund. Buchtitel wie *Neuland des Denkens* (Vester 1984) oder *Leitmotiv vernetztes Denken* (Vester 1988) lassen vorerst vermuten, dass es Vester hauptsächlich um eine besondere Form des Denkens gehe. Bei einer genaueren Durchsicht der Werke gewinnt man allerdings den Eindruck, dass Vester Begriffe wie "vernetztes Denken" oder "systemisches Denken" nur als Aufhänger verwendet. Im Text selbst kommen sie kaum vor. Insbesondere sucht man in den umfangreichen Publikationen Vesters vergeblich nach einer konzisen Definition oder wenigstens einer klärenden Diskussion dieses Begriffes. So bleibt das vernetzte Denken etwa im Buch *Leitmotiv Vernetztes Denken* (Vester 1988) wirklich nur ein Leitmotiv: Im Stichwortverzeichnis sucht man vergeblich nach einem Eintrag "systemisches Denken" oder "vernetztes Denken". Im Buch *Neuland des Denkens* (Vester 1984, S. 65) findet man unter dem Stichwort "systemisches Denken" lediglich das folgende Zitat:

> "So haben wir z. B. (eine Gruppe von insgesamt 34 Wissenschaftlern und Philosophen, darunter sechs Nobelpreisträger) auf Initiative des amerikanischen Diplomaten John Keppeln im Frühjahr 1980 einen gezielten Appell zum Umschwenken auf ein systemisches Denken und Planen, das sich an den Gesetzen des Lebendigen orientiert, gerichtet."

Die systemischen Prinzipien der Natur, an denen wir uns orientieren sollen, hat Vester jedoch durch unzählige Beispiele veranschaulicht und auch explizit formuliert (Abb. 1). Dabei betreffen die ersten beiden Prinzipien das grundsätzliche Design von Systemen: Jedes "vernünftige" System muss so beschaffen sein, dass es sich durch stabilisierende Rückkoppelungen (=Regelkreise) selbst regelt. Systeme, denen diese Eigenschaft fehlt, (und die daher unbegrenzt wachsen wollen,) werden durch externe Faktoren quasi zwangsweise in ihrem Wachstum begrenzt. Dies gilt für Pyramidenspiele genauso wie für das Wachstum von Tumorzellen: Irgendwann ist das Wachstumspotenzial erschöpft.

Acht Prinzipien der Natur, die das Überleben garantieren

1. **Das Prinzip der negativen Rückkoppelung**
   Das bedeutet Selbststeuerung durch Aufbau von Regelkreisen statt ungehemmte Selbstverstärkung oder – nach dem Umkippen – Selbstvernichtung. Negative Rückkoppelung muss daher über positive Rückkoppelung dominieren.
2. **Das Prinzip der Unabhängigkeit von Wachstum**
   Die Funktion eines Systems muss auch in einer Gleichgewichtsphase gewährleistet sein, das heißt von quantitativem Wachstum unabhängig sein. Denn ein permanentes Wachstum ist für alle Systeme eine Illusion.
3. **Das Prinzip der Unabhängigkeit vom Produkt**
   Überlebensfähige Systeme müssen funktions- und nicht produktorientiert sein. Produkte kommen und gehen, Funktionen bleiben.
4. **Das Jiu-Jitsu-Prinzip**
   Hier geht es um die Nutzung vorhandener, auch störender Kräfte nach dem Prinzip der asiatischen Selbstverteidigung, statt ihrer Bekämpfung nach der Boxermethode mit teurer eigener Kraft.
5. **Das Prinzip der Mehrfachnutzung**
   Es gilt für Produkte, Funktionen und Organisationsstrukturen. Es führt durch Verbundlösungen zu Multistabilität und bedeutet eine Absage an sogenannte Hundertprozentlösungen.
6. **Das Prinzip des Recycling**
   Es bedeutet die Nutzung von Kreisprozessen zur Abfall- und Wärmeverwertung. Das vermeidet sowohl Knappheit als auch Überschüsse.
7. **Das Prinzip der Symbiose**
   Das heißt gegenseitige Nutzung von Verschiedenartigkeit durch Kopplung und Austausch. Das aber verlangt kleinräumigen Verbund. Monostrukturen können daher nicht von den Vorteilen der Symbiose profitieren.
8. **Das Prinzip des biologischen Designs**
   Auch diese Regel lässt sich auf Produkte, Verfahren und Organisationsformen gleichermaßen anwenden. Es bedeutet Feedbackplanung mit der Umwelt, Vereinbarkeit und Resonanz mit biologischen Strukturen, insbesondere auch der des Menschen.

Abb. 1 (aus: Vester 1988, S. 20)

Das *Prinzip der Unabhängigkeit vom Produkt* sieht Vester als direkte Konsequenz der beiden ersten Prinzipien:

> "Beide Prinzipien zusammen ergeben schon gleich ein drittes, nämlich dass die Funktion eines Systems auch nicht an die Herstellung eines bestimmten Produktes gebunden sein kann. Denn dieses würde sich ja sonst ins Unendliche vermehren. Ja, schon das Regelkreisprinzip alleine, also die mal nach oben, mal nach unten ausgleichende Steuerung durch negative Rückkoppelung bedeutet gewissermaßen einen ständigen Wechsel *im* bzw. eine Unabhängigkeit vom ›Produkt‹" (Vester 1984, S. 82)[3]

Das *Jiu-Jitsu-Prinzip* betrifft hingegen steuernde Eingriffe in ein bestehendes System. Voraussetzung dafür erscheint mir zu sein, dass es jemanden gibt, der "über" dem System steht und das System insgesamt in eine bestimmte Richtung bewegen will oder wenigstens innerhalb des Systems ein bestimmtes Ziel

---

[3] Besondere Formatierungen in Zitaten sind aus dem Original übernommen, sofern kein anders lautender Hinweis erfolgt.

erreichen will. Im Wesentlichen besagt das Jiu-Jitsu-Prinzip, dass dem System innewohnende Kräfte und Dynamiken genutzt werden sollen, anstatt mit externem Krafteinsatz das Ziel zu erreichen – und zwar auch dann, wenn die Kräfte des Systems dem Erreichen des Ziels zunächst scheinbar entgegenwirken; genauso wie ein Jiu-Jitsu-Kämpfer (anders als ein Boxer) die Angriffsenergie des Gegners so geschickt umlenkt, dass dieser selbst zu Fall kommt.

Das *Prinzip der Mehrfachnutzung* sieht Vester (1984, S. 83) folgend:

> "Bereits in den kleinsten Organismen kann man beobachten, wie Polypeptide und andere Makromoleküle so aufgebaut werden, dass sie für die unterschiedlichsten Funktionen eingesetzt werden können. ... Eine besondere Form der Mehrfachnutzung haben wir im *Prinzip des Recycling*, der Wiedereinführung alles Produzierten und Verbrauchten in einen neuen Kreislauf."

Zum *Prinzip der Symbiose* meint Vester (1984, S. 84), dass ein Zusammenleben artfremder Organismen und kleinräumige Vielfalt eine direkte Konsequenz des Prinzips der Mehrfachnutzung und des Recyclings seien, weil nur so verschiedene Lebensformen sich gegenseitig nützen können. Vester steigert dies noch zu einem leidenschaftlichen Plädoyer gegen jede Art von Monokultur, gegen zentrale Energieversorgung, aber auch gegen soziale Monostrukturen wie etwa reine Schlaf- oder Bürostädte: Diese "können ja von den Vorteilen symbiontischer Beziehungen, d. h. ihrer beträchtlichen Rohstoff-, Energie- und Transportersparnis und anderen stabilisierenden Effekten, nicht profitieren und sind daher letztlich weniger effizient." (Vester 1984, S. 85). Wenigstens hinsichtlich der Büro- und Schlafstädte wäre dazu anzumerken, dass diese Monostrukturen von den jeweils Betroffenen oft gerade so gewollt sind, weil sie auch mannigfache Vorteile bieten.

Das *Prinzip des Biologischen Designs* meint "die Vereinbarkeit (Kompatibilität) aller von uns geschaffenen Strukturen, Funktionen und Organisationsformen mit der biologischen Natur, insbesondere auch des Menschen" (Vester 1984, S. 87). Dies klingt zwar sehr plausibel, ist aber oft schwer konkret umsetzbar. Was nützt dieses Prinzip, wenn man beispielsweise bei der Planung einer Autobahnumfahrung vor der Alternative steht, entweder ein (in der Ebene liegendes) Dorf zu untertunneln oder es zu umfahren und dabei ein Feuchtbiotop zu durchqueren[4]?

Insgesamt bleibt der Eindruck, dass Vester hauptsächlich plakative Schlagworte liefert, die weder kritisch hinterfragt werden noch so ohne weiteres praktisch umsetzbar sind. Was bleibt, ist das unbestreitbare Verdienst von Vester, systemisches bzw. vernetztes Denken als Schlagwort im deutschen Sprachraum populär gemacht zu haben.

---

[4] Bei der Planung der Autobahnumfahrung Klagenfurt entschied man sich dafür, Lendorf zu untertunneln. Aus dem Feuchtbiotop wurde inzwischen ein Golfplatz (mit mehreren Teichen, in denen sich die schützenswerten Frösche angeblich sehr wohl fühlen).

1.1.2 Vernetztes Denken im Management

Unter diesem Titel publizierten Peter Gomez und Gilbert J. Probst ein Heft in der Reihe *Die Orientierung* (Gomez/Probst 1987), das ich hier stellvertretend für eine ganze Reihe von ähnlichen Werken (Probst/Gomez 1991, Gomez/Probst 1997 oder Ulrich/Probst 1988) näher betrachte. Gomez/Probst beschreiben zunächst sieben Denkfehler des Problemlösens in komplexen Situationen, denen sie sieben "Bausteine einer Methodik des ganzheitlichen Problemlösens" gegenüber stellen. Die Tabelle in Abb. 2 gibt einen Überblick.

Auf diesem Gerüst aufbauend entwickeln die Autoren eine konkrete Methodik, mit der sich systemische Zusammenhänge bzw. Vernetzungen (ohne Computerhilfe!) modellieren und auch auswerten lassen. Im Kern dieser steht eine sehr einfache, aber gleichzeitig sehr leistungsfähige Darstellungsform von Systemen: das *Wirkungsdiagramm* (Abb. 3). Ein Wirkungsdiagramm enthält die wesentlichen Systemelemente als Knoten und Ursache-Wirkungs-Beziehungen zwischen diesen Elementen als Pfeile.

Schritt	***Denkfehler***	**statt dessen gilt es: ...**
1. Abgrenzung des Problems	*Probleme sind objektiv gegeben und müssen nur noch klar formuliert werden.*	die Situation aus verschiedenen Blickwinkeln zu betrachten, verschiedene Standpunkte zu einer ganzheitlichen Abgrenzung zu integrieren.
2. Ermittlung der Vernetzung	*Jedes Problem ist die direkte Konsequenz einer Ursache.*	die Beziehungen/Interaktionen/Kreisläufe zwischen den Elementen einer Problemsituation zu erfassen und in ihren Wechselwirkungen zu verstehen
3. Erfassung der Dynamik	*Um eine Situation zu verstehen, genügt eine «Fotografie» des Ist-Zustandes.*	die zeitlichen Aspekte der einzelnen Beziehungen und einer Situation als Ganzem sind zu ermitteln. Gleichzeitig ist die Bedeutung der Beziehungen im Netzwerk zu erfassen.
4. Interpretation der Verhaltens-möglichkeiten	*Verhalten ist prognostizierbar, notwendig ist nur eine aus-reichende Informationsbasis*	Künftige Entwicklungspfade sind zu erarbeiten und in ihren Möglichkeiten zu simulieren.
5. Bestimmung der Lenkungs-möglichkeiten	*Problemsituationen lassen sich «beherrschen», es ist lediglich eine Frage des Aufwandes.*	Die lenkbaren, nichtlenkbaren und zu überwachenden Aspekte einer Situation sind in einem Lenkungsmodell abzubilden.
6. Gestaltung der Lenkungs-eingriffe	*Ein "Macher" kann jede Problem-lösung in der Praxis durchsetzen.*	Entsprechend systemischen Regeln sind die Lenkungs-eingriffe so zu bestimmen, dass situationsgerecht und mit optimalen Wirkungsgrad eingegriffen werden kann.
7. Weiterent-wicklung der Problemlösung	*Mit der Einführung einer Lösung kann das Problem endgültig ad acta gelegt werden.*	Veränderungen in einer Situation sind in Form lernfähiger Lösungen vorwegzunehmen.

Abb. 2 (nach Gomez/Probst 1987, S. 16)

Aus der Gesamtvernetzung eines Wirkungsdiagramms lassen sich Rückkoppelungskreisläufe erkennen. Diese Rückkoppelungen sind für vernetzte Strukturen charakteristisch und für eine Beurteilung des Systemverhaltens von entscheidender Bedeutung. Dazu ist es jedoch notwendig, zwischen positiven (verstärkenden bzw. eskalierenden) und negativen (stabilisierenden bzw. dämpfenden) Rückkoppelungskreisen zu unterscheiden. Der Prototyp eines stabilisierenden Rückkoppelungskreises ist der klassische kybernetische Regelkreis, bei dem eine bestimmte Größe, die verschiedenen äußeren Veränderungen ("Störungen") unterworfen ist, von einem Regler mit einem gespeicherten "Sollwert" verglichen und möglichst konstant am Sollwert gehalten wird[5].

Dem Ermitteln der Knoten (Systemelemente) im Wirkungsdiagramm entspricht im Wesentlichen Schritt 1 der Methodik von Gomez/Probst: *Abgrenzung des Problems*. Dabei ist es in der Praxis vorteilhaft, zunächst nur die allerwichtigsten ("zentralen") Systemelemente zu identifizieren und das Modell erst später bei Bedarf um zusätzliche Elemente zu erweitern. Verschiedene Standpunkte bzw. Sichtweisen lassen sich in verschiedenen Wirkungsdiagrammen ausdrücken[6].

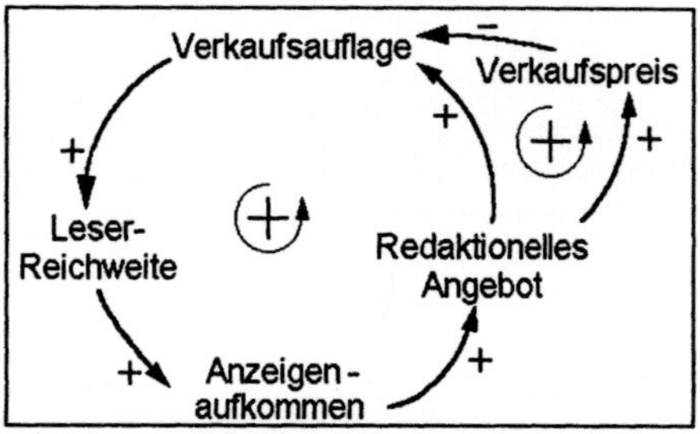

Abb. 3 (nach Gomez/Probst 1987, S. 22)

Dem Schritt 2 der Methodik von Gomez/Probst (*Ermittlung der Vernetzung*) entspricht das Eintragen von Wirkungspfeilen in ein Wirkungsdiagramm einschließlich der Ermittlung von positiven und negativen Rückkoppelungskreisen.

Im Schritt 3 *Erfassen der Dynamik* untersuchen Gomez/Probst, welche Wirkungsbeziehungen kurzfristiger, mittelfristiger bzw. langfristiger Natur sind. Daraus kann man bereits gewisse Aussagen über die Dynamik des Systems ableiten.

Als nächster Analyseschritt werden die Wirkungsbeziehungen zwischen den einzelnen Elementen grob nach ihrer Stärke klassifiziert und codiert:

---

[5] Näheres zu Wirkungsdiagrammen siehe 3.1.2. Für eine systemdynamisch orientierte Diskussion zum Thema "Regelkreis" siehe Ossimitz (1990a, S. 109ff). Einen ausgezeichneten ideengeschichtlichen Überblick über die Rückkoppelungskreise in verschiedensten Disziplinen bietet Richardsons Werk *Feedback Thought* (Richardson 1991; vgl. auch Kap. 2.1.3).

[6] Vgl. Ossimitz (1990a, S. 58ff), wo mögliche Wirkungsdiagramme zum Thema "Stadtverkehr" aus der Sicht eines Autofahrers, eines Umweltschützers, eines Benützers öffentlicher Verkehrsmittel usw. diskutiert werden.

0 = kein direkter Zusammenhang   1 = schwacher Zusammenhang
2 = mittlerer Zusammenhang   3 = starker Zusammenhang

Diese Maßzahlen werden in eine (Inzidenz-)Matrix eingetragen, die in den Zeilen und Spalten jeweils alle Systemelemente enthält. Anschließend werden die Zeilen- und Spaltensummen gebildet. Für jedes Element erhält man auf diese Weise eine sogenannte Aktivsumme und eine Passivsumme. Je größer die Aktivsumme AS, desto mehr beeinflusst dieses Element seine direkte Umgebung insgesamt, je größer die Passivsumme PS, desto mehr wird ein Element von seiner Umgebung beeinflusst. Im Original-"Papiercomputer" nach Vester werden als nächster Schritt für jedes Systemelement noch das Produkt P = AS · PS sowie der Quotient Q = AS/PS ermittelt. Daraus kann man vier Typen von Modellelementen identifizieren:

- *Aktive Größen* (Q sehr hoch): Beeinflussen andere Größen stark, werden selbst wenig beeinflusst.
- *Passive Größen* (Q sehr klein): Werden stark beeinflusst, beeinflussen andere Größen nur wenig.
- *Kritische Größen* (P sehr groß): Beeinflussen andere Größen sehr stark, werden aber auch stark beeinflusst.
- *Träge Größen* (P sehr klein): Beeinflussen schwach und werden selbst auch nur wenig beeinflusst.

In einer modifizierten Form dieses Modells (Probst/Gomez 1991, S. 14; Gomez/ Probst 1997, S. 88) verzichtet man auf die nummerische Ermittlung von P und Q und trägt statt dessen die einzelnen Systemelemente als Punkte in ein zweidimensionales Koordinatensystem mit AS bzw. PS als Koordinaten ein. Dann liegen die trägen Elemente in der Ecke, wo AS und PS niedrig sind, die kritischen Elemente diagonal gegenüber dort, wo AS und PS beide hoch sind. Die aktiven Elemente liegen in der Ecke mit hoher AS und geringer PS, die passiven (nunmehr "reaktiv" genannten) Elemente liegen diagonal gegenüber in der Ecke mit geringer AS und hoher PS. Durch die grafische Visualisierung spart man sich die Berechnung der doch recht gekünstelten Größen P und Q und überdies erkennt man ähnliche Typen von Modellelementen wesentlich leichter.

Die Unterscheidung in vier Typen von Modellelementen hilft oft bei der Frage, an welchen Stellen man überhaupt sinnvoll in das System eingreifen kann. Für effiziente Lenkungseingriffe kommen in erster Linie aktive oder (mit entsprechender Vorsicht) auch kritische Größen in Frage; für ein "Monitoring" des Systemverhaltens eignen sich passive Größen besonders.

Im Schritt 4 *Interpretation der Verhaltensmöglichkeiten* geht es um das Durchspielen verschiedener möglicher Entwicklungsszenarien in dem zuvor entwickelten Wirkungsnetzwerk. "Es geht um vernetzte Gebilde (meist Teilnetzwerke), die vor allem jene Größen einschließen, die wir nicht selbst bestimmen können" (Probst/Gomez 1991, S. 15) wie z. B. allgemeine Entwicklungen von Wirtschaft, Technologie oder der Gesellschaft.

Im nächsten Schritt 5 *Bestimmung der Lenkungsmöglichkeiten* soll innerhalb dieser Szenarien das eigene Verhalten geplant werden. Dabei kann man im Wirkungsmodell zunächst grob zwischen lenkbaren und nicht lenkbaren Systemelementen unterscheiden. Unter den lenkbaren sind die trägen und passiven Elemente meist von geringerer Bedeutung, weil durch sie in der Regel kein nachhaltiger Einfluss auf das Systemverhalten erzielt werden kann. Besonders interessant sind lenkbare aktive Größen. Lenkungseingriffe bei kritischen Größen erfordern jedoch eine besondere Vorsicht, weil hier nicht nur eine direkte Wirkung, sondern über Rückkoppelungskreise (mit entsprechender Zeitverzögerung) auch starke indirekte Wirkungen erzielt werden.

Im Schritt 6 *Gestaltung der Lenkungseingriffe* geht es um das Planen konkreter Lenkungseingriffe, sowie um das Timing und die Stärke dieser Eingriffe. Als allgemeine Orientierungshilfe geben Gomez/Probst (1987, S. 30) sieben *Regeln zur Beurteilung von Lenkungseingriffen*[7] an:

1. Passe deine Lenkungseingriffe der Komplexität der Situation an.
2. Richte deine Maßnahmen auf die aktiven und kritischen Einflussgrößen aus.
3. Vermeide unkontrollierte Entwicklungen mit Hilfe stabilisierender Rückkoppelungen.
4. Nutze die Eigendynamik und Synergien der Problemsituation.
5. Finde ein harmonisches Gleichgewicht zwischen Bewahrung und Wandel.
6. Fördere die Autonomie der kleinsten Einheit.
7. Erhöhe mit jeder Problemlösung die Lern- und Entwicklungsfähigkeiten.

Gomez/Probst (1987) enthält schließlich noch zwei ausführlich besprochene Fallstudien ("Entwicklung einer Buchhandelskette" und "Gynäkologische Versorgung der Schweiz") Auch in der Nachfolgeliteratur (z. B. in Probst/Gomez 1991) findet man eine Vielzahl konkreter Fallbeispiele. Insgesamt ist die von Gomez/Probst entwickelte Methodik ein praxisorientierter Ansatz zum systemorientierten Denken und Handeln, der zwar für den Managementbereich entwickelt wurde, aber durchaus nicht auf diesen beschränkt zu bleiben braucht.

1.1.3 Organisationales Lernen

Etwa seit 1990 hat der Ansatz "Systemisches Denken im Management" eine ganz entscheidende Weiterentwicklung erfahren. Stark vereinfacht gesagt besteht der Grundgedanke darin, dass es nicht ausreicht, wenn Manager systemisch denken; in gewisser Weise müsste ein Unternehmen als Ganzes systemisch (denken)

---

[7] Für eine nähere Besprechung dieser Regeln siehe Ossimitz (1990a, S. 83f)

lernen. Konkretisiert wird dies unter dem Schlagwort *Organisationales Lernen* (organizational learning). Peter Senge hat in seinem bahnbrechenden Bestseller *The Fifth Discipline* (Senge 1990, vgl. 2.1.6) die These entwickelt, dass eine lernende Organisation auf fünf Disziplinen basiert: (1) Personal Mastery, (2) Mental Models, (3) Building Shared Vision, (4) Team Learning und (5) Systems Thinking. Senge meint, dass alle diese Disziplinen für die Entwicklung einer lernenden Organisation unerlässlich sind, räumt jedoch der "fünften Disziplin" Systems Thinking dabei eine Sonderrolle ein:

> "It is vital that the five disciplines develop as an ensemble. This is challenging because it is much harder to integrate new tools than simply apply them separately. But the payoffs are immense. This is why systems thinking is the fifth discipline. It is the discipline that integrates the disciplines, fusing them to a coherent body of theory and practice. ... Without a systemic orientation, there is no motivation to look at how the disciplines interrelate." (Senge 1990, S. 12).

Der treffendste Ausdruck für das, was organisationales Lernen in seinem Wesen ausmacht, ist nach Meinung von Senge das griechische Wort *metanoia*[8].

> "For the Greeks, it meant a fundamental shift or change, or more literally transcendence (*'meta'* — above or beyond, as in `metaphysics') of mind (*'noia'*, from the root *`nous'* of mind)." (Senge 1990, S. 13).

Metanoia geht wesentlich tiefer als übliches Lernen im Sinne eines Zur-Kenntnis-Nehmens: "Real learning gets to the heart of what it means to be human. Through learning we re-create ourselves." (Senge 1990, S. 14) Organisationales Lernen ist also eine radikale Umgestaltung, ein schöpferischer Akt, bei der etwas qualitativ ganz Neues entsteht.

Im Kapitel 4 *The Laws of the Fifth Discipline* bespricht Senge (1990, S. 57-67) folgende systemischen Prinzipien:

1. Todays problems come from yesterday's "solutions".
2. The harder you push, the harder the system pushes back.
3. Behavior grows better before it grows worse.
4. The easy way out usually leads back in.
5. The cure can be worse than the disease.
6. Faster is slower.
7. Cause and effect are not closely related in time and space.
8. Small changes can produce big results — but areas of highest leverage are often the least obvious.
9. You *can* have your cake and eat it too — but not at once.
10. Dividing an elephant in half does not produce two small elephants.
11. There is no blame.

---

[8] *Metanoia* ist im Neuen Testament ein Basisbegriff der christlichen Glaubenslehre (vgl. Mt 3:2; Apg 2:38). Oft wird er (sehr missverständlich) mit "Buße tun" übersetzt; moderne Übersetzungen verwenden treffender "umkehren" oder "sein Leben ändern".

Zum letzten Punkt meint Senge:

> "We tend to blame outside circumstances for our problems. 'Someone else'—the competitors, the press, the changing mood of the marketplace, the government—did it to us. Systems thinking shows us that there is no outside; that you and the cause of your problems are part of a single system." (Senge 1990, S. 67)

Im nächsten Kapitel entwickelt Senge unter dem Titel *A shift of mind* das Grundkonzept eskalierender und stabilisierender Rückkoppelungskreise. Dabei verwendet er ausschließlich Wirkungsdiagramme als grafische Darstellungsmittel. In weiterer Folge entwickelt Senge eine Reihe von Grundstrukturen in systemischen Wirkungsbeziehungen, die er *systems archetypes* nennt. Diese Archetypen haben eine bestimmte Wirkungsstruktur und zeigen auch ein charakteristisches Verhalten. Solche Archetypen sind z. B.

- *Limits to Growth*: Ein eskalierender Wachstumsprozess wird von einem negativen Rückkoppelungskreis gebremst und schließlich gestoppt (vgl. 3.1.2).
- *Escalation*: Zwei Parteien (Personen, Organisationen) sehen sich durch die Überlegenheit der jeweils anderen Seite bedroht. Eine (vielleicht nur subjektiv wahrgenommene) Überlegenheit der Gegenseite wird mit aggressiven "Gegenmaßnahmen" beantwortet, die oft noch als rein defensiv gesehen werden, um das Gleichgewicht wieder herzustellen. Bekanntestes Beispiel dafür ist das atomare Wettrüsten der Supermächte in der Zeit des Kalten Krieges.
- *Balancing Process wich Delay*: Das ist einfach ein stabilisierender Rückkoppelungskreis (Regelkreis), bei dem die Auswirkung der regelnden Korrektur erst mit einer gewissen Verzögerung sichtbar wird. Dabei besteht die Gefahr, dass die Verzögerung nicht angemessen berücksichtigt wird und schließlich viel zu viel korrigiert wird[9].
- *Shifting the Burden*: "A short-term 'solution' is used to correct a problem, with seemingly immediate positive results. As this correction is used more and more, more fundamental corrective measures are used less and less" (Senge 1990. S. 381). Dies kann dazu führen, dass man von der Symptom-Lösung immer mehr abhängig wird und die ursächliche Lösung immer schwieriger oder gar unmöglich wird.

---

[9] Man denke sich eine Dusche mit einem zehn Meter langen Schlauch, aus der eiskaltes Wasser kommt. Man dreht wärmer – und das Wasser bleibt weiter gleich kalt; man dreht noch wärmer – nichts tut sich; man dreht noch wärmer ... Einige Zeit später wird das Wasser warm, dann wärmer und schließlich brennheiß, obwohl man den Regler mittlerweile längst wieder auf ganz kalt gestellt hat...

- *Tragedy of the Commons*: "Individuals use a commonly available but limited resource solely on the basis of individual need. At first they are rewared for using it; eventually, they get diminishing returns, which causes them to intensify their efforts." (Senge 1990, S. 387). Dies geht solange, bis die Ressource leergeplündert oder gar vernichtet ist. Ein Beispiel dafür ist die Geschichte des Walfanges, bei der einzelne Nationen auf abnehmende Fangerträge mit mehr und immer besser ausgestatteten Fangschiffen (Radar, Sonar) reagierten, so dass weite Regionen der Weltmeere heute faktisch von Walen leergefischt sind.

Im weiteren Verlauf seines Buches beschäftigt sich Senge (1990) auch mit den vier anderen Disziplinen Personal Mastery, Mental Models, Shared Vision und Team Learning. Insofern ist sein Buch mehr ein Werk über Organisationales Lernen bzw. "Lernende Organisationen" als nur über die "Fünfte Disziplin" allein, wie es der Titel zunächst suggeriert.

In den letzten zehn Jahren hat sich *Organizational Learning* als eigenes Markenzeichen in der Managementausbildung, in der Unternehmensberatung und im Bereich der Management Sciences fest etabliert. Es gibt eigene Konferenzen, Journale und eine eigene *Society for organizational Learning* (SoL).

1.2 Der Ansatz "Komplexes Problemlösen"

Einen ganz anderen Zugang als die bisher geschilderten Ansätze verfolgte in den 70-er und 80-er Jahren eine Gruppe deutscher Kognitionspsychologen um Dietrich Dörner[10]. Unter dem Schlagwort *Komplexes Problemlösen* wurde anhand von computersimulierten Szenarien untersucht, wie Versuchspersonen Situationen mit mehreren miteinander zusammenhängenden Variablen managten. Das erste System dieser Art war *Tanaland*, bei dem eine fiktive ostafrikanische Steppenregion mit zwei Menschengruppen, den ackerbauenden Tupis und den viehzüchtenden Moros simuliert wurde[11]. Das System enthielt insgesamt 54

---

[10] Ausgehend von den Studien von Dörner entwickelte sich ein ganzer Forschungzweig mit einer Reihe von Nachfolgearbeiten, z. B. Putz-Osterloh (1983), Funke (1984), Reither (1985), Kühle/Badke (1986), Strohschneider (1986), Strzalka/Strzalka (1986), Putz-Osterloh (1987), Funke/Müller (1988), Hübner (1988), Putz-Osterloh et al. (1988) oder Hussy (1991). Einen Überblick über den Stand der Forschung bieten Funke (1985) Dörner (1989) bzw. Funke (1995).

[11] *Tanaland* wurde zu einer Zeit entwickelt, als verheerende Hungersnöte in der Sahelzone weltweit in den Schlagzeilen waren. Hauptauslöser war eine durch kurzsichtige "Entwicklungshilfe" bedingte Überweidung der trockenen Steppen, die verbunden mit einigen trockenen Sommern zu einem Massensterben der Rinder und einer Hungerkatastrophe der Bevölkerung führte.

Variablen mit einer Vielzahl von positiven und negativen Rückkoppelungskreisen. Die zwölf Versuchspersonen hatten den Auftrag, quasi als Entwicklungsberater mit diktatorischer Handlungsvollmacht "für das Wohlergehen der in Tanaland lebenden Bewohner und für das Wohlergehen der gesamten Region zu sorgen" (Dörner 1989, S. 22). Die Ergebnisse waren verheerend:

> "Es zeigt sich in den Ergebnissen, dass die Probanden fast ausnahmslos das ursprünglich stabile Gefüge der Variablen des simulierten Landes zerstörten und dadurch häufig katastrophale Zustände schufen. Trotz großen persönlichen Engagements und einer ständig wachsenden Zahl von Maßnahmen und Entscheidungen ist doch festzustellen, dass viele Probanden sich mit der Zeit auf wenige Aufgabenschwerpunkte konzentrierten und nicht mehr bereit sind, diese zu wechseln. Diese Tatsache, gepaart mit der offensichtlichen Unfähigkeit, exponentielle Entwicklungsverläufe und die 'Vernetztheit' der Variablen angemessen zu berücksichtigen, stellen die Hauptdefizite des Verhaltens des in dem von uns konstruierten komplexen Realitätsbereiches dar." (Dörner/Reither 1978, S. 527f, zit. nach Funke 1985, S. 115).

Dörner (1989) fasst die Ergebnisse folgend zusammen:

> "Die Parallelen zu realen Ereignissen waren offenkundig:
> - Handeln ohne vorherige Situationsanalyse,
> - Nichtberücksichtigung von Fern- und Nebenwirkungen,
> - Nichtberücksichtigen der Ablaufgestalt von Prozessen,
> - Methodismus: man glaubt, über die richtigen Maßnahmen zu verfügen, weil sich keine negativen Effekte zeigen,
> - Flucht in die Projektemacherei,
> - Entwicklung von zynischen Reaktionen." (Dörner 1989, S. 32)

Den Höhepunkt der Studien zum komplexen Problemlösen bildete das großangelegte, von 1977-1982 laufende Projekt *Lohhausen*, bei dem 48 Versuchspersonen die Aufgabe hatten, als ein mit allen Handlungsvollmachten ausgestatteter "Bürgermeister" in acht doppelstündigen Sitzungen die Geschicke einer simulierten Kleinstadt über einen simulierten Zeitraum von zehn Jahren zu lenken. *Lohhausen* war ein extrem umfangreiches Simulationsmodell mit über 2000 Variablen, bei dem die Versuchspersonen vom Management der örtlichen Uhrenfabrik bis hin zum Aufstellen neuer öffentlicher Telefonzellen alles Mögliche beeinflussen konnten. Die Ergebnisse dieses Großexperiments sind in einer umfangreichen Monographie (Dörner et al. 1983) zusammengefasst.

Im Zuge dieser Studie wurden vor allem auch umfangreiche Begleituntersuchungen angestellt: Zunächst wurden alle Probanden mit verschiedenen etablierten Intelligenztests getestet. Weiters erhielten die in drei Untergruppen eingeteilten Probanden in einem Kurzkursus drei unterschiedliche Arten von Training, von dem man sich einen Einfluss auf die Problemlöseleistung erwartete[12]. Während des Experiments wurden die Denk- und Entscheidungsprozesse der Versuchspersonen möglichst genau protokolliert: "Pro Versuchsperson fielen etwa 100.000 Daten an, aus denen man Wichtiges von Unwichtigem, Zufälliges von Bedeutsamen herauszufiltern hoffte" (Funke 1985, S. 116). In der weiteren Analyse wurde versucht, die Versuchspersonen nach einem Gesamtgütekriterium ihrer Steuerungsleistung als "gute", "durchschnittliche" bzw. "schlechte" Bürgermeister zu klassifizieren. Dies ermöglichte es, z. B. festzustellen, dass die Anzahl der Entscheidungen pro Sitzung bei den "guten" Versuchspersonen im Schnitt höher lag als bei den "schlechten" Versuchspersonen; dass bei den "schlechten" Versuchspersonen die Zahl der Entscheidungen in der zweiten Hälfte der Sitzungen wieder zurückging, während die "guten" Versuchspersonen in den letzten Sitzungen die meisten Entscheidungen trafen usw. (vgl. Dörner 1989, S. 37).

Welche Ergebnisse das Großexperiment *Lohhausen* insgesamt (nicht) erbracht hat, wurde in der einschlägigen Fachcommunity der deutschsprachigen Kognitionspsychologen intensiv diskutiert. Es wurden verschiedenste Folgeuntersuchungen mit ähnlichem Design angestellt, um offen gebliebene Fragen einer konkreteren Prüfung zu unterziehen. Herausgekommen ist dabei ein ganzer kognitionspsychologischer Forschungszweig, dessen wesentliche Resultate Dörner im Buch *Die Logik des Misslingen: Strategisches Denken in komplexen Situationen* (Dörner 1989) zusammengefasst hat. Im Schlusskapitel zieht Dörner unter dem Titel *Was tun?* Bilanz:

> "Beim Umgang mit komplexen Problemen kann man die Behandlung der verschiedenen Situationen gewöhnlich nicht «über einen Kamm scheren». Manchmal ist es nötig, genau zu analysieren, manchmal sollte man nur grob hingucken. ... Manchmal sollte man viel Zeit und Energie in die Planung stecken, manchmal sollte man genau dies bleiben lassen. ... Manchmal sollte man mehr «ganzheitlich», mehr in Bildern denken, manchmal mehr «analytisch». ... Es gibt nicht eine, allgemeine, immer anwendbare Regel, den Zauberstab, um in allen Situationen und all den verschiedenartigen Realitätsstrukturen fertig zu werden." (Dörner 1989, S. 298f)

Damit relativiert Dörner ganz entschieden den Geltungsanspruch von generalisierenden Denk- und Handlungsregeln, wie wir sie etwa bei Vester oder Gomez/ Probst (vgl. 1.1) kennen gelernt haben. Dörner ist überhaupt skeptisch, was die Entwicklung besonderer systemischer Denkfähigkeiten anbelangt:

---

[12] Näheres dazu siehe Dörner (1989, S. 302f). Da sich die Ergebnisse der drei Subgruppen praktisch nicht unterschieden, spielt diese Dimension in den Nachfolgepublikationen zu Lohhausen keine besondere Rolle mehr.

> "Es kommt, glaube ich, nicht darauf an, dass man irgendwelche exotische «Denkfähigkeiten» schult. ... Es kommt nicht darauf an, geheimnisvolle Kreativitätspotenziale freizusetzen und die angeblich zu 90 Prozent brachliegenden Gehirnreserven zu mobilisieren. Es kommt eigentlich nur auf eines an, nämlich auf die Förderung des «gesunden Menschenverstandes». ... Ich hoffe, hinlänglich klargemacht zu haben, dass man das, was oftmals pauschal «vernetztes Denken» oder «systemisches Denken» genannt wird, nicht als eine Einheit, als eine bestimmte, isolierte Fähigkeit betrachten kann. Es ist ein Bündel von Fähigkeiten, und im Wesentlichen ist es die Fähigkeit, sein ganz normales Denken, seinen «gesunden Menschenverstand» auf die Umstände der jeweiligen Situation einzustellen." (Dörner 1989, S. 306ff)

Damit reduziert sich bei Dörner das Verständnis von systemischem Denken im Wesentlichen auf die (m. E. wenig hilfreiche) "Formel"

Systemisches Denken = komplexe, systemische Situation + situationsgerechtes Denken.

Dieses Fazit von Dörner ist in mehrfacher Hinsicht unbefriedigend. Einerseits hilft es kaum, systemisches Denken konkret zu identifizieren; andererseits bleibt die Frage offen, wie ein derartiges Denken gelernt oder entwickelt werden kann.

1.3 Der *System-Dynamics*-Ansatz

Da sich die weitere Arbeit hauptsächlich auf den Kontext Systemisches Denken/Systemdynamik beziehen wird, möchte ich die Genese von System Dynamics (SD) einschließlich der Entwicklungen im Schulbereich etwas ausführlicher besprechen.

1.3.1 Die frühen Anfänge: *Industrial Dynamics*

Im Jahr 1956 kam der Engineering-Professor Jay W. Forrester an die damals noch sehr junge Sloan School of Management am Massachusetts Institute of Technology (MIT). Eines der ersten Projekte von Jay Forrester betraf massive Schwankungen in der Nachfrage nach Haushaltsgeräten beim Elektrokonzern General Electric über einen Zeitraum von mehreren Jahren, die sich nicht einfach durch konjunkturelle Schwankungen erklären ließen. Ausgehend von Gesprächen mit Vertriebsmanagern von General Electric entwickelte Forrester ein Simulationsmodell, in dessen Mittelpunkt die Lagerbestände beim Hersteller sowie entlang der Distributionskette bei Groß- und Einzelhändlern stand. Bereits an diesem ersten Modell sind einige typische Charakteristika des System-Dynamics-Ansatzes deutlich erkennbar:

- System-Dynamics-Modelle sind quantitative Simulationsmodelle.

- Beim System-Dynamics-Ansatz stehen Bestandsgrößen im Mittelpunkt. Die Werte einer Bestandsgröße ändern sich im Laufe der Zeit durch Zu- bzw. Abflüsse (Flussgrößen); wie etwa ein Lagerstand durch Lagerzugänge bzw. Lagerabgänge. Die Bestandsgrößen samt den zugehörigen Flüssen bilden gewissermaßen das Skelett eines System-Dynamics-Modells[13].
- Zusätzlich wird das System durch Informationsflüsse (z. B. Bestellungen im vorliegenden Beispiel) gesteuert.
- Zeitliche Verzögerungen (etwa bedingt durch Produktionsdauern, Bestell- und Lieferfristen) spielen im dynamischen Ablauf eine entscheidende Rolle.
- Bereits das erste systemdynamische Modell wurde am Computer gerechnet.
- Es werden verschiedene Szenarien bei gleichbleibender Modellstruktur durchgerechnet. Den Szenarien entsprechen verschiedene Verhaltensstrategien der einzelnen am Verteilungsprozess beteiligten Gruppen (Erzeuger, Groß- und Einzelhändler).
- Das ursprüngliche Modell wurde in einem zweiten Schritt um den Sektor "Werbemaßnahmen" erweitert. Solche schrittweisen Verfeinerungen der Simulationsmodelle sind für den System-Dynamics-Ansatz charakteristisch.

Bereits für das erste System-Dynamics-Simulationsmodell schrieb Richard Bennet den Compiler SIMPLE (*S*imulation of *I*ndustrial *M*anagement *P*roblems with *L*ots of *E*quations). Dieser Compiler wurde Anfang der Sechzigerjahre von Alexander Pugh III zur bahnbrechenden DYNAMO-Simulationssprache erweitert. Die erste Publikation zum SD-Ansatz war Forresters Artikel *Industrial Dynamics: A Major Breakthrough for Decision Makers*, der 1958 im Harvard Business Review erschien. In diesem Artikel zeigte Forrester, dass in einem Produktions-Distributionssystem mit einem Hersteller, Großhändlern und Einzelhändlern ausschließlich aufgrund von unvermeidbaren Bestell-, Liefer- und Produktionsfristen schon eine relativ geringe Änderung in der Endnachfrage (von ca. 10%) ausreicht, um bei einer plausiblen Lagerhaltungs- und Bestellpolitik aller beteiligten Gruppen beträchtliche Nachfrage- und Produktionsschwankungen beim Produzenten (in der Größenordnung von ±50% der ursprünglichen Produktionsmenge) hervorzurufen. Beim Durchspielen verschiedener Szenarien zeigte sich, dass weder eine Verkürzung der Bestell- und Lieferfristen, noch eine bessere Information des Produzenten über den Absatz das Problem wirklich entschärfen kann. Dies ist nur durch Änderungen in der Lagerhaltungs- und Bestellpolitik möglich, die aber erst bei einem tieferen, "systemischen" Verständnis des Distributionssystems plausibel wird.

---

[13] Näheres zur System-Dynamics-Modelliermethode siehe 3.1.4 und 3.2.

Insgesamt gelang es Forrester, durch sein systemdynamisches Distributionsmodell die bei General Electric empirisch beobachteten Phänomene zu rekonstruieren und auch Gründe anzugeben, warum herkömmliche Strategien zur Beseitigung der Produktionsschwankungen wenig erfolgreich blieben.

Auf der Basis dieser ersten Erfahrungen entwickelte die Gruppe um Forrester ab 1958 einen Kursus für MIT-Studenten. Das skizzierte Produktions-Distributionssystem wurde als *beer-game*[14] fester Bestandteil dieser Ausbildung. Im Jahr 1961 publizierte Forrester die erste Monographie *Industrial Dynamics*, die in erster Linie als einführendes Textbuch für Studenten gedacht war.

1.3.2 Von *Industrial Dynamics* zu *System Dynamics*

Der Schritt von Industrial Dynamics zu System Dynamics wurde um 1969 vollzogen, als Forrester mit dem Buch *Urban Dynamics* Ergebnisse eines systemdynamischen Stadtentwicklungsmodells publizierte. Grundlage dieses Modells waren Probleme der innerstädtischen Entwicklung von Boston. Boston litt (wie viele Städte der USA) in den 1950er und 1960er Jahren an einem katastrophalen Niedergang des Stadtkerns mit heruntergekommenen Häusern, der sich in Abwanderung von qualifizierten Arbeitsplätzen, geringem Beschäftigungsgrad der dort wohnenden Bevölkerung, geringer Kaufkraft, hoher Kriminalität usw. ausdrückte[15]. Verschiedenste (z. T. sehr kostenintensive) Versuche, dem entgegenzuwirken, haben sich als wirkungslos oder sogar als kontraproduktiv erwiesen. Grundlage für das Design des Simulationsmodells von Forrester waren ausführliche Diskussionen mit Experten zur Stadtentwicklung, die ihr Know-how über die relevanten Parameter und Zusammenhänge der Stadtentwicklung einbrachten. Insgesamt entstand ein systemdynamisches Modell mit etwa zwanzig Bestandsgrößen, das im Wesentlichen die drei Bereiche *Arbeitsplätze* (gegliedert in "New

---

[14] Im *beer-game* wird ein solches Distributionssystem mit verteilten Rollen über eine ausreichend lange Zeit durchgespielt. Es zählt heute noch zu den Standardeinführungsbeispielen in der managementorientierten Systemdynamikausbildung. Sein didaktischer Wert liegt vor allem darin, dass es zeigt, wie ein lokal "vernünftiges" Verhalten der einzelnen beteiligten Gruppen (Produzent, Groß- und Einzelhändler) bereits in einem recht einfachem dynamischen System fast zwangsläufig zu einem global unbefriedigenden Systemverhalten führt. Als Einführungsbeispiel in die Technik des systemdynamischen Modellierens ist das beer-game allerdings m. E. viel zu kompliziert.

[15] Dieses Phänomen ist bei den (über einen wesentlich längeren Zeitraum gewachsenen) europäischen Städten mit historischem Stadtkern kaum bekannt. In europäischen Städten ist der historische Stadtkern zumeist der (wenigstens touristisch und vom Prestige her) attraktivste Teil einer Stadt. Angesichts dieser unterschiedlichen kulturellen Hintergründe ist es für mich schwierig, die Probleme der innerstädtischen Bereiche in US-Städten wie auch die dort versuchten Lösungsansätze inhaltlich konkret nachzuvollziehen.

enterprise", "Mature business" und "Declining industry"), *Wohnungen* (gegliedert in "Premium housing", "Worker housing" und "Underemployed housing") und *Arbeitskräfte* (gegliedert in "Underemployed", "Labor" und "Managerial-professional") umfasste.

Die Simulationsläufe des Stadtentwicklungsmodells brachten eine Reihe z. T. verblüffender Ergebnisse, die Forrester (1969, S. 109ff) gleich für "complex systems" verallgemeinerte und unter folgenden sieben Punkten zusammenfasste:

> "Complex systems have many important behavior characteristics that we must understand if we expect to design systems with better behavior. Complex systems: (1) are counter-intuitive; (2) are remarkably insensitive to changes in many system parameters; (3) stubbornly resist policy changes; (4) contain influential pressure points, often in unexpected places, from which forces will radiate to change system balance; (5) counteract and compensate for externally applied corrective efforts by reducing the corresponding internally generated action (the corrective program is largely absorbed in replacing lost internal action); (6) often react to a policy change in the long run opposite to how they react in the short run; (7) tend toward low performance." (Forrester 1969, S. 109)

Das unter (1) genannte "counterintuitive" Verhalten komplexer (sozialer) Systeme ist der erste Anknüpfungspunkt, wenn es darum geht, den Systemdynamik-Ansatz mit "systemischem Denken und Handeln" in Verbindung zu bringen. Im Wesentlichen ist damit gemeint, dass bei komplexen Systemen intuitiv vernünftig erscheinende Maßnahmen häufig genau das Gegenteil der beabsichtigten Wirkung erreichen. Forrester begründet das damit, dass unsere Erfahrungen durchwegs auf einfachen "goal-seeking-feedback-loops" beruhen, bei denen Ursache und Wirkungen zeitlich wie auch räumlich sehr eng miteinander verknüpft sind: Wenn man z. B. einen Gegenstand von einem Tisch nimmt, dann wird die Hand über einen unbewusst ablaufenden Rückkoppelungsprozess so gesteuert, bis der gewünschte Gegenstand erreicht und gefasst ist.

> "From all normal personal experience one learns that cause and effect are closely related in time and space. A difficulty or failure of the simple system is observed at once. The cause is obvious and immediately precedes the consequence. But in complex systems[16] all of these facts become fallacies. Cause and effect are not closely related either in time or in space. Causes of a symptom may actually lie in some far distant sector of a social system. Furthermore, symptoms may appear long after the primary cause." (Forrester 1969, S. 110).

Besonders heimtückisch ist es nach Meinung Forresters, wenn auch in komplexen Systemen verschiedene Phänomene örtlich und zeitlich parallel ablaufen (und damit statistisch hoch korreliert sind). Bei einfachen Systemen handelt es sich

---

16 Dabei können schon recht kleine soziale Systeme "complex" in dem von Forrester hier gemeinten Sinn sein, wie etwa das Beispiel des streitenden Ehepaares bei Watzlawick et al. (1969, S. 58ff; vgl. auch 2.1.4 sowie Ossimitz 1998a) zeigt.

normalerweise um eine kausale Ursache-Wirkungs-Beziehung. Bei komplexen Systemen ist es hingegen der Normalfall, dass zwei miteinander korrelierende Phänomene beide Auswirkungen der inneren Dynamik des Systems sind und in keinerlei Ursache-Wirkungs-Beziehung zueinander stehen, auch wenn die zeitliche Entwicklung der jeweiligen empirischen Daten einen ganz anderen Eindruck erweckt. Wenn z. B. gleichzeitig ein Anstieg des Ausländeranteils und der Kriminalität beobachtet wird, dann liegt der Reflex "Durch die Ausländer kommt die Kriminalität ins Land" sehr nahe. Logische Konsequenz dieser Auffassung wäre dann als Maßnahme gegen die steigende Kriminalität: "Ausländer raus".

Punkt (2): "Complex Systems are remarkably insensitive to changes in many of the system parameters" (Forrester 1969, S. 110). Dies bedeutet konkret, dass es bei vielen in einem solchen Modell enthaltenen (oft recht technischen) Konstanten gar nicht so sehr darauf ankommt, welchen Wert diese haben. Wenn dies nicht so wäre, dann wäre damit der Wert der systemdynamischen Modelliermethode insgesamt in Frage gestellt: Wenn das Modellverhalten sehr sensitiv von einzelnen Zahlenwerten, die man empirisch gar nicht genau bestimmen kann, abhängen würde, dann könnte man verschiedenartigste Szenarien realisieren, die allesamt gleich (un)plausibel wären. Da jedoch das Modellverhalten ohnehin im Wesentlichen gleich bleibt, wenn man solche Konstanten (oft in sehr weiten Bereichen) variiert, kommt es auf eine genaue Bestimmung dieser Parameter gar nicht an. Allerdings darf diese Feststellung nicht unzulässig verallgemeinert werden: Komplexe Systeme können sehr wohl einzelne Parameter enthalten, auf die das Gesamtsystem (auch in seinem qualitativen Verhalten) sehr sensitiv reagiert.[17]

Der nächste Punkt (3) kann folgend zusammengefasst werden: *Auch neue Strategien liefern oft nur die alten, unerwünschten Resultate*. Forrester (1969, S. 110) schreibt: "Complex systems resist most policy changes. When a change, even a substantial one, is made, behavior often remains the same". Viele beeinflussbare Parameter sozialer Systeme können (recht massiv und auch unter hohem Mitteleinsatz) verändert werden, ohne dass dies einen nennenswerten Einfluss auf das Gesamtverhalten des Systems hat. Forrester (1969, S. 51ff) nennt konkret folgende Stadtentwicklungsprogramme, die in seinem Urban Dynamics Modell – genauso wie auch in der Realität der US-Stadtentwicklung) versagen:

- "Job Programs" zur Schaffung von Arbeitsplätzen in den Stadtzentren.
- "Training Programs" zur Verbesserung der Qualifikation der schlecht ausgebildeten Arbeitskräfte in den Stadtkernen.

---

17 Vgl. dazu das Räuber-Beutemodell HASFUCHS (in Ossimitz 1990a, S. 234).

- "Financial Aid" durch die Regierung für heruntergekommene Stadtkerne.
- "Low-Cost-Housing Construction": eine Art sozialer Wohnbau ausschließlich für sozial schwache Personen, um diese aus den verfallenden Altbauten der Innenstädte heraus zu bekommen.

Besonders interessant ist Punkt (4) der von Forrester postulierten Eigenschaften komplexer (sozialer) Systeme: Auf Eingriffe an den "richtigen" Stellen reagiert ein komplexes System hochgradig sensitiv. Ein Eingriff an einer derartigen Stelle wirkt nicht nur lokal, sondern übt gewissermaßen einen Druck auf das gesamte System aus. Allerdings: "The parameters and structural changes to which a system is sensitive are usually not self-evident. They must be discovered through careful examination of System Dynamics" (Forrester 1969 S. 111). Eine Hauptschwierigkeit besteht also darin, diese Stellen im System überhaupt zu finden. Ob nun die Systemdynamikmethode tatsächlich die einzige Möglichkeit ist, diese Ansatzpunkte zur erfolgreichen Steuerung komplexer Systeme zu finden – wie Forrester dies eher unreflektiert suggeriert – möchte ich ernsthaft bezweifeln. Ich stimme jedoch mit Forrester darin überein, dass man durch Experimentieren mit System-Dynamics-Modellen jedenfalls solche sensitive Stellen in komplexen Systemen finden kann.

Die zweite Schwierigkeit besteht darin, dass Eingriffe an den sensitiven Stellen mehr als nur lokale Auswirkungen haben: Rieckmann (1997, S. 10) spricht in diesem Zusammenhang von "Neben-, Rück- und Fernwirkungen", die durchaus nicht immer vorhergesehen werden und die vielleicht in eine ganz andere Richtung gehen können als man sich das ursprünglich gedacht und gewünscht hat. Insofern sind Eingriffe an sensitiven Stellen zwar sehr wirksam, damit aber auch besonders kritisch: Man kann damit das System mehr durcheinander bringen oder gar insgesamt mehr schädigen als Nutzen zu stiften.

Zu Punkt (5): Soziale Systeme besitzen die Eigenschaft, aus ihrer inneren Dynamik heraus bestimmten externen Einflussnahmen entgegenzuwirken: Das soziale System "wehrt" sich gewissermaßen gegen ein Hineinregieren von außen. Im günstigsten Fall bedeutet dies, dass externe Maßnahmen nur teilweise wirksam werden, so dass der gewünschte Effekt mit einigen Reibungsverlusten wenigstens teilweise erzielt werden kann. Im ungünstigsten Fall erreicht man mit Eingriffen das Gegenteil dessen, was man bezwecken wollte, mag der Eingriff auch noch so aufwändig gewesen sein.

> "Probably no active, externally imposed program is superior to a system modification that changes internal incentives and leaves the burden of system improvement to internal processes." (Forrester 1969, S. 111).

Zu Punkt (6): Kurzfristige und langfristige Effekte laufen in sozialen Systemen häufig in entgegengesetzte Richtungen. Was kurzfristig nützt, führt langfristig zu Nachteilen[18] und umgekehrt können langfristige Vorteile oft nur um den Preis kurzfristiger Nachteile erreicht werden[19].

> "Change in a complex system commonly causes short-term responses in the opposite direction from the long-term effect. These 'worse before better' sequences will be particularly troublesome to the political leader..." (Forrester 1969, S. 112).

Zu Punkt (7): Die Folge der angeführten Punkte (1) bis (6) ist, dass komplexe soziale Systeme zu einer "low performance" tendieren. Sie verhalten sich anders, als man es intuitiv erwarten würde; erweisen sich als immun gegen eine Vielzahl von steuernden Maßnahmen oder reagieren nur kurzfristig in der gewünschten Weise, während langfristig die Probleme durch die getroffenen Maßnahmen noch verschärft werden.

Insgesamt kann man sagen, dass bereits in den frühen Tagen des System-Dynamics-Ansatzes gewisse Aspekte beim Management von komplexen sozialen Systemen hervortraten, die man mit systemischem Denken in Verbindung bringen kann – auch wenn zu diesem Zeitpunkt noch nicht von "Systemischem Denken" die Rede war.

1.3.3 *World Dynamics* und *Die Grenzen des Wachstums*

Schon wenige Jahre nach dem Urban-Dynamics-Modell kam der nächste Durchbruch für die System Dynamics Methode. Im Juli 1970 fand am MIT ein zweiwöchiges Treffen des *Club of Rome* statt, bei dem Fragen der zukünftigen Weltentwicklung anhand eines von Forrester entwickelten Weltmodells diskutiert wurden. Diese Initiative wurde in dem vom Club of Rome gesponserten Projekt mit dem Titel *Limits to Growth* weitergeführt, an dem ca. 15 Wissenschaftler aus

---

[18] Vgl. z. B. die Katastrophe der Weißwedelhirsche nach ihrer Unterschutzstellung im Kaibab-Plateau in Roberts et al. 1983, S. 337ff oder in Ossimitz, 1990a, S. 213ff)

[19] Ein von Günther Emberger (Inst. f. Verkehrsplanung, TU Wien, mündliche Mitteilung) entwickeltes Modell des österreichischen Straßenverkehrs zeigt, dass sich die Lebensqualität langfristig (Planungshorizont 20-30 Jahre) verbessern würde, wenn man im Verkehrssystem den "Transportwiderstand" (z. B. durch wesentlich höhere Treibstoffpreise, Straßenmauten) erhöhen würde. Kurzfristig (3 – 5 Jahre) wirkt sich eine Erhöhung des Transportwiderstandes jedoch senkend auf die Lebensqualität aus. Umgekehrt erhöht eine Senkung des Transportwiderstandes (z. B. durch Ausbau neuer Straßen) kurzfristig die Lebensqualität; langfristig wirkt sich dies jedoch negativ auf die Lebensqualität aus.

verschiedensten Ländern unter der Leitung von Dennis und Donella Meadows am MIT arbeiteten.

Schon über die erste, eher technisch gehaltene Publikation *World Dynamics* (Forrester 1971) wurde in großer Aufmachung in Magazinen wie dem *London Observer*, *Fortune* oder dem *Wall Strebet Journal* berichtet. Damit trat auch die System-Dynamics-Methode in das Bewusstsein einer breiten Öffentlichkeit. Noch breitere Aufmerksamkeit erhielt die 1972 erschienene, eher populär gehaltene Publikation *Limits to Growth* (Meadows et al. 1972), die als "Bericht an den Club of Rome" bezeichnet und gleichzeitig in mehreren Sprachen (auf Deutsch unter dem Titel *Die Grenzen des Wachstums*) erschienen ist.

Das erste Weltmodell von Forrester enthielt fünf zentrale Bestandsgrößen: Bevölkerung, natürliche Ressourcen, Kapitalinvestitionen, Umweltverschmutzung und Ackerbau bei insgesamt 43 Modellvariablen (Forrester 1991). Das für die Studie *Limits to Growth* verwendete Modell war eine Verfeinerung davon: Die Weltbevölkerung wurde in drei Altersgruppen modelliert (wobei nur die mittlere Altersgruppe der 16 bis 45-Jährigen für die Reproduktion relevant ist). Weiters wurden die Kapitalinvestitionen nach den Sektoren Industrie, Dienste und Landwirtschaft getrennt und schließlich die Bodennutzung mit den drei Bestandsgrößen potentiell nutzbares Land, landwirtschaftlich genutztes Land, Siedlungs- und Industrieland als eigene zentrale Modellkomponente eingeführt (vgl. Meadows 1973, S. 89ff)

Die Hauptbotschaft der Untersuchungen am Weltmodell ist beinahe trivial: Wenn die (um 1970 feststellbare) exponentielle Entwicklung von Weltbevölkerung, Verbrauch von Rohstoffen, Landnutzung und Umweltverschmutzung ungebremst weitergeht, dann bricht das Weltsystem langfristig zusammen. Dies ist vor allem dadurch bedingt, dass solche sehr träge reagierenden Systeme vom Typus "overshoot and collapse" (vgl. 2.2.2) sind: Das Wachstum geht zunächst scheinbar ungebremst über eine Kapazitätsgrenze hinaus, bis ein Zusammenbruch unvermeidlich ist. Solange grundsätzlich Strategien des Wachstums (anstelle von Strategien eines dynamischen Gleichgewichts) verfolgt werden, bringen auch neue Rohstoffquellen, Produktrecycling, bessere Düngemittel oder andere technologische Verbesserungen lediglich ein zeitliches Hinausschieben der Katastrophe, ohne diese jedoch wirklich verhindern zu können.

Die Diskussion um das Weltmodell geriet sehr rasch auf die Ebene weltanschaulicher Grundüberzeugungen, bei der die Fraktion "Wachset und mehret euch und macht euch die Erde untertan" (Gen 1:28) gegen die Fraktion "Bebauen und behüten" (Gen 2:15) steht. Ob dies der Reputation der System-Dynamics-Methode zuträglich war, sei dahingestellt.

1.3.4 Von *System Dynamics* zu *Systems Thinking*

Bis ca. 1986 war der System-Dynamics-Ansatz quasi synonym mit einem Arbeiten mit dem DYNAMO-Compiler – oder wenn man so will, mit der Simulationssprache DYNAMO. Dies gilt nicht nur für Systemdynamikmodelle in Wissenschaft und Business, sondern auch für die frühen Anfänge in der schulischen Ausbildung, die im Wesentlichen durch das herausragende Lehrbuch *Computer Simulation: A System Dynamics Modeling Approach* (Roberts et al.1983; näheres siehe 3.5.1) repräsentiert werden.

Charakteristisch für DYNAMO ist eine sehr rigide und schwerfällige Syntax, die z. B. explizit zwischen den Simulationszeitpunkten J, K und L sowie den Zeitintervallen JK und KL unterscheidet[20]. Damit blieb DYNAMO eine eher elitäre Simulationssprache und der System-Dynamics-Ansatz eine Sache für Spezialisten an Mainframe-Computern.

Dies änderte sich gravierend, als Barry Richmond 1987 die Software STELLA herausbrachte. Das Akronym STELLA (*S*tructural *T*hinking *E*xperimental *L*earning *L*aboratory with *A*nimation) war bereits Programm: Die Software lief auf Apple Macintosh Rechnern und erlaubte es, Systemdynamikmodelle auf der Ebene von Flussdiagrammen grafisch (und damit wesentlich komfortabler als in der hölzernen DYNAMO-Syntax) zu entwickeln. Damit war ein Meilenstein hin zu einem systemdynamischen "learning laboratory" vollzogen[21]. Gleichzeitig war Richmond einer der Ersten, der systemdynamische Modellierung konsequent unter dem Label "Systems Thinking" (ST) vermarktete.

Mit der komfortablen Benutzeroberfläche von STELLA war auch der Weg frei für die Idee, Systemdynamik (unter der Flagge *Systems Thinking*) auf breiter Basis in den Schulunterricht einzuführen. Das erste Projekt dieser Art war STACI[n] (*S*ystems *T*hinking *A*nd *C*urriculum *I*nnovation) an der Brattleboro Union High School in Vermont, in dem nach einem Vorlauf von fast zwei Jahren vier engagierte Lehrer ab Herbst 1986 STELLA-unterstützte Kurse aus Physik, Biologie, Chemie und auch zum staatsbürgerkundlichen Thema *Wars and Revolution* anboten. Das Projekt wurde von Ellen Mandinach vom Educational Testing Service begleitet und dokumentiert (Mandinach 1989). Bemerkenswert ist, was Mandinach (1989, S. 222) unter der Überschrift *Systems Thinking* schreibt:

---

[20] z. B. bei einem Bevölkerungsmodell durch folgende Gleichungen:
```
Bev.K = Bev.J + Geburten.JK - Sterbefälle.JK
Geburten.KL = Bev.K * Geburtenrate
Sterbefälle.KL = Bev.K * Sterberate
```

[21] Der *Academic User's Guide to STELLA* von Richmond et al. (1987) erhielt 1989 den *Forrester Prize* der System Dynamics Society als beste systemdynamische Publikation des Jahres.

"Systems thinking is a scientific analysis technique given prominence by Jay Forrester and his colleagues at the Massachusetts Institute of Technology. Work on computer modeling of systems thinking started well over 30 years ago with early models focusing on urban Growth and development and global patterns of the consumption of natural resources."

Es ist offensichtlich, dass hier Systemdynamik und Systems Thinking faktisch gleichgesetzt werden. In Forresters Schriften bis 1989 lässt sich hingegen keinerlei Hinweis auf "systems thinking" finden (siehe auch 2.1.4).

Unter kräftiger Mithilfe des hochbetagten Gordon Stanley Brown, dem ehemaligen Dean und Vorgesetzten von Jay Forrester am MIT, entwickelte der Biologielehrer Frank Draper im Catalina Foothill School District[22] in Tucson, Arizona, die Idee, systemisches Denken gewissermaßen "flächendeckend" über alle Schulstufen und für alle Fächer sozusagen als "Unterrichtsprinzip" einzuführen. Das Waters Grant Project finanziert (bis heute) die Bemühungen in Catalina Foothill und in anderen US-Schulbezirken. Für die erforderliche Aus- und Fortbildung der Lehrer wurde das CC-STADUS-Projekt[23] unter der Leitung von Diana Fisher und Ron Zazara ins Leben gerufen. Am MIT führte dies zur Etablierung des *System Dynamics in Education Projects* (SDEP) unter der Leitung des mittlerweile emeritierten Jay Forrester, das sich als wissenschaftliche Unterstützung derartiger Initiativen verstand und sich bemühte, Know-how und systemdynamische Unterrichtsmaterialien für Lehrer bereit zu stellen. Zur Verwaltung und Verteilung dieser Materialien wurde 1991 die *Creative Learning Exchange* (CLE) als zentrale Sammelstelle von Unterrichtsmaterialien und als Austauschplatz von Informationen ins Leben gerufen. CLE bietet mittlerweile eine umfangreiche Sammlung von Materialien zu "System Dynamics" und "Systems Education" auch über das WWW an und bringt jedes Quartal einen umfangreichen Newsletter heraus (vgl. auch 3.5.4).

Mit der Neupositionierung unter der Flagge "Systemisches Denken" erweiterte sich auch die Zielgruppe systemorientierter Ausbildung. Schon bald war vom Altersspektrum Kindergarten bis 12. Schulstufe (kurz K-12 Education) die Rede, wie z. B. in Forrester (1992): *System Dynamics and Learner-Centered-Learning in Kindergarten through 12th Grade Education.*

Im CLE-Newsletter 2(1) (1993) geben Richard Langheim und Timothy Lucas von den Ridgewood Public Schools einen Bericht über *The First Year: Integrating Systems Thinking and STELLA into the K-12 Curriculum.* In diesem Artikel findet

[22] In den USA hat jeder der über 10.000 school districts eine gewisse Lehrplan-Autonomie.

[23] CC-STADUS steht für: *C*ross-*C*urricular *S*ystems *T*hinking *a*nd *D*ynamics *u*sing *S*tella. CC-STADUS bildet mittlerweile jährlich etwa 50 – 80 Lehrer in einer mehrwöchigen Sommerakademie in den Grundlagen systemdynamischen Modellierens aus.

sich auch eine Tabelle, wie sich die Autoren die Implementierung von SD/ST auf allen Schulstufen vom Kindergarten bis zur 12. Schulstufe vorstellen.

Auf der Ebene der Managementausbildung (also jenseits der 12. Schulstufe) emanzipiert sich das Systems Thinking Konzept um 1990 vollends vom System-Dynamics-Ansatz. Aus der System Dynamics Group spaltet sich ein neues Center for Organizational Development ab, dessen Gründer und Direktor 1991 Peter M. Senge wird (vgl. 1.1.3). Das Bemerkenswerte an Senges Buch *The Fifth Discipline* ist, dass man in diesem Werk nirgendwo auch nur einen Hinweis auf System Dynamics findet – obwohl Senge aus der System Dynamics Group des MIT kommt und z. B. auch mit Forrester an systemdynamischen Wirtschaftsberatungsprojekten gearbeitet und auch gemeinsam publiziert hat (z. B. Forrester/ Senge 1980).

1.3.5 Schulisch orientierte SD-Modellierung anderswo

Auch außerhalb des Dunstkreises der System Dynamics Group des MIT gab (und gibt) es Bemühungen, systemdynamische Modellbildung bzw. systemisches Denken im Schulunterricht zu etablieren. Anders als in den USA wird dabei jedoch eher von "Modellbildung und Simulation" als von "Systemischem Denken" gesprochen. Fast alle diese Ansätze basieren in ihrem Kern auf einer bestimmten Modelliersoftware.

In den Niederlanden entwickelte Piet van Blokland von der Vrijen Universiteit Amsterdam um1988 für den Schulgebrauch die Simulationssoftware VUDYNAMO. VUDYNAMO läuft auf MS-DOS PC's mit minimalster Hardwareausstattung (CGA-Grafik) und ist von der Syntax her jedoch wesentlich großzügiger als das Original-DYNAMO. Gemeinsam mit Douwe Kok entwickelte van Blokland einige Unterrichtsmaterialien (Blokland/Kok 1989), die auch in einigen niederländischen Schulklassen um 1988 – 1990 erprobt wurden. Friedhelm Schumacher vom Hamburger Amt für Schule übersetzte die Dokumentation und gab ein deutschsprachiges Handbuch von VUDYNAMO heraus (Blokland/Schumacher 1990a, Blokland/Schumacher 1990b), das im Bereich der Hamburger Schulbehörde Verwendung finden sollte.

In Deutschland gab es ca. seit 1985 massive Bemühungen um schulgerechte Modellbildungssoftware. Neben frühen Vorläufern wie ORGASYS, DYNAMOS oder FLUMMY[24] wurde vor allem die Entwicklung und praktische Erprobung der Mo-

[24] Für eine nähere Beschreibung siehe Ossimitz (1990a, S. 44f).

dellbildungssoftware MODUS[25] mit großem Aufwand betrieben. MODUS wurde auf Initiative des Landesinstituts für Schule und Weiterbildung in Soest von einer Gruppe um Werner Walser und Joachim Wedekind am Deutschen Institut für Fernstudien (DIFF) in Tübingen um 1990 entwickelt. MODUS war die erste (und einzige) grafisch orientierte systemdynamische Simulationssoftware für MS-DOS-PC, bei der auf DOS-Ebene eine grafische Benutzeroberfläche mitprogrammiert wurde. Hinter der Konzeption von MODUS stand ein bedeutender theoretischer Aufwand, der sich in einer Reihe von Publikationen niederschlug (Walser/Wedekind 1991, Wedekind/Walser 1992). Eine Besonderheit von MODUS war eine spezielle Syntax in der grafischen Notation, die einer anderen Logik folgte als die von Forrester entwickelte. Von Bedeutung sind insbesondere auch zwei umfangreiche empirische Begleitstudien zum schulpraktischen Einsatz, die vom Landesinstitut in Soest in Auftrag gegeben und von Eckhard Klieme und Ulla Maichle an Schülern der 7. – 11. Schulstufe in Nordrhein-Westfalen durchgeführt wurden (Klieme/Maichle 1991 und Klieme/Maichle 1994). Diese Studien waren die einzigen Vorbilder für meine eigenen empirischen Untersuchungen zur Entwicklung systemischen Denkens und werden in Kapitel 4 ausführlich besprochen.

MODUS konnte sich als Non-Standard-Grafikoberfläche in der aufkommenden Windows-Welt nicht behaupten und wurde als grafisch orientierte Simulationssoftware im deutschen Sprachraum sehr bald von DYNASYS abgelöst. DYNASYS orientiert sich in seinem Aufbau stark an STELLA und wurde von Walter Hupfeld als kostengünstige Windows-Schulsoftware entwickelt und vertrieben.

In *Baden-Württemberg* wurde 1993 ein fächerverbindendes Thema "Simulation dynamischer Vorgänge" in den Lehrplan aufgenommen (Koller 1993, 1995). Das Thema sollte in den Fächern Mathematik, Physik, Biologie und Gemeinschaftskunde zum Tragen kommen und war (anders als in Österreich) explizit auf eine quantitative Systemsimulation hin ausgerichtet. Als Software wurde zunächst MODUS, später (kurz) POWERSIM und ab 1996 DYNASYS eingesetzt. Aufgrund des Zentralabiturs in diesem Bundesland war (und ist) für diese von der zentralen Unterrichtsbehörde ausgehende Initiative einige Breitenwirkung gesichert.

In *Österreich* war die Entwicklung eine ganz andere: Hier stand nicht eine bestimmte Simulationssoftware, sondern das Design eines Lehrplankapitels im

---

[25] Ursprünglich wurde das Programm unter dem Namen MOBILE entwickelt. Erst anlässlich der Markteinführung wurde der Name auf MODUS geändert. Näheres zu MODUS siehe 3.5.5. – MODUS darf nicht verwechselt werden mit einem gleichnamigen, in Großbritannien entwickelten "Integrated Model Building System", das aber eher den Charakter eines regelbasierten Expertensystems als einer Simulationssoftware hat (siehe Millwood 1992).

Mathematiklehrplan sowie die Entwicklung entsprechender ergänzender Ressourcen (für Lehrbuchautoren und Lehrer) im Mittelpunkt.

Die Initialzündung war ein im Herbst 1986 an der Universität Klagenfurt gehaltener Vortrag *Zur Didaktik der Systemdynamik* von Gerhart Bruckmann, einem österreichischen Mitglied des Club of Rome (Bruckmann 1987). In diesem Vortrag empfahl Bruckmann wärmstens, Systemdynamik als Teil schulischer Mathematikausbildung zu integrieren:

> "Welche Chance für die Mathematik, ein solches Rüstzeug für die neue, umfassendere Sichtweise bereitzustellen! Welche Chance, dieses Rüstzeug für den Schulunterricht aufzubereiten! Mit dem Instrumentarium, das wir in der Schule gelernt haben, können wir nicht erklären, wieso zunehmender Straßenbau das Verkehrschaos nicht lindert, sondern erhöht, wieso Hilfslieferungen in Hungergebiete den Hunger vergrößern, wieso es zum Zusammenbruch von Ökosystemen kommt, wieso die heutigen Defizite in der verstaatlichten Industrie bereits in der Aufschwungphase der 50er-Jahre prädeterminiert waren." (Bruckmann 1987, S. 42)

Bruckmanns Appell fiel auf fruchtbaren Boden. Auf Initiative von Roland Fischer wurde 1989 ein Lehrplankapitel "Untersuchung vernetzter Systeme" in den Mathematiklehrplan für die 7. Klasse (11. Schulstufe) Realgymnasium aufgenommen[26]. Im Kern stand dabei die Idee, systemisches Denken zu vermitteln (siehe 3.4).

Zu diesem Lehrplankapitel haben Ossimitz/Schlöglhofer (1991) einen Lehrplankommentar verfasst. Eine erweiterte Version dieses Lehrplankommentars[27] bildet das Grundlagenkapitel des Bandes "Materialien zur Systemdynamik" (Ossimitz 1990a, siehe 3.5.2).

Eine Besonderheit des österreichischen Lehrplankapitels liegt darin, dass es nicht ausschließlich auf eine quantitative Simulation am Computer abzielt, sondern auch eine rein qualitative Behandlung des Themas im Unterricht zulässt (etwa im Sinne von Gomez/Probst). Dem entsprechend wurde diesem Aspekt in Ossimitz (1990a) auch breiter Raum gewidmet. Auch bei der Modellierung mit dem Computer ist das Konzept nicht auf ein bestimmtes Softwareprodukt abgestellt. Neben verschiedenen (um 1990 aktuellen) Simulationssprachen (STELLA, VUDYNAMO) werden etwa auch Möglichkeiten, einfache dynamische Systeme mit Tabellenkalkulationsprogrammen zu modellieren, ausführlich behandelt.

---

[26] Grundlage dafür war das Diskussionspapier Ossimitz/Schlöglhofer (1988).

[27] Eine aktualisierte Fassung findet sich in Ossimitz (1997d) unter der WWW-Adresse http://www.uni-klu.ac.at/~gossimit/sdyn/lkom.htm

1.4 Zusammenfassung

Grundsätzlich kann man zwischen qualitativen und quantitativen Systemansätzen unterscheiden. Der System-Dynamics-Ansatz ist durchwegs quantitativ ausgerichtet, während Vesters Konzept von vernetztem Denken und die systemischen Managementansätze von Gomez und Probst qualitativer Natur sind.

Systemisches Denken (Systems Thinking) spielt sowohl in der qualitativen als auch in der quantitativen Schiene eine Rolle. Abb. 4 ist ein Versuch, einen Gesamtzusammenhang zwischen den in diesen Kapiteln besprochenen Ansätzen herzustellen. Links stehen die qualitativen, rechts die quantitativen Ansätze. Auf der qualitativen Seite hat Vester die Rolle eines frühen Vorläufers, auf den sich sowohl Dörner als auch Gomez/Probst in ihren Arbeiten beziehen. Der kognitionspsychologische Bereich "Komplexes Problemlösen" nimmt eine gewisse Sonderstellung ein. Einerseits basiert er auf quantitativen Simulationsmodellen, die allerdings von den Versuchspersonen in qualitativer Weise wahrgenommen und gesteuert werden.

Dem gegenüber war der System-Dynamics-Ansatz von seinen frühesten Anfängen an konsequent auf eine quantitative Simulation hin ausgerichtet. Bemerkenswert ist, wie sich aus dem System-Dynamics-Paradigma zwei sehr unterschiedliche Konzepte von Systems Thinking entwickelten: Systems Thinking(1) ist (bei sehr oberflächlicher Betrachtung) ein Marketingvehikel von System Dynamics, speziell für den schulischen Markt. Im Bereich des Management-Marktes hat Peter Senge den System-Dynamics-Ansatz zur Idee des organisationalen Lernens emanzipiert und dabei Systems Thinking(2) als die entscheidende "Fifth Discipline" charakterisiert. Dabei verlässt Senge komplett das streng quantitative Modellierparadigma von System Dynamics. Dies wird auch daran deutlich, dass auch Gomez und Probst als seit jeher rein qualitativ orientierte Autoren ihre Ideen in jüngerer Zeit unter dem Label "Organisationales Lernen" positionieren.

Den Unterschied zwischen qualitativen und quantitativ orientierten Autoren bzw. Modellierparadigmen kann man am einfachsten anhand der verwendeten Darstellungsformen erkennen: im Bereich der qualitativen Modellierung ist es das Wirkungsdiagramm, auf der Seite der quantitativen Modellierung das Flussdiagramm.

Unter den hier besprochenen Ansätzen ist der System-Dynamics-Ansatz der einzige, der im schulischen Ausbildungskontext eine gewisse Bedeutung erlangt hat. Dabei ist fast durchwegs eine starke Orientierung an systemdynamischen Softwareprodukten erkennbar – mit STELLA als US-Marktführer – was nicht zuletzt am Marketinggeschick von Barry Richmond liegt, der sein Produkt (und damit systemdynamisches Modellieren) unter der Flagge "Systems Thinking" vermarktet. Der österreichische Weg, systemisches Denken direkt via Lehrplan zu verordnen und dabei sowohl qualitative als auch quantitative Optionen der Betrachtung und Modellierung von Systemen offen zu lassen, erweist sich im internationalen Vergleich als Ausnahme.

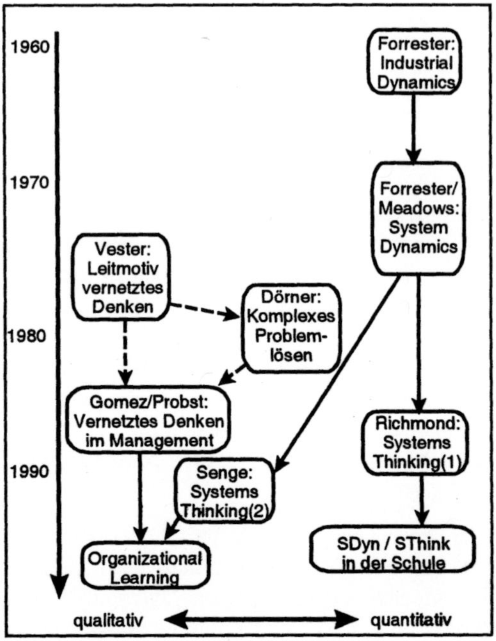

Abb. 4

Bei allen in diesem Kapitel diskutierten Ansätzen spielte "systemisches Denken" oder "vernetztes Denken" in irgend einer Hinsicht eine bestimmte Rolle. Dennoch hat man den Eindruck, dass dieser Begriff meist eher naiv verwendet wird, und z. T. überhaupt nur als plakatives Schlagwort oder als Verkaufsargument dient. Im folgenden Kapitel 2 möchte ich mich daher eingehender mit verschiedenen Definitionen und Operationalisierungen des Begriffes "Systemisches Denken" beschäftigen.

2 Theoretische Untersuchungen zur Frage: Was ist Systemisches Denken?

Nach dem kursorischen Überblick in Kapitel 1 möchte ich in diesem Kapitel eine systematische Begriffsbestimmung des Schlüsselbegriffs "Systemisches Denken" versuchen. In 2.1 werden die wichtigsten Literaturquellen besprochen, die sich insgesamt als wenig ergiebig erweisen. Daher werde ich in 2.2 eine eigene Definition von *Systemischem Denken* vorstellen, die im Wesentlichen vier essenzielle Dimensionen dieses Begriffs umfasst: (1) vernetztes Denken, (2) Denken in dynamischen Zeitabläufen (3) Denken in Modellen sowie (4) die Fähigkeit zur praktischen Steuerung von Systemen (systemisches Handeln).

2.1 Systemisches Denken in der Literatur

Die Durchsicht der Literatur nach einer genaueren Begriffsbestimmung oder Definition zum systemischen (oder vernetzten) Denken fällt in weiten Bereichen enttäuschend aus: Eine explizite Begriffsbestimmung oder gar Definition ist kaum irgendwo zu finden. In vielen Fällen kann man lediglich implizit aus dem Gebrauch erschließen, welches Verständnis der betreffende Autor von "systemischem Denken" hat. In diesem Abschnitt möchte ich die Ergebnisse meiner Literaturrecherchen zusammenfassen.

2.1.1 *Vernetztes Denken* bei Vester

Frederic Vester hat Titel wie *Unsere Welt – ein vernetztes System* (Vester 1983b) oder *Leitmotiv vernetztes Denken* (Vester 1988) publiziert, die zweifellos zu einer Popularisierung von Begriffen wie "vernetztes Denken" oder "vernetztes System" beigetragen haben. Was er jedoch genau damit meint, wird nirgendwo explizit formuliert. Man kann lediglich versuchen, aus dem Gesamtkontext ein gewisses Verständnis dieser Begriffe zu erschließen. Dabei findet man bei Vester vor allem ein Plädoyer für systemische Wechselbeziehungen und für das Verständnis bestimmter Grundprinzipien (vgl. Abb. 1). Es gibt in Vesters umfangreichen Büchern *Neuland des Denkens* (Vester 1984) oder *Leitmotiv vernetztes Denken* (anders als bei den meisten anderen systemorientierten Autoren) auch kaum Diagramme oder sonstige grafische Darstellungen, die einen Rückschluss auf das zu Grunde liegende Systemverständnis erlauben würden.

Im Buch zur Wanderausstellung *Unsere Welt – ein vernetztes System* (Vester 1983b) thematisiert Vester zunächst im Teil 1 die Frage *Was ist ein System?* Anschließend werden verschiedene Arten von Wirkungsbeziehungen (linear, nichtlinear, exponentiell, Grenz- und Schwellenwerte) jeweils an einem Beispiel behandelt. In Teil 3 stellt Vester dann jeweils an einem einfachen Beispiel positive und negative Rückkoppelungskreise vor und erläutert den Unterschied zwischen quantitativem und qualitativem Wachstum. Teil 4 bringt Beispiele von unvernetztem Denken bei der Systementwicklung, in der Energiepolitik (Stichwort "Atomstrom") sowie in der Wirtschaftswelt. In der zweiten Hälfte des Buches werden dann verschiedene Beispiele von Systemen vorgestellt. Teil 5 "Wie man Zusammenhänge verstehen lernt" enthält unter anderem Beispiele zu Zeitverzögerungen, eine vereinfachte Version des Computerspiels Ökolopoly. Teil 6 behandelt an der Fallstudien Assuan-Staudamm, Sahel-Zone und Monokulturen das Thema "Wie man Systeme durch Eingriffe kaputtmacht". In Teil 7 wird dem exemplarisch gegenüber gestellt, "Wie sich Systeme durch Selbststeuerung nutzen lassen". Der abschließende Teil 8 "Wir selbst als Teil des Ganzen" bringt dann noch einige Beispiele zu biokybernetischen Systemen.

Was kann man durch dieses Buch (bzw. durch den Besuch der zu Grunde liegenden Wanderausstellung) an "systemischen Denken" lernen? Jedes der 28 Exponate der Ausstellung (bzw. Kapitel des Buches) beleuchtet für sich genommen exemplarisch und zumeist sehr anschaulich einen gewissen systemischen Sachverhalt. Es ist für den Leser (bzw. Besucher der Ausstellung) jedoch kaum möglich, zwischen den einzelnen Beispielen einen inneren Gesamtzusammenhang herzustellen. Dies gilt in gewisser Weise auch für die übrigen Arbeiten von Vester: In seinen Schriften finden sich eine Vielzahl von Beispielen und Einzelaussagen zu systemischen Phänomenen, ohne dass jedoch so ohne weiteres eine Gesamtorientierung erkennbar wäre.

Zusammenfassend kann man das Verdienst Vesters im Zusammenhang mit der Entwicklung systemischen Denkens wohl am ehesten als eine Sensibilisierung für Systemisches anhand von instruktiven Beispielen charakterisieren.

2.1.2 Gomez/Probst: Vernetzt denken - Unternehmerisch handeln

In den Schriften von Gomez und Probst steht unzweifelhaft systemgerechtes Handeln im Mittelpunkt. Dies wird bereits durch die Titel der Publikationen *Vernetztes Denken im Management* (Gomez/Probst 1987) oder *Die Praxis des ganzheitlichen Problemlösens – Vernetzt denken, Unternehmerisch handeln, Persönlich überzeugen* (Gomez/Probst 1997) zum Ausdruck gebracht. Gomez/Probst 1997 ist eine Weiterentwicklung der in Gomez/Probst 1987 entwickelten

Problemlösemethodik, bei der die Autoren jeden der fünf Problemlöseschritte nach den drei Dimensionen "Vernetzt denken", "Unternehmerisch handeln", "Persönlich überzeugen" betrachten. Die folgende Tabelle zeigt die Konkretisierungen der Dimension "Vernetzt denken" für jeden der fünf Schritte.

Problemlöseschritt	**Konkretisierung von *Vernetzt Denken***
1. Zusammenhänge und Spannungsfelder der Problemsituation verstehen	❑ Unterschiedliche Standpunkte einnehmen ❑ Zweckbestimmung und Systemabgrenzung vornehmen ❑ Schlüsselfaktoren ableiten
2. Zusammenhänge und Spannungsfelder der Problemsituation verstehen	❑ Den zentralen Kreislauf identifizieren ❑ Das Netzwerk aufbauen ❑ Zeitliche Abhängigkeiten und Intensitäten ermitteln
3. Gestaltungs- und Lenkungsmöglichkeiten erarbeiten	❑ Verhaltensmuster der nicht lenkbaren Teile ermitteln ❑ Lenkungsoptionen identifizieren ❑ Indikatoren der Zielerreichung festlegen.
4. Mögliche Problemlösungen beurteilen	❑ Die Einhaltung der systemischen Lenkungsregeln sicherstellen ❑ Alternativen qualitativ beurteilen ❑ Mögliche Problemlösungen quantitativ bewerten
5. Problemlösungen umsetzen und verankern	❑ Stufengerecht und multidimensional verankern ❑ Früherkennung und Fortschrittskontrolle sicherstellen ❑ Entwicklungsprozesse und -fähigkeiten erfassen

Abb. 5 (nach Gomez/Probst 1997)

Die rechts angeführten Punkte zeigen deutlich, dass bei Gomez und Probst "Vernetzt denken" ganz deutlich auf die pragmatische Dimension systemgerechten Verhaltens abgestellt ist. Für sie ist "Vernetzt denken" im Wesentlichen die intellektuelle Komponente des von ihnen vertretenen Managementansatzes.

2.1.3 *Feedback Thought* bei George P. Richardson

George P. Richardson liefert in seinem Buch *Feedback Thought in Social Science and Systems Theory* (Richardson 1991) einen herausragenden Beitrag zur Ideengeschichte systemischer Ansätze in verschiedenen Wissenschaftszweigen. Richardson untersucht, in welchen Wissenschaften bzw. Denkrichtungen der Geistesgeschichte "causal loops" auftreten und identifiziert schließlich zwei Hauptrichtungen, den "cybernetics thread" und den "servomechanism thread", die er eingehend diskutiert. *Causal loops* definiert Richardson folgend:

"Since the concept of a loop is fundamentally visual, we will use visual terms to give an intuitive definition of the loop concept underlying feedback and mutual causality. An arrow drawn from A to B will be taken to mean A "causally influences" B. Thus if A influences B and B in turn influences A, we would have a pair of arrows that form a loop of mutual or circular causality. To this elemental loop we attach an additional idea, which we shall refer to as the *polarity* of the loop. It is the concept of polarity that gives the causal loop ist percieved analytical and explanatory power. The polarity of a circular causal loop reflects the loop's tendency either to reinforce or to counteract a change in any of its elements. Following the terminology that has become common since the emergence of the feedback concept from engineering into the social sciences, we shall characterize such loops as "positive" or "negative"." (Richardson 1991, S. 5)

Richardson widmet sich in seiner Darstellung auch ausführlich verschiedenen Vorläufern von Feedback-Konzepten. Unter anderem bespricht er die Wasseruhrensteuerung des Ktesibios (250 v. Chr.), das logistische Populationsmodell von Verhulst, das Räuber-Beute-Modell von Alfred Lotka, das Rüstungsmodell von Lewis F. Richardson aus der Zwischenkriegszeit oder das volkswirtschaftlichen Multiplikator-Akzelerator-Modell von Paul Samuelson. In all den genannten Fällen spürt Richardson die in diesen Arbeiten vorhandenen Feedback-Strukturen auf, die von den jeweiligen Autoren selbst oft gar nicht gesehen (oder wenigstens nicht explizit formuliert) wurden.

Insgesamt zeigt das Buch *Feedback Thought*, dass die Idee der Rückkoppelung, des Rückbezuges von der Wirkung auf die Ursache, zu den fundamentalen geistesgeschichtlichen Ideen zählt, die in verschiedensten Bereichen von entscheidender Bedeutung ist:

- In der Logik: von Paradoxa mit selbstbezüglichen Sätzen (wie dem klassischen Paradox des Epimenides: "Alle Kreter sind Lügner") über die Russel'sche Theorie logischer Typen bis hin zu Gödels Unvollständigkeitstheorem (Gödel 1931).
- In der frühen Nationalökonomie: bereits bei David Hume (On the Balance of Trade; 1752) oder Adam Smith (The Wealth of Nations; 1776) oder John Stuart Mill (System of Logic; 1848) mit einem Feedback-Modell zur Preisspekulation.
- In der Philosophie: Die Dialektik von These-Antithese-Synthese kann auch als Feedbackstruktur dargestellt werden (Richardson 1991, S. 71).
- In den Sozialwissenschaften: Richardson diskutiert u. a. Gunnar Myrdals "vicious circle" (Myrdal 1944, S. 75); den Mitläufereffekt; selbsterfüllende Prophezeiungen (z. B. Merton 1948); Gregory Batesons Konzept der Schismogenesis (Bateson 1935) beim Aufeinandertreffen verschiedener Kulturen.

- In der Kybernetik: z. B. in den Arbeiten von Norbert Wiener (1948, 1950) oder von Ross W. Ashby (1956).
- In der Gruppendynamik: z. B. in Kurt Lewin's *Feedback Problems of Social Diagnosis and Action* (Lewin 1947).
- In der Allgemeinen Systemtheorie: z. B. Ludwig v. Bertalanffy (1945, 1968).
- In den Management-Wissenschaften: z. B. Stafford Beer (1959).
- In den Politikwissenschaften: z. B. Karl Deutsch (1948, 1963) oder David Easton (1957, 1965).
- In den Organisationswissenschaften: z. B. Karl Weick (1969).
- In der Psychologie: z. B. William Powers (1973).
- In der Problemlöseforschung: z. B. Allan Newell und Herbert Simon (1958, 1963, 1972)
- In der Ökonomie: z. B. Richard Goodwin (1951), Arnold Tustin (1953), A.W. Phillips (1954, 1957) oder R.G.D. Allen (1955)
- In der Systemdynamik: z. B. Forrester (1961, 1968, 1969) oder Meadows et al. (1973).
- In der Chaos-Forschung: z. B. das berühmte Wettermodell von Lorenz (1963) oder die Arbeiten zur Selbstorganisation in komplexen Systemen (etwa Prigogine/Stengers 1984; Yates 1987)

Richardsons Buch *Feedback Thought* macht deutlich, dass ein Denken in "causal loops" bei systemorientierten Ansätzen in erstaunlich vielen verschiedenen Disziplinen durchwegs eine entscheidende Rolle spielt. Das Denken in Wirkungskreisen ist gewissermaßen der kleinste Nenner, der sich bei der Analyse unterschiedlichster Systemansätze finden lässt. Damit liegt der Schluss nahe, dass ein Denken in Wirkungs- und Rückkoppelungskreisen im Zusammenhang mit systemischem Denken eine zentrale Rolle spielt.

2.1.4 *System Dynamics* versus *Systems Thinking* bei Forrester

Im Artikel *System Dynamics, Systems Thinking, and Soft OR* (Forrester 1994) beschäftigt sich Jay Forrester mit dem Verhältnis dieser drei Begriffe zueinander. Ausgangspunkt sind für ihn "System dynamic steps from problem symptoms to improvement" (Forrester 1994, S. 4):

Step 1:	Describe the System
Step 2:	Convert description to level and rate equations
Step 3:	Simulate the model
Step 4:	Design alternative policies and structures
Step 5:	Educate and debate
Step 6:	Implement changes in policies and structure

Systemdynamische Modellierung vollzieht sich nach Meinung Forresters als eine Abfolge dieser sechs Stufen. Dabei können einzelne Teile durchaus mehrfach durchlaufen werden.

> "The first simulations at Step 3 will raise questions that cause repeated returns to Steps 1 and 2 until the model becomes adequate for the purpose under consideration." (Forrester 1994, S. 4)

Für Forrester ist dieser gesamte Prozess und damit Systemdynamik insgesamt ein Problemlöseverfahren. Man startet bei Step 1, motiviert durch ein unbefriedigendes Systemverhalten, bis man das System verstanden hat und den Fehler beheben kann. "Understanding comes first, but the goal is improvement." (Forrester 1994, S. 3)

Forrester verwendet nun dieses Ablaufschema, um das Verhältnis von Systemdynamik zu Systems Thinking zu charakterisieren. Konkret sieht er Systems Thinking als eine "procedure" im Rahmen von Schritt 1 seines Verständnisses von Systemdynamik (vgl. Abb. 6). Im Hauptteil seines Papers skizziert Forrester sein Verständnis der vier Bereiche "case studies", "soft operations research", "systems thinking", sowie die "conceptualization phase" von System Dynamics. Im Abschnitt "Systems Thinking" schreibt Forrester (1994, S. 10f):

Step 1
Describe the system
Procedures:
Case studies
Soft operations research
Systems thinking
System dynamics,
conceptualization phase

Abb. 6 (aus Forrester 1994, S. 7)

> " "Systems thinking" has no clear definition or usage. ... Some use systems thinking to mean the same as system dynamics. ... "Systems thinking" is coming to mean little more than thinking about systems, talking about systems, and acknowledging that systems are important. In other words, systems thinking implies a rather general and superficial awareness of systems." (Forrester 1994, S. 10-11)

Forrester sieht die Gefahr, dass ST zu einer Management-Modeströmung verkommen könnte. Er fürchtet (nicht zu Unrecht!), dass der Begriff "systems thinking" von Unternehmensberatern ohne einen ernsthaften Hintergrund in "a rigorous systems discipline" (Forrester 1994, S. 11) vereinnahmt wird. Diese Systems-

Thinking-Bewegung könnte nach Forrester drei unterschiedliche Auswirkungen haben:

- Systems Thinking kann dazu dienen, eine breitere Öffentlichkeit mit Systemen und ihrer Bedeutung bekannt zu machen. Forrester vergleicht dies mit populären medizinischen Schriften, die zwar als Aufklärung für die Allgemeinheit zu begrüßen sind, die man jedoch tunlichst nicht als Grundlage für eine Selbstdiagnose und Behandlung nehmen sollte. Genauso lehnt es Forrester ab, dass jemand mit einem nur oberflächlichen Systemverständnis ohne gründlichen systemdynamischen Background korrigierend in ein System eingreift.

- Forrester sieht die Chance, dass ST als "door opener to system dynamics" dienen kann. "If systems thinking leads to a deeper understanding through system dynamics, then the result will be positive" (Forrester 1994, S. 11)

- Auf der anderen Seite sieht Forrester die Gefahr, dass man in der Begeisterung für ST meinen könnte, dies sei nun ausreichend zum Verständnis von Systemen, und dann mit derart unzureichender Qualifikation versucht, systemische Probleme zu bewältigen.

  > "Such people are in danger of finding that systems thinking does not help in solving their problems, or worse, that they take ill advised actions that make matters worse. Seeing no difference between systems thinking and system dynamics, they may conclude that system dynamics is at fault." (Forrester 1994, S. 11)

Schließlich geht Forrester auf das Thema "Ursache-Wirkungs-Diagramme" ein:

> "Much of systems thinking uses causal loops—diagrams that connect variables without distinguishing levels/integrations or stocks from rates (flows or activity). ... Lacking the identification of level variables, causal loops fail to identify the system elements that produce dynamic behavior." (Forrester 1994, S. 11)

Forrester plädiert dafür, in der konzeptuellen Phase der Modellbildung keine causal-loop-Diagramme zu verwenden, sondern gleich ein systemdynamisches Simulationsmodell zu entwickeln[28]. Wirkungsdiagramme sieht er nur zulässig, um ein fertiges Modell systemdynamisch Unkundigen zu präsentieren:

> "For a brief over-all presentation to people who will not be trying to understand the real sources of dynamic behavior, causal loops can be a useful vehicle for creating a general overall impression of the subject. One finds this after-the-fact use of causal loops in the very popular book *The Fifth Discipline*. ... The reader might erroneously get the impression that one can look at real life, draw a causal loop diagram and then carry through a penetrating description of dynamic behavior. Such a misleading assumption can occur if the reader fails to realize that the system archetypes and behavioral descriptions of the book are drawn, not

[28] Im Gegensatz etwa zu Nancy Roberts et al. (1983) oder Ossimitz (1990a); vgl. 3.5.

from causal loops, but from full system dynamics simulation models that had already been extensively explored by many different people." (Forrester 1994, S. 12)

Forrester vertritt hier ganz deutlich den Standpunkt eines "harten" Systemdynamikers, für den Systemdynamik das Maß aller Dinge ist. Dabei hat Forrester sogar von Systemdynamik selbst eine sehr enge Sichtweise: Für ihn ist "improvement" *das* (ausschließliche) Ziel systemdynamischer Modellierung: "Understanding comes first, but the goal is improvement" (Forrester 1994, S. 3). Mit einer derartig engen Auffassung lassen sich die meisten schulrelevanten Systemdynamikmodelle kaum begründen: Dort geht es fast nirgendwo um "improvement", sondern durchwegs "bloß" um den Gewinn von Einsichten in systemische Zusammenhänge.

Systemisches Denken ist für Forrester nur insoweit von Interesse, als es der Entwicklung systemdynamischer Simulationsmodelle dient. Forresters Vergleich mit "popular writing about medical diseases" (Forrester 1994, S. 11) qualifiziert jemanden, der ohne systemdynamischen Background versucht, systemische Probleme in der Praxis zu lösen, quasi als "Kurpfuscher". Ich halte diese Position von Forrester für unrealistisch und überzogen. Man wird der Menschheit ungeachtet aller Probleme und Mängel wohl zubilligen müssen, dass sie auch schon vor 1958 – also in der Prä-System-Dynamics-Ära – eine gewisse systemische Problemlösefähigkeit entwickelt gehabt hat. Darüber hinaus gibt es eine Unzahl systemischer Probleme, bei denen die systemdynamische Methode gar nichts bringt. Ich möchte dies an einem elementaren Beispiel aus der systemischen Familientherapie belegen (nach Watzlawick et al. 1969, S. 58ff):

"Ein häufig zu beobachtendes Eheproblem besteht z. B. darin, dass der Mann im Wesentlichen eine passiv-zurückgezogene Haltung an den Tag legt, während seine Frau zu übertriebenen Nörgeln neigt. ... Im Wesentlichen erweisen sich ihre Streitereien als monotones Hin und Her der gegenseitigen Vorwürfe und Selbstverteidigungen: «Ich meide dich, weil du nörgelst» und «ich nörgle, weil du mich meidest»" (Watzlawick et al. 1969, S. 58)

Watzlawick weist darauf hin, dass sich daraus ein Kreislauf von Interaktionen ergibt, der jedoch von beiden Seiten[29] nicht als solcher wahrgenommen wird. Dieser Sachverhalt lässt sich mit der "causal-loop-Technologie" einfach und elegant darstellen (siehe Abb. 7). Der obere Pfeil entspricht dem Wirkungszusammenhang aus der Sicht des Ehemannes: er zieht sich zurück, weil sie nörgelt. Das "+" beim Pfeil bedeutet: Je mehr sie nörgelt, desto mehr zieht er sich zurück. Der untere Pfeil entspricht der Wahrnehmung der Ehefrau: Sie nörgelt, weil er

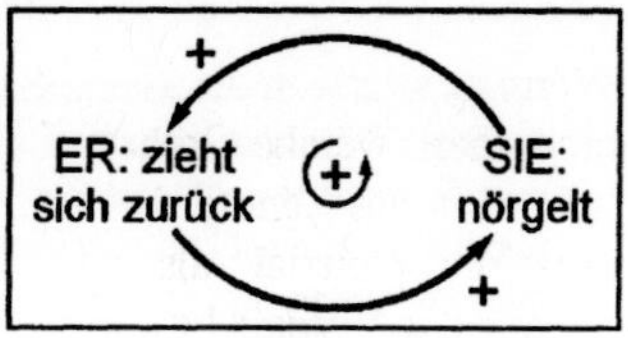

Abb. 7

[29] Watzlawick meint, dies läge an der Unfähigkeit beider Partner "über ihre individuelle Definition der Beziehung zu metakommunizieren." (Watzlawick et al. 1969, S. 59)

sich zurückzieht. Da beide Wirkungspfeile von der Art "Je mehr von der Ursache, desto mehr von der Wirkung" sind, ergibt sich insgesamt ein eskalierender (positiver) Rückkoppelungskreis[30]. Im vorliegenden Beispiel ist eine Darstellung als Wirkungsdiagramm völlig ausreichend, um das System zu verstehen und seine Struktur zu durchschauen. Der wesentliche Punkt zum systemischen Verständnis der Beziehungssituation ist, den eskalierenden "causal loop" zu erkennen, der sich aus zwei jeweils rein defensiv intendierten Maßnahmen zusammensetzt. Typischerweise wird in solchen Beziehungskonstellationen dieses eskalierende Muster von den betroffenen Personen nicht als solches wahrgenommen: Der Mann sieht nur die obere, die Frau nur die untere Wirkungsbeziehung.

Die Situation des streitenden Ehepaares relativiert auch Forresters Behauptung "Lacking the identification of level variables, causal loops fail to identify the system elements that produce dynamic behavior." (Forrester 1994, S. 11) Man kann aus Abb. 7 ohne Schwierigkeiten die entstehende Dynamik erkennen, auch wenn hier überhaupt keine "level variables" definiert worden sind.

Im Gegenteil: Beim Versuch, in dieser Situation Bestandsgrößen[31] (level variables) zu identifizieren, gerät man sofort in Schwierigkeiten. Wenn man beispielsweise das Nörgeln und das Sich-Zurückziehen als zentrale Bestandsgrößen definiert, dann muss es zu jeder dieser Größen (mindestens) eine entsprechende Flussgröße Änd_Nörgeln bzw. Änd_Zurückziehen geben (vgl. Abb. 8). Doch wie sollen nun diese Größen nummerisch miteinander verknüpft werden? Wie kann man insbesondere die Änderung des Nörgelns bzw. des Sich-Zurückziehens aus den übrigen Modellgrößen (oder eventuell aus weiteren noch einzuführenden Größen) quantitativ errechnen? Dieses Problem hat seine Wurzel darin, dass eben das Nörgeln bzw. das Sich-Zurückziehen etwas anderes ist als ein Lagerstand, für den sich Zu- und Abflüsse natürlich und sachlogisch vernünftig definieren lassen.

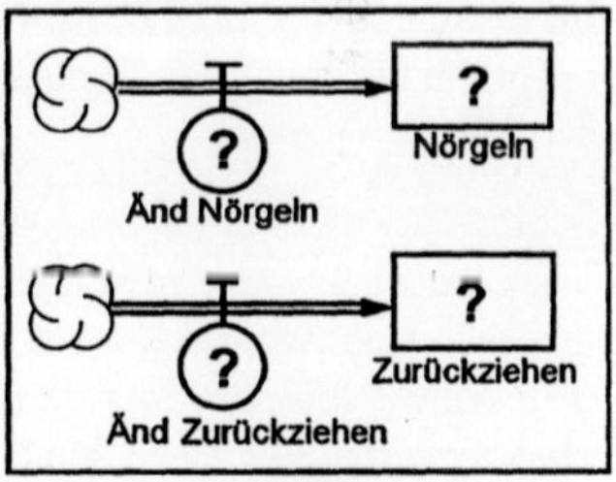

Abb. 8

Wenn man jedoch das Nörgeln bzw. Sich-Zurückziehen *nicht* als Bestandsgrößen modelliert, welche Größen soll man dann als Bestandsgrößen nehmen? Ein möglicher Ansatz könnte darin bestehen, für beide Partner so etwas wie ein "Aggressionspotenzial" als eher abstrakte Bestandsgröße zu postulieren, von dem jeweils das Nörgeln bzw. Sich-Zurückziehen konkrete Symptome sind. In diesem

30 Vgl. den Systemarchetyp "Escalation" bei Senge (1990; siehe 1.1.3).

31 Näheres zu Bestands- und Flussgrößen siehe 3.2.

Sinne wird ein harter Systemdynamiker auch immer ein Modell mit Bestandsgrößen konstruieren können. Aber wozu soll dieser Aufwand getrieben werden? Das einfache Wirkungsdiagramm in Abb. 7 reicht völlig, um das eskalierende Grundmuster in der Beziehung zu verstehen und den Schluss zu ziehen, dass das Paar hier in einem "circulus vitiosus" gefangen ist.

Mein Punkt ist nun folgender: Paul Watzlawick konnte die eskalierende Dynamik des streitenden Ehepaares erkennen und m. E. auch plausibel beschreiben, *ohne* dazu das systemdynamische Konzept von Bestands- und Flussgrößen auch nur implizit zu benötigen. Auch die Lösung des Beziehungsproblems kann ohne eine quantitative systemdynamische Modellierung durch rein qualitative Überlegungen erfolgen (siehe Watzlawick et al. 1969, 1974). Der Schlüssel besteht darin, den eskalierenden Rückkoppelungskreis in der Beziehungsstruktur zu entdecken.

Um die Logik dieses Wirkungskreises zu durchbrechen, ist ein scheinbar paradoxes Verhalten nötig: sie muss auf ein verstärktes Zurückziehen mit *weniger* Nörgeln bzw. er auf mehr Nörgeln mit *weniger* Sich-Zurückziehen reagieren. Insgesamt zeigt dieses Beispiel recht deutlich, dass Forresters Alleinvertretungsanspruch für die systemdynamische Methode zur Lösung systemischer Probleme doch überzogen ist.

Schließlich möchte ich noch auf Forresters Behauptung eingehen, dass man die Wirkungsdiagramme in Senges Buch *The Fifth Discipline* ausschließlich als "after the fact"-Beschreibungen von systemdynamischen Modellen verstehen darf und man nicht irrtümlich folgern dürfe, dass man solche Wirkungsdiagramme auch ohne systemdynamische Modellierung direkt in praktischen Problemsituationen anwenden könne. Tatsächlich belegt Senges Buch genau das Gegenteil: *The Fifth Discipline* weist überzeugend nach, wie systemische Situationen rein qualitativ ausschließlich mit Wirkungsdiagrammen diagnostiziert und auch rein qualitativ verschiedene Lösungsansätze diskutiert und verglichen werden können. Forrester hat wohl insofern Recht, dass Senge selbst (als ehemaliger Mitarbeiter von Forrester) seine Systemarchetypen aus dem Erfahrungsschatz der Systemdynamiker in seiner persönlichen Laufbahn "after the fact" entwickelt haben mag; für die Leserschaft des Buches *The Fifth Discipline* trifft dies aber ganz bestimmt nicht zu. Forresters Anspruch "The reader might erroneously get the impression that one can look at real life, draw a causal loop diagram and then carry through a penetrating description of dynamic behavior" (Forrester 1994, S. 12) bedeutet pointiert gesagt, dass die Leser genau das aus *The Fifth Discipline* nicht lernen dürften, was dieses Buch so überzeugend und erfolgreich vermittelt.

2.1.5 *Systems Thinking* bei Richmond

Barry Richmond, Managing Director der Systemdynamiksoftware STELLA, hat in mehreren Papers sein Verständnis von Systems Thinking ausführlich dargelegt. In *Systems Thinking: Four Key Questions* (Richmond 1991) werden folgende Fragen behandelt:

1. What is Systems Thinking?
2. Why ist Systems Thinking needed?
3. What works against the adoption of Systems Thinking?
4. What can be done to faciliate the adoption of Systems Thinking?

Bereits in den ersten Sätzen dieser Arbeit räumt Richmond ein, dass für ihn Systems Thinking eine Art Sammelbegriff ist, der auch System Dynamics umfasst:

> "Systems Thinking, A Systems Approach, System Dynamics, Systems Theory, an just plain 'ol "Systems" are but a few of the many names commonly attached to a field of endeavor... As I prefer the term "Systems Thinking", I'll use it as the single descriptor for this field of endeavor." (Richmond 1991, S. 2).

Unter der Überschrift "What is Systems Thinking?" skizziert Richmond (1991, S. 2) das Spektrum systemischen Denkens durch folgende Darstellung:

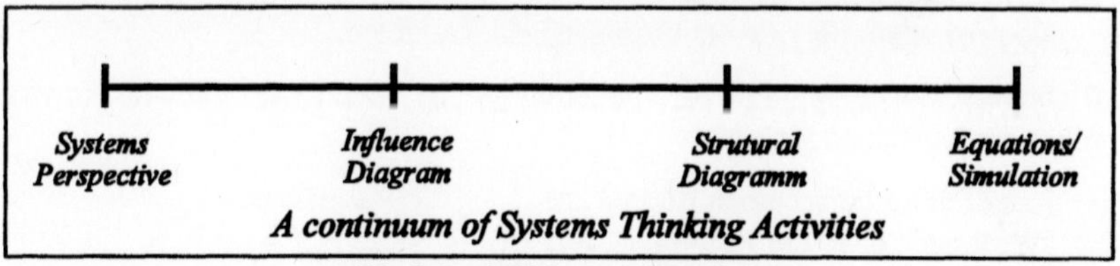

Abb. 9 (nach Richmond 1991, S. 2)

> "Systems Thinking, in practice, is a continuum of activities which range from the conceptual to the technical:"

Mit *Systems Perspective* meint Richmond einen Standpunkt, bei dem man quasi wie von einem Berggipfel aus einen Überblick über die Situation gewinnt und nicht von einzelnen Details gefangen genommen wird. Die übrigen drei Markierungen in Abb. 9 entsprechen in verblüffender Weise der unabhängig davon in Ossimitz (1991) entwickelten Konzeption von vier Stufen systemdynamischen Modellierens und Darstellens (Abb. 10; vgl. dazu auch 3.1).

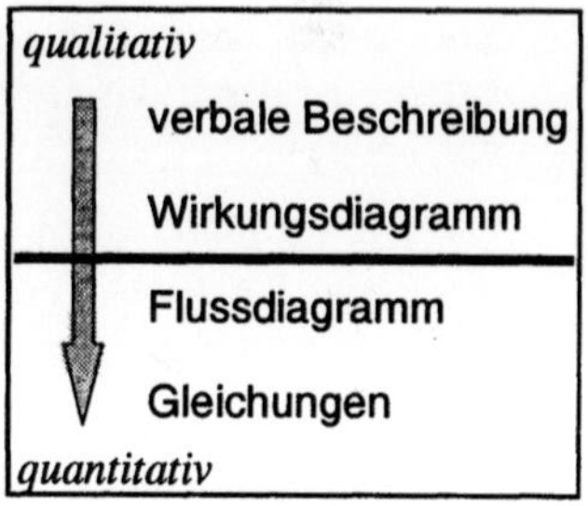

Abb. 10
(nach Ossimitz 1991, S. 175)

Am ausführlichsten entwickelt Richmond seine Auffassung von systemischem Denken in dem 1993 erschienenen Artikel *Systems thinking: critical thinking skills for the 1990's and beyond.* Richmond (1993) sieht dabei das "Systems Thinking paradigm" in einem Gegensatz zu additivem Denken und bringt folgendes Beispiel: Fragt man eine gebildete Person nach Gründen für die globale Übervölkerungsproblematik, dann wird das Ergebnis meist eine Liste von Argumenten (Richmond nennt dies "laundry list", etwa wie in Abb. 11) sein. Viele westlich gebildete Menschen sehen laut Richmond die Überbevölkerung als ein Resultat von verschiedenen (additiven) Ursachen, die implizit noch mit verschiedenen Gewichten versehen werden: Diese Ursache ist die Wichtigste, jene die Zweitwichtigste usw. Formal könnte man diese Art des mentalen Modells durch eine multiple lineare Regressionsgleichung der Art

$$y= a_0 + a_1X_1 +a_2X_2 + ... +a_nX_n$$

darstellen mit

y: abhängige Variable
X_i: unabhängige Variablen
a_i: Gewichtungsfaktoren (oder Koeffizienten) für jede der unabhängigen Variablen.

Abb. 11 (nach Richmond 1993)

Richmond weist darauf hin, dass hinter dieser Art "laundry list thinking process" folgende Annahmen stehen:

- Jeder Faktor liefert einen Beitrag zur "Wirkung"; d. h. die Kausalität läuft immer in dieselbe Richtung.
- Jeder Faktor wirkt unabhängig von den anderen.
- Die Stärke des Einflusses jedes Faktors ist durch das Gewicht a_i fix vorgegeben.
- Die Art des Einflusses der einzelnen Faktoren wird nicht explizit angegeben (höchstens durch das Vorzeichen der a_i wird signalisiert, ob es sich um einen positiven oder negativen Einfluss handelt).

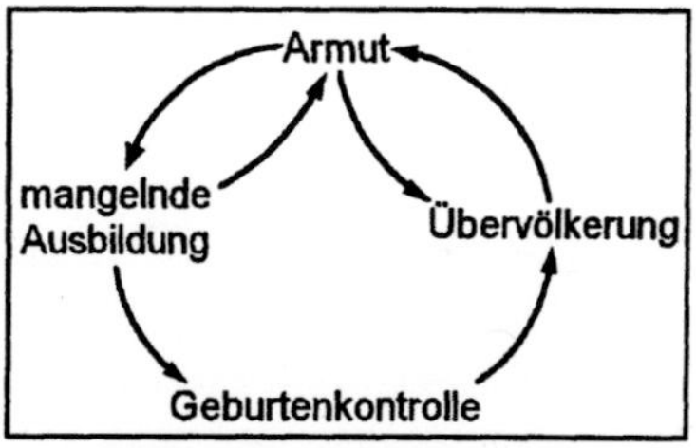

Abb. 12 (nach Richmond 1993)

Das "Systems Thinking paradigm" wird von Richmond durch eine Grafik wie in Abb. 12 repräsentiert. Hier gibt es zirkuläre Zusammenhänge zwischen den einzelnen Faktoren im Übervölkerungsbeispiel (insgesamt drei Rückkoppelungskreise). Der Übergang von der "Einbahnlogik" hin zu einer zirkulären Logik ist laut Richmond ein wesentlicher Schritt.

Im zweiten Teil seines Papers diskutiert Richmond (1993) sieben verschiedene "systemic thinking skills":

1. *Dynamic thinking*: Hier geht es nach Meinung von Richmond darum, die Aufmerksamkeit auf dynamische Verhaltensmuster statt auf Ereignisse zu lenken, weil sich Rückkoppelungsprozesse nur im Laufe der Zeit entfalten.

2. *Closed-loop-thinking*: steht in enger Verbindung mit dem dynamischen Denken:

   > "But there is more. When exercising closed-loop thinking people will look at the loops themselves (i.e. the circular cause-effect relations) as being responsible for generating the behavior patterns exhibited by a system. This is in contrast to holding some set of external forces responsible: external forces tend to be viewed as precipators rather than as causes. ... This is a subtle, but extremely important, shift in viewpoint." (Richmond 1993, S. 124).

   Richmond bringt hier ein Grunddogma der Systemdynamik ins Spiel: Die Struktur eines Systems determiniert dessen Verhalten – und nicht äußere Kräfte (vgl. z. B. Sterman 2000, S. 28). Diese neue Sichtweise bringt es mit sich, dass für das Systemverhalten nicht mehr externe, "feindliche" Kräfte verantwortlich gemacht werden können: "There is no one to blame" sagt Senge (1990, S. 67; vgl. 1.1.3) kurz und treffend. Die Verantwortung zur Steuerung des Systems müssen diejenigen übernehmen, die innerhalb des Systems leben und dort steuernd eingreifen können.

3. *Generic thinking*: Damit meint Richmond ein Denken in "generischen Strukturen". Generische Strukturen sind bei näherem Hinsehen jedoch eine eher technische Angelegenheit. Richmond bezeichnet in seinem *An Academic User's Guide for STELLA* (Richmond et al. 1987) damit im Wesentlichen Grundbausteine systemdynamischer Simulationsmodelle, die in verschiedensten Modellen immer wieder auftauchen.

4. *Structural thinking*: "It's here that people must think in terms of unit and measure, or dimensions and physical conservation laws are rigorosly adhered to in this domain. The distinction between a stock and a flow is emphasized" (Richmond 1993, S. 125). Richmond bezieht sich hier (implizit) sehr deutlich auf die systemdynamische Modelliermethode, die ein Denken in quantitativen Größen mit wohldefinierten Einheiten und auch eine rigorose Unterscheidung zwischen Bestandsgrößen (stocks; z. B. Bevölkerungszahl) und Flussgrößen (flows, z. B. Geburtenzahlen) notwendig macht.

5. *Operational thinking*: Damit meint Richmond, dass man Dinge so modellieren sollte, "wie sie wirklich sind" und nicht durch irgendwelche abstrakten

Gleichungen. Als Negativbeispiel führt er einen bekannten Ökonomen an, der in einem Journal ein elaboriertes makroökonomisches Modell der Milchproduktion der USA mit vielen Variablen und komplizierten Gleichungen vorstellte.

> "But nowhere in the model did cows appear. If one asks how milk is actually generated, one discovers that cows are absolutely essential to the process. Thinking operationally about milk production, one would focus first on cows, then on the rhythms associated with farmers' decisions to increase and decrease herd size, the relations governing milk productivity per cow and so on." (Richmond 1993, S. 128).

6. *Continuum thinking*: "Continuum thinking is nourished primarily by working with simulation models that have been built using continuous, as opposed to discrete, modeling approach." (Richmond 1993, S. 129) Das Denken in Ja-Nein-Alternativen entspricht einem Modellieransatz in if-then-else-Strukturen[32]. Dies führt nach Meinung Richmonds zu polarisierenden Haltungen der Art "Wer nicht für mich ist, ist gegen mich".

7. *Scientific thinking*: Darunter versteht Richmond ein quantitativ orientiertes Denken, verbunden mit "being rigorous about testing hypotheses. ... People thinking scientifically modify only one thing at a time and hold all else constant. They also test their models from steady state..." (Richmond 1993, S. 131). Das Zitat macht deutlich, dass Richmond hier Kompetenzen im Sinn hat, die vor allem für den Umgang mit quantitativen Simulationsmodellen von Bedeutung sind.

Insgesamt zeigt die Analyse der von Richmond angegebenen sieben Elemente systemischen Denkens, dass diese sehr eng mit der systemdynamischen Modelliermethode verbunden und ohne systemdynamisches Modellieren nur teilweise sinnvoll begründbar sind. Pointiert könnte man sagen, dass Richmond hier sieben Denkkompetenzen vorgestellt hat, die allesamt für das Entwickeln systemdynamischer Simulationsmodelle wichtig sind – was ja aufgrund der Affinität von Systems Thinking mit Systems Dynamics bei Richmond nicht verwundert.

Noch deutlicher wird diese enge Beziehung zwischen Systems Thinking und System Dynamics in Richmonds Artikel *System Dynamics/Systems Thinking: Let's just Get On With It* (Richmond 1994). In diesem Paper grenzt Richmond seine Auffassung von "Systems Thinking" pointiert von Forresters Position ab (Abb. 13; vgl. 2.1.4).

---

[32] Solche Strukturen spielen im System-Dynamics-Ansatz praktisch keine Rolle.

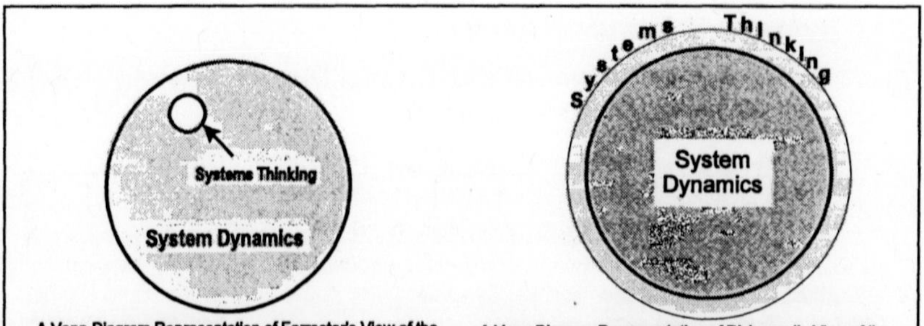

A Venn Diagram Representation of Forrester's View of the Relationship between System Dynamics and Systems Thinking
A Venn Diagram Representation of Richmond's View of the Relationship between System Dynamics and Systems Thinking

Abb. 13 (nach Richmond 1994)

Richmond meint, dass nach Forresters Auffassung "Systems Thinking" nur ein kleiner Teilbereich von "System Dynamics" sei und zitiert als Beleg ein Interview aus dem McKinsey Quartely 1992, Heft 2:

> "In that interview he stated that Systems Thinking will get you 'less than 5 percent of the way towards a genuine understanding of systems. The other 95 percent lies in the rigorous System Dynamics-driven structuring of models and in the simulations based on these models' " (Richmond 1994, S. 3).

Im Gegensatz dazu meint Richmond, dass Systems Thinking gewissermaßen eine Obermenge von System Dynamics sei: "Systems Thinking is 'System Dynamics with an aura'." (Richmond 1994, S. 4) Mit dieser Charakterisierung hat es Richmond selbst auf den Punkt gebracht: "Systems Thinking skills" sind im Wesentlichen diejenigen Fähigkeiten, die man zum systemdynamischen Modellieren braucht. Damit wird jemand, der erfolgreich systemdynamisches Modellieren gelernt hat, per definitionem zum Systemdenker.

Dieses Verständnis von systemischem Denken ist sehr verständlich und vielleicht auch nützlich, solange es nur darum geht, Systemdynamik unter dem Label "Systems Thinking" zu vermarkten. Es ist jedoch zu eng, um auch nicht-systemdynamisch orientierten Ansätzen von systemischem Denken – wie sie etwa von Senge oder Gomez und Probst vertreten werden oder auch in Richardson (1991) ausführlich behandelt werden (vgl. 2.1.3) – gerecht zu werden. Wenn man systemisches Denken so eng an System Dynamics anlehnt wie Richmond, dann würde dies in historischer Rückschau bedeuten, dass es vor Forrester überhaupt keine Systemdenker gegeben hätte. Und diese Überlegung zeigt wohl recht drastisch, dass es angemessen ist, systemisches Denken und auch systemorientiertes Problemlösen weiter zu fassen als dies Richmond oder auch Forrester tun.

2.1.6 *Systems Thinking* bei Senge

Peter Senge (1990) fasst den wesentlichen Kern der Disziplin "Systems Thinking" in den folgenden beiden Punkten zusammen:

> "The essence of the discipline of systems thinking lies in a shift of mind:
>
> - seeing interrelationships rather than linear cause-effect chains
> - seeing processes of change rather than snapshots.
>
> The practice of systems thinking starts with understanding a simple concept called "feedback" that shows how actions can reinforce or counteract (balance) each other. *It builds to learning to recognize types of structures that recur again and again."* Senge (1990, S. 73)

Senge sieht das Erlernen systemischer Grundmuster – er nennt diese "system archetypes" – als *den* entscheidenden Punkt beim systemischen Denken an. Er meint, dass die Kenntnis solcher Grundmuster unser Leben einfacher macht, weil sie uns helfen, die generischen Strukturen hinter den an der Oberfläche befindlichen Details und Umstände zu erkennen und dann auch systemgerecht zu handeln.

Beispielsweise steckt hinter dem Konkurrenzkampf zweier Konzerne um Marktanteile und dem Wettrüsten der Supermächte in der Zeit des Kalten Krieges eine vergleichbare Logik, die Senge unter dem Systemarchetyp "Escalation" (Senge 1990, S. 384f) zusammenfasst. Solche Systemarchetypen zu erkennen und mit ihnen umgehen zu lernen, ist für Senge das Herzstück von Systems Thinking.

2.2 Systemisches Denken - eine Definition

Ausgehend von der Diskussion verschiedener Ansätze zum systemischen Denken möchte ich eine eigene Definition systemischen Denkens vorstellen. Diese Definition versucht, die verschiedenen System-Ansätze in der Literatur zu berücksichtigen und nicht nur auf einen einzigen Aspekt (z. B. systemdynamische Modellierung) abzustellen.

Systemisches Denken umfasst vier zentrale Dimensionen:

1. *Vernetztes Denken:* Denken in Rückkoppelungskreisen
2. *Dynamisches Denken:* Denken in Zeitabläufen
3. *Denken in Modellen*
4. *Systemgerechtes Handeln*

Diese Dimensionen sind nicht unabhängig voneinander und haben auch in der Literatur zum systemischen Denken durchaus ihre Bedeutung. Zusammengefasst ergeben sie ein breites Verständnis von systemischem Denken, das nicht unbedingt auf einen einzelnen Anwendungszusammenhang (wie etwa systemdynamisches Modellieren; Steuerung von computersimulierten Systemszenarien; Betrachtung von Systemarchetypen; oder die Entwicklung von Wirkungsnetzen im Managementbereich) abgestellt ist.

2.2.1 Vernetztes Denken

Der abendländische Mensch ist vorwiegend auf ein Denken in einfachen Ursache-Wirkungs-Beziehungen (Kausalzusammenhängen) orientiert und trainiert. Grundlage dieser Denkform ist ein strenges Auseinander-Halten von Ursache und Wirkung. Man ordnet die Welt in lauter einfache Ursache-Wirkungs-Beziehungen. Zur Erklärung eines bestimmten Phänomens sucht man nach dessen (singulärer) "Ursache". Dabei wird angenommen, dass es diese Ursache gibt und dass sich aus einer bestimmten Ursache zwangsläufig eine bestimmte Wirkung ergibt. Das mathematische Analogon dieser Denkform ist das Konzept der Funktion in der (traditionellen) Form einer Zuordnung, bei der jedem Wert einer unabhängigen Variable eindeutig ein Wert der abhängigen Variablen zugeordnet wird. Die unabhängige Variable entspricht der Ursache, die abhängige Variable der Wirkung. Dem entsprechend wird der entsprechende Denkstil auch "funktionales" oder auch "lineares" Denken genannt – im Gegensatz zum "vernetzten Denken".

Die Möglichkeiten des mathematischen Funktionskonzeptes weisen jedoch schon darauf hin, dass es mehr gibt als nur einfache Ursache-Wirkungs-Beziehungen:

1) *Funktionen lassen sich unter bestimmten Bedingungen invertieren.* Dies entspricht einer Vertauschung von Ursache und Wirkung (vgl. Rapoport 1986, S. 11f). Kausalzusammenhänge lassen sich funktional beschreiben; umgekehrt kann eine funktionale Beschreibung aber auch dann erfolgen, wenn kein kausaler Zusammenhang besteht.

2) *Funktionen lassen sich miteinander verketten.* Das Ergebnis einer Funktion kann der Ausgangswert der nächsten Funktion werden. Dies entspricht dem Konzept von Kausalketten bzw. von indirekten Wirkungen.

3) *Funktionen können iteriert werden*: Der Ergebniswert einer Funktion wird zum Ausgangswert einer neuerlichen Auswertung der Funktion. Dies entspricht dem Prinzip der Rückkoppelung (feedback loop).

Mit *Vernetztem Denken* meine ich ein Denken, das mehr berücksichtigt als einfache Ursache-Wirkungs-Beziehungen. Vernetztes Denken umfasst folgende Fähigkeiten:

- Nicht nur direkte, sondern auch indirekte Wirkungen zu erkennen und zu beurteilen;
- dabei insbesondere Rückwirkungen auf die Ursache (feedback loops) zu erkennen;
- ganze Netze von Wirkungsbeziehungen aufbauen und verstehen zu können.

Der Schlüssel für vernetztes Denken ist dabei das *Erkennen von Rückkoppelungskreisen* und das Denken in solchen Rückkoppelungen – also das, was Richardson (1991) überzeugend als *Feedback Thought* beschrieben hat.

Eine Voraussetzung zum Erkennen und Beschreiben von feedback loops scheint mir jedoch zu sein, dass man Möglichkeiten hat, indirekte Wirkungen zu erfassen und zu beurteilen. Es reicht nicht aus, eine Wirkung von A auf B und (unabhängig davon) eine Wirkung von B auf A zu erkennen: Erst durch das Hintereinander-Schalten der beiden Wirkungsbeziehungen entsteht ein Rückkoppelungskreis[33]. Dazu benötigt man geeignete Darstellungsformen, die genau dieses Hintereinander-Schalten konkret möglich machen. Die wohl einfachste und universellste dieser Darstellungsformen ist das *Wirkungsdiagramm*, bei dem eine Wirkungsbeziehung einfach durch einen Pfeil von der Ursache zur Wirkung dargestellt wird. Ein Rückkoppelungskreis ist dann ein geschlossener Kreis von mehreren Wirkungspfeilen, also etwas, das man in einem (ausreichend übersichtlichen) Wirkungsdiagramm unmittelbar "durch Hinschauen" identifizieren kann.

Ich möchte an dieser Stelle noch einen Schritt weiter gehen und das Wirkungsdiagramm als *das Standardwerkzeug für vernetztes Denken* bezeichnen. Dafür sprechen folgende Argumentationslinien:

1) Das Wirkungsdiagramm ist leistungsfähig und vielfältig einsetzbar. Es ist in der einschlägigen Literatur das mit Abstand am meisten verbreitete und am vielfältigsten eingesetzte Darstellungsmittel (vgl. Roberts et al.1983, Gomez/ Probst 1987, Senge 1990, Ossimitz 1990a, vor allem jedoch Richardson 1991).

2) Das Wirkungsdiagramm ist leicht und intuitiv vermittelbar und auch technologisch elementar. Die möglichen Alternativen, wie z. B. mathematische Darstellungen von Rückkoppelungen (etwa durch Differentialgleichungssysteme, iterierte Funktionen o. Ä.), systemdynamische Modelle oder andere speziellere Darstellungsformen[34] sind durchwegs technologisch anspruchsvoller und auch in ihrem Einsatzbereich enger als das Wirkungsdiagramm.

---

[33] Vgl. etwa das Beispiel des streitende Ehepaars bei Watzlawick et al. (1969, S. 58ff; vgl. 2.1.4).

[34] Richardson (1991) bietet einen guten Einblick in die Vielfalt solcher Darstellungen.

3) Wirkungsdiagramme werden rasch verstanden und können intuitiv eingesetzt werden. Meine eigenen empirischen Untersuchungen zur Entwicklung systemischen Denkens zeigen, dass Schüler im Alter von 14 bis 15 Jahren verblüffend schnell Wirkungsdiagramme eigenständig einsetzen können (vgl. 4.4.4).

2.2.2 Denken in Zeitabläufen: *Dynamisches Denken*

Im Kapitel *Zeitabläufe* argumentiert Dörner (1989, S. 156ff) sehr überzeugend, dass "Zeitgestalten bei weitem schwerer zu erkennen sind als Raumgestalten" (Dörner 1989, S. 158). Er begründet dies damit, dass Raumgestalten anders als Zeitgestalten einer unmittelbaren Inspektion zugänglich sind.

> "Zeitliche Gestalten entfalten sich eben in der Zeit. Es ist auch schwer, während des Geschehens in der Zeit hin- und herzuspringen und einmal in die (noch gar nicht vorhandene) Zukunft zu schauen, um zu sehen, wie es sich wohl weiterentwickeln wird, und dann wieder in die Vergangenheit" (Dörner, 1989, S. 157f)

Genau um diese Fähigkeit, zeitliche Abläufe zu erkennen und auch richtig zu beurteilen, geht es mir bei dieser Komponente systemischen Denkens, die ich kurz "dynamisches Denken" nennen möchte. *Dynamisches Denken* hat für mich folgende Dimensionen:

a) Erkennen und Berücksichtigen der Eigendynamik von Systemen.

b) Die Fähigkeit, zukünftige Entwicklungsmöglichkeiten zu identifizieren.

c) Erkennen der Bedeutung langfristiger Wirkungen.

d) Erkennen und Beurteilen von charakteristischen systemischen Zeitgestalten (Verzögerungen, periodische Schwingungen, verschiedene Arten von Wachstumstypen – linear, exponentiell, logistisch usw.).

e) Ein Verständnis für das gleichzeitige Ablaufen mehrerer Vorgänge in einem komplexen System.

f) Die Fähigkeit, Zeitgestalten adäquat darzustellen bzw. in Raumgestalten umzuwandeln. Solche Zeitgestalten sind etwa periodische Schwankungen oder zeitliche Verzögerungen.

Systeme besitzen eine gewisse *Eigendynamik* bzw. zeitliche Verhaltenscharakteristika (wie z. B. Zeitverzögerungen oder Schwingungen), die für eine erfolgreiche Systemsteuerung berücksichtigt werden müssen. Dörner (1989, S. 200ff) berichtet, dass schon das Konstanthalten der Temperatur eines (simulierten) Kühlhauses manchen Versuchspersonen massive Schwierigkeiten macht, weil sie nicht erkennen, dass eine Änderung der Temperatureinstellung einige Zeit benötigt, um sich auszuwirken. Wenn man nur die augenblickliche Temperatur als Grundlage für die Steuerung heranzieht, kann dies zu extremen Übersteuerungen führen.

Das "Eigenverhalten" von Systemen kann auch durch systeminterne Rückkoppelungen determiniert sein. Rückkoppelungen können zu eskalierendem Wachstum oder auch zu Schwingungen führen. Dem entsprechend kann man derartige Zeitgestalten erst mit Hilfe einer angemessenen Kenntnis der inneren Systemstruktur erklären bzw. voraussehen. Ein dynamisch orientiertes Denken benötigt daher ebenso ein Denken in vernetzten Strukturen (vgl. S. 53).

Das *Voraussehen zukünftiger Entwicklungsszenarien* ist ein weiterer wichtiger Aspekt des hier angesprochenen "Denken in dynamischen Zeitgestalten". Ein bloß retrospektiv-chronistisches Feststellen bereits abgelaufener Entwicklungen reicht nicht – auch wenn man aus vergangenen Entwicklungen einiges über die Zukunft lernen kann. Systemisches Denken soll auch befähigen, zukünftige Systementwicklungen vorherzusehen und adäquate Steuerungsmaßnahmen zu planen und durchzuführen. Dabei müssen vor allem *langfristige Wirkungen* erkannt und richtig eingeschätzt werden. Dies ist aus mehreren Gründen besonders schwierig: Erstens liegen diese Wirkungen weit in der Zukunft und zweitens sind sie häufig den kurzfristigen Wirkungen entgegengesetzt. Das sieht man schon am Beispiel des streitenden Ehepaares (Abb. 7). Beide Ehepartner versuchen jeweils von ihrem Standpunkt aus, das (jeweils beim Anderen geortete) Problem zu lösen. Indem sie dabei zu kurzfristig denken, schaffen sie damit erst einen langfristig eskalierenden Rückkoppelungskreis. Die kurzfristige Lösung (z. B. "sich Zurückziehen") schafft erst das langfristige Problem.

Dieses Phänomen hat Watzlawick pointiert mit "Mehr desselben – oder wenn die Lösung selbst zum Problem wird" (Watzlawick et al. 1974, S. 51ff) charakterisiert. Auch Forrester spricht vom *Counterintuitive Behavior of Social Systems* (Forrester 1972, Forrester 1969, S. 109; vgl. 1.3.2). Senge (1990, S. 57ff, vgl. 1.1.3) spricht z. B. von "Todays problems come from yesterday's 'solutions'; Behavior grows better before it grows worse."

Hinter all diesen Formulierungen steckt das Problem, dass in Konstellationen mit Rückkoppelungskreisen kurzfristig sinnvolles Verhalten langfristig schädlich bis verheerend sein kann. Umgekehrt bedeutet dies aber gleichzeitig, dass langfristig sinnvolles Verhalten kurzfristig als negativ, widersinnig oder sogar als paradox empfunden wird: Wenn z. B. in dem Ehestreit der Mann sich dem Nörgeln seiner Frau aussetzen soll, ohne sich deswegen zurückzuziehen oder die Frau weniger über den sich zurückziehenden Mann nörgeln soll.

Vielleicht noch drastischer ist das fiktive Beispiel eines Ackerbauern am Existenzminimum: Der Bauer benötige pro Jahr 1000 kg Reis zur Ernährung seiner Familie. Das sei gerade die Menge, die er jedes Jahr erntet, Da jedoch 10% der Ernte als Saatgut für das nächste Jahr gebraucht werden, muss die Familie faktisch mit 900 kg ihr Dasein fristen. Um aus diesem Dilemma (ohne Hilfe von außen) herauszukommen, ist es notwendig, für einen Vegetationszyklus mit *noch weniger* Reis (etwa 800 kg) auszukommen, um für das nächste Jahr dann die doppelte Saatgutmenge zu haben, mit der sich die Mangelsituation (bei sonst ausreichenden Ressourcen an Ackerfläche, Zeit usw.) dauerhaft in einen Expansionsprozess umwandeln lässt.

Insgesamt scheint mir die Fähigkeit, langfristige Wirkungen zu erkennen und richtig zu beurteilen, der Schlüssel für dynamisches Denken zu sein – genauso wie das Erkennen von Rückkoppelungskreisen der Schlüssel für vernetztes Denken ist.

Die von Senge (1990, S. 378ff, vgl. 1.1.3) identifizierten *System Archetypes* haben jeweils auch immer ein charakteristisches zeitliches Verlaufsmuster. Insbesondere kann man aus einem bereits vorliegenden zeitlichen Entwicklungsmuster Rückschlüsse auf eine mögliche zu Grunde liegende Systemstruktur ziehen. Solche Verlaufsmuster sind z. B. ein s-förmiges (quasilogistisches) Wachstum, das durch das Zusammenwirken eines positiven und eines negativen Rückkoppelungskreises zustande kommt: Zunächst wird die Entwicklung hauptsächlich vom eskalierenden Wirkungskreis im Wesentlichen exponentiell vorangetrieben. Im Laufe der Zeit wirkt sich irgendeine Kapazitätsbeschränkung immer massiver auf das Wachstum aus, und der negative Rückkoppelungskreis gewinnt immer mehr an Wirkungskraft, bis sich beide Rückkoppelungskreise in ihren Wirkungen (möglicherweise) aufheben und das Wachstum an der Kapazitätsgrenze zum Stillstand kommt. Ein stabiles Verhalten ergibt sich jedoch nur dann, wenn die Beschränkungen des negativen Rückkoppelungskreises rechtzeitig (d. h. ohne lange zeitliche Verzögerung) zu wirken beginnen. Ist das nicht der Fall, so kommt es typischerweise zu periodischen Schwankungen, wie man sie von vielen ökonomischen Konstellationen (wie z. B. dem sprichwörtlich gewordenen Schweinezyklus) her kennt. Ist die Verzögerung bis zum Wirksamwerden des limitierenden Einflusses zu groß, dann kann dies zu einem Wachstum des Typs "overshoot and collapse" (Abb. 14) führen.

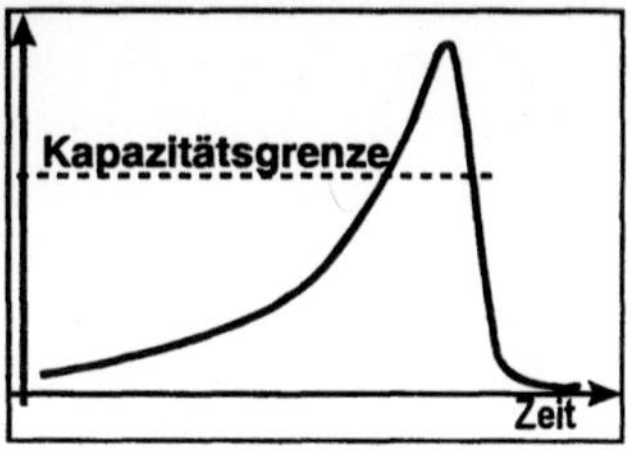

Abb. 14
"Overshoot and collapse"

Wichtig – wenn auch sehr anspruchsvoll und schwierig – erscheint mir auch die Fähigkeit, simultan ablaufende Vorgänge in einem komplexen System als solche zu erkennen. Wir haben die Tendenz, unsere Aufmerksamkeit auf bestimmte Aspekte in einem System zu fokussieren und dabei andere, die gleichzeitig ablaufen, nicht wahrzunehmen. Es ist in etwa die Fähigkeit eines guten Regisseurs von Sportübertragungen, der simultan verschiedene Geschehnisse wahrnimmt und stets versucht, das Interessanteste davon auf Sendung zu bringen.

Das bedeutsamste Werkzeug zur Untersuchung dynamischen Systemverhaltens sind systemdynamische Simulationsmodelle oder "real-time"-Simulationsspiele mit einem (im Vergleich zur Realität) stark beschleunigten Zeitverlauf. In einem Simulationsmodell lassen sich die Auswirkungen von Systemeingriffen untersuchen und verschiedene Zukunftsszenarien quantitativ entwickeln. An dieser Stelle wird der Zusammenhang zwischen einem Denken in Zeitgestalten und dem Modellbildungsaspekt deutlich. Nur an einem (wie auch immer gearteten) Modell kann man eine Entwicklung vorausschauend untersuchen.

2.2.3 Denken in Modellen

Ein dynamisches Denken in vernetzten Strukturen muss immer ein Denken in Modellen[35] sein. Von einem epistemologischen Hintergrund des Radikalen Konstruktivismus aus, demzufolge jedes Denken sich ausschließlich in mentalen Modellen vollzieht, wäre dies noch keine Besonderheit. Entscheidend für das systemische Denken erscheint mir jedoch zu sein, dass es sich um *bewusst wahrgenommene* Modelle handelt. Es sollte uns bewusst sein, dass die Systeme, mit denen wir uns beschäftigen, stets Modelle von irgendetwas sind, also gewisse Vereinfachungen darstellen bzw. auf bestimmten Annahmen beruhen. Diese modellorientierte Sichtweise von Systemen hat mehrere Konsequenzen:

- Dieselbe Situation kann durch unterschiedliche Systemmodelle repräsentiert werden. In diesem Sinne gibt es dann verschiedene systemische Sichtweisen.
- Kein einzelnes Systemmodell kann für sich einen absoluten Gültigkeits- bzw. Wahrheitsanspruch erheben. Verschiedene Modelle sind nicht "richtig" oder "falsch", sondern mehr oder weniger starke Vereinfachungen.
- Die Entwicklung/Konstruktion von Systemmodellen wird wesentlich entlastet. Man kann zunächst mit stark vereinfachenden Modellen beginnen und diese dann erweitern. Es ist möglich und zulässig, für dieselbe Situation alternative Systemmodelle zu entwickeln.
- Man vermeidet die Gefahr der Überinterpretation systemischer Ergebnisse bzw. Einsichten. Diese gelten nur im Rahmen des jeweiligen Modells.

[35] Ich ziele hier jedoch nicht auf eine Diskussion mentaler Modelle ab, wie etwa bei Dörfler (1990), Senge (1990, S. 174ff) oder in der Kognitionspsychologie, etwa Seel (1991).

Zum Denken in Modellen gehört auch die *Fähigkeit zur Modellbildung*. Modelle müssen konstruiert, analysiert, verbessert und weiterentwickelt werden. Die Möglichkeiten bei der Modellbildung und Modellanalyse hängen dabei entscheidend von den verfügbaren Darstellungsmitteln ab. *Der Schlüssel zum Denken in Modellen liegt im Bewusstsein um die verwendeten Darstellungsmittel.*

Die eingesetzten Darstellungsmittel erlauben auch eine einfache Typisierung und Charakterisierung der verwendeten Systemmodelle. So unterscheidet sich das Arbeiten mit Wirkungsdiagrammen etwa fundamental vom systemdynamischen Modellieren: Erstere sind rein qualitativ, letzteres erfordert eine Quantifizierung aller Modellgrößen. Durch die Dimension "Denken in Modellen" wird deutlich gemacht, dass systemisches Denken entsprechende Darstellungsmittel benötigt. Dörfler (1990) schreibt dazu:

> "Zahlreiche Untersuchungen von Problemlöseprozessen und anderen kognitiven Leistungen in ganz verschiedenen Kontexten machen deutlich, dass Denkprozesse vorteilhaft anhand gegenständlicher Vorstellungen, Repräsentationen, Modellierungen der jeweiligen Situation erfolgen. Das Denken, der kognitive Prozess beinhaltet dann ganz wesentlich Transformationen dieser kognitiven oder mentalen Modelle, das Herstellen von Beziehungen zwischen ihnen mit dem Ziel, eine Konstellation zu erreichen, aus der sich die Antwort auf die gestellte Frage ergibt." (Dörfler 1990, S. 56f)

Dieser Gesichtspunkt ist vor allem für die Ausbildung wichtig. Er bedeutet einerseits, dass man systemisches Denken nicht abstrakt vermitteln kann, sondern auch geeignete Darstellungsmittel bereitstellen muss oder die Schüler solche selbst entwickeln lässt. Andererseits bedeutet es auch, dass man mit dem bloßen Lehren von Darstellungsmitteln (z. B. der Systemdynamikmethode) eben nur diese Mittel und nicht auch schon automatisch systemisches Denken beigebracht hat.

Schließlich hängt die Leistungsfähigkeit und die Einsatzmöglichkeiten eines Systemansatzes ganz entscheidend von den verwendeten Repräsentationsformen bzw. Darstellungsmitteln ab. In vielen verschiedenen Bereichen wurden sehr leistungsfähige Systemansätze samt einschlägigen Darstellungsmitteln entwickelt, die jedoch nur in einem sehr engen Fachgebiet eingesetzt werden können (z. B. elektronische Schaltungen oder Verfahren zur Analyse von Aktienkursen). Von breiter einsetzbaren Verfahren bzw. Darstellungsmitteln darf man eine derartig spezialisierte Leistungsfähigkeit nicht erwarten.

Unter den nichtspezialisierten systemischen Darstellungsmitteln bzw. Analysewerkzeugen haben zwei eine herausragende Position: das Wirkungsdiagramm im qualitativen Bereich und die Systemdynamikmethode für den quantitativen Bereich. Diese beiden Technologien sind hinsichtlich des Faktors Leistungsfähigkeit × Einsatzbreite unangefochten an der Spitze beim qualitativen bzw. quantitativen systemischen Modellieren. Von daher lässt sich auch die Bedeutung dieser Darstellungsformen für den schulischen Bereich begründen.

2.2.4 Systemgerechtes Handeln: *Steuerung von Systemen*

Die vierte zentrale Dimension systemischen Denkens bezieht sich auf die pragmatische Ebene des Lenkens, Steuerns und Weiterentwickelns von Systemen, also des konkreten Verhaltens in Systemen. Sie ist die praktisch bedeutsamste, aber m. E. auch die anspruchsvollste. Ein systemisches Denken ohne die Fähigkeit zu systemgerechten Handeln erscheint mir wenig sinnvoll. Dabei geht es mir hier nicht um ein intuitives Steuern spezieller Systeme (wie etwa beim Autofahren), sondern um eine bewusst reflektierte Kompetenz mit einem breiteren Spektrum an Einsatzmöglichkeiten, also mit einer gewissen Transferierbarkeit.

Die kognitionspsychologische Forschung zum komplexen Problemlösen (vgl. Dörner 1989) hat schwerpunktmäßig diese Dimension systemischen Denkens im Visier. Es geht bei den Experimenten der Kognitionspsychologen durchwegs darum, computersimulierte Systeme erfolgreich zu steuern. Dörner (1989 S. 295ff) berichtet dabei von einem Experiment, bei dem die Steuerungsleistungen von 15 Studenten und 15 Managern aus der Wirtschaft beim Moro-Simulationspiel[36] miteinander verglichen wurden. "Das Ergebnis der Untersuchung ist, ... , dass die Manager mit dem Moro-System erheblich besser zurechtkommen als die Studenten." (Dörner 1989, S. 296). Dieses Resultat ist ein Indiz dafür, dass es so etwas wie eine allgemeine systemische Handlungskompetenz geben kann. Allerdings geben die kognitionspsychologischen Studien keinen Aufschluss darüber, wie diese Kompetenz konkret entwickelt werden kann.

Ähnlich wie bei der Modellbildungsdimension erscheint es mir auch beim praktischen Steuern von Systemen wichtig, dass dies nicht bloß unbewusst-intuitiv, sondern bewusst-reflektiert erfolgt. Eine konkrete Möglichkeit besteht darin, das Steuern von Systemen im Zuge der Entwicklung und Exploration von Systemmodellen praktisch einzuüben. Bei qualitativen, durch Wirkungsdiagramme gegebenen Systemmodellen könnte dies darin bestehen, dass man die einzelnen Systemelemente hinsichtlich ihrer Eignung für Lenkungseingriffe (etwa im Sinne von Vesters Papiercomputer, vgl. Teil 1) untersucht. Bei systemdynamischen Modellen kann man für ein gegebenes Modell einzelne Parameter variieren und die entsprechenden Auswirkungen studieren. Damit ist es auch möglich, typische Muster im Eigenverhalten von Systemen kennenzulernen, die man bei der Gestaltung von Lenkungseingriffen berücksichtigen muß. Beispielsweise erfordern

[36] Das Moro-Szenario ähnelt dem von Tanaland (vgl. 1.2).

träge (d. h. mit großer zeitlicher Verzögerung) reagierende Systeme eine wesentlich behutsamere Steuerung als rasch reagierende Systeme[37].

2.2.5 Zusammenfassung

In der Praxis werden kaum alle vier Dimensionen systemischen Denkens in einem bestimmten Kontext gleichberechtigt nebeneinander vorkommen. Meist wird der eine oder andere Aspekt dominierend sein, während die anderen eine geringere (oder eventuell auch gar keine) Rolle spielen. Dies zeigt auch ein Vergleich meiner Definition mit dem in der Literatur entwickelten Verständnis von systemischem/vernetztem Denken.

Bei Vester ist Vernetztes Denken zunächst einmal das, was Forrester (1994, S. 11) etwas geringschätzig als "rather general and superficial awareness of systems" bezeichnet hat. Diesem Ziel diente etwa die Wanderausstellung "Unsere Welt – ein vernetztes System". Hauptsächlich geht es Vester um eine Übertragung von gewissen biologischen Prinzipien auf unser Denken und Handeln. Auffällig ist, dass Vester in seinen Büchern *Neuland des Denkens* (Vester 1984) und *Leitmotiv vernetztes Denken* (Vester 1988) keinerlei besondere systemische Darstellungsformen verwendet – und ohne entsprechende Darstellungsmittel bleibt er auf der Ebene der verbalen Beschreibung vieler Einzelbeispiele.

Bei der kognitionspsychologischen Forschung von Dörner (1989) steht der Aspekt der Steuerung von (computersimulierten) Systemen im Mittelpunkt. Bemerkenswerterweise bietet auch Dörner keine systemischen Darstellungsformen an. Dem entsprechend kommt er in seiner theoretischen Diskussion zum Schluss, dass es so etwas wie "systemisches Denken" als eigenständige Kompetenz gar nicht gäbe, sondern meint, dass systemisches Denken im Wesentlichen nicht mehr ist als unser Hausverstand, angewandt auf systemische Konstellationen (vgl. 1.2).

Anders ist die Situation bei Gomez/Probst (1987, 1997). Sie bieten das Ursache-Wirkungs-Diagramm als systemisches Denkwerkzeug an und machen damit ein Denken in vernetzten Strukturen praktisch handhabbar. Im Mittelpunkt steht bei Gomez/Probst die Pragmatik systemgerechten Handelns im Managementkontext und weniger theoretische Erörterungen zum vernetzten Denken.

Die herausragende Rolle von Rückkoppelungskreisen (*feedback loops*) in verschiedensten Wissenschaftsbereichen wird von Richardson (1991) ausführlich

[37] Vgl. etwa das Einstellen der Duschtemperatur bei einem sehr langen Schlauch in 1.1.3 oder das Regelkreismodell in Ossimitz (1990a, S. 109ff).

gewürdigt. Richardson meint, dass es so etwas wie ein Denken in solchen Rückkoppelungskreisen – er nennt es *feedback thought* – gibt.

Der von Forrester entwickelte System-Dynamics-Ansatz war von seinen frühesten Anfängen an auf die nummerische Simulation dynamischer Systeme ausgerichtet. Dazu entwickelte Forrester zwei leistungsfähige Darstellungsformen: Flussdiagramme und eine Gleichungsdarstellung in der Simulationssprache DYNAMO. Den Durchbruch als Modellierwerkzeug schaffte die Systemdynamikmethode, als um 1986 mit STELLA das Modellieren in Flussdiagrammform auf der grafischen Apple-Benutzeroberfläche möglich wurde.

Bereits bei der Entwicklung und Analyse der ersten systemdynamischen Modelle (Forrester 1961, 1969) machte eine Reihe von Beobachtungen, wie etwa das "counterintuitive" Verhalten komplexer Systeme oder die Tatsache, dass nur strukturelle Änderungen innerhalb des Systems (und keine von außen induzierten Maßnahmen) imstande sind, das Verhalten komplexer sozialer Systeme entscheidend zu beeinflussen. Es zeigte sich auch, dass bei systemdynamischen Modellen immer wieder dieselben Grundmuster auftauchten.

3 Systemisches Denken und Systemdynamik im Mathematikunterricht

Nachdem in den beiden ersten Kapiteln versucht wurde, den Begriff "Systemisches Denken" in seinen verschiedenen Vorkommen zu erfassen und eine allgemeine Begriffsdefinition zu geben, möchte ich mich in diesem Kapitel schwerpunktmäßig der Frage zuwenden, ob und wie systemisches Denken im Mathematikunterricht entwickelt werden kann. Die zentrale Grundthese lautet: *"Systemisches Denken braucht systemische Darstellungsmittel!"* Dazu werden in Abschnitt 3.1 vier wichtige Typen systemischer Darstellungsformen vorgestellt. Abschnitt 3.2 geht auf die System-Dynamics-Methode zur Modellierung und Simulation dynamischer Systeme ein. Im Abschnitt 3.3 möchte ich anhand von Fischers Konzept von *Offener Mathematik* und *Mathematik als Materialisierung von Abstraktem* begründen, warum ich hier sowohl quantitatives als auch qualitatives systemisches Modellieren als zur Mathematik gehörig betrachte. Abschnitt 3.4 beleuchtet dann das Lehrplankapitel "Untersuchung vernetzter Systeme" mit besonderer Fokussierung auf seine Umsetzung in österreichischen Mathematik-Schulbüchern. In Abschnitt 3.5 werden einige weitere Lehrmaterialien zur Systemdynamik besprochen.

3.1 Darstellung von Systemmodellen

In Abschnitt 2.2.3 wurde ausgeführt, dass wir es beim Umgang mit Systemen immer mit System-*Modellen* zu tun haben und dass systemisches Denken jedenfalls ein Bewusstsein für diesen Modellcharakter von Systemen impliziert. Nun gibt es unterschiedlichste Möglichkeiten, Systeme zu modellieren bzw. darzustellen. Viele Modellierungen von Systemen sind sehr spezifisch und dem entsprechend auf einen sehr engen Einsatzbereich zugeschnitten: Ein Galtonbrett, eine Wetterkarte, oder der elektrische Schaltplan eines bestimmen Verstärkers sind etwa hochspezialisierte Modelle für einen eng umrissenen Einsatzbereich. Für das schulische Erlernen von Systemmodellen sind weniger spezialisierte Modelltypen mit einem möglichst breiten Spektrum an Einsatzmöglichkeiten eher wünschenswert. Zielt man auf eine systemdynamisch orientierte Modellierung ab, so kann man vier grundlegende Typen von Repräsentationsformen unterscheiden (vgl. dazu Ossimitz 1991h sowie die Diskussion von Richmond 1991 in 2.1.5):

a) verbale Beschreibungen von Systemen ("Prosamodelle")
b) durch Wirkungsdiagramme modellierte Systeme
c) durch Flussdiagramme modellierte Systeme
d) durch Gleichungssysteme modellierte Systeme

Diese vier Typen von Systemmodellen weisen einen unterschiedlichen Grad an Formalisiertheit auf und stellen oft eine natürliche Abfolge bei der Entwicklung eines Simulationsmodells dar: Ausgehend von einer verbalen Beschreibung wird zunächst die qualitative Modellstruktur in einem Wirkungsdiagramm ergründet. Anschließend baut man um einige zentrale Bestandsgrößen ein Flussdiagramm auf. Im letzten Modellierschritt wird dann für jedes Element des Flussdiagramms die exakte Berechnungsvorschrift (in Form von Gleichungen bzw. Funktionen) spezifiziert.

3.1.1 Prosamodelle

Verbale Beschreibungen von Systemen oder *Prosamodelle* (vgl. Metzler 1987, S. 7) benutzen im Wesentlichen die Umgangssprache. Sie sind die offenste, flexibelste, aber gleichzeitig auch am wenigsten normierte Möglichkeit zur Beschreibung dynamischer Systeme. Ein wesentliches Element ist dabei ihre streng sequenzielle Struktur in Zeit und Raum. Der Zwang, alles in ein strenges Hintereinander von Sätzen bringen zu müssen, ist bei der Beschreibung vernetzter Strukturen bisweilen ein ernstes Problem. Kreisläufe (wie z. B. im Fall des "streitenden Ehepaares", vgl. 2.1.4 sowie Abb. 15) müssen in eine sequenzielle Abfolge gebracht werden. Man ist auf der Textebene gezwungen, eine der beiden Aussagen "Ich nörgle, weil du mich meidest" bzw. "Ich meide dich, weil du

Absatz eines Produkts – Prosamodell 1:

Ein Gebrauchsgut (wie etwa eine Stereoanlage oder ein Telefon) kann nicht beliebig oft verkauft werden. Irgendwann ist der Absatzmarkt erschöpft, weil z. B. schon in jedem Zimmer eine Stereoanlage steht. Man kann dann höchstens Ersatzprodukte für defekte Geräte oder innovative Produkte mit neuen, zusätzlichen Produkteigenschaften verkaufen. Oder es müssen ständig neue Absatzmärkte geschaffen werden, etwa durch den Bau neuer Häuser, die wieder neue Telefonanschlüsse erfordern oder durch Produktinnovationen wie etwa Handys, die zusätzlich zu einem Festnetztelefon verkauft werden können.

Absatz eines Produkts – Prosamodell 2:

Für die Verbreitung eines Gebrauchsgutes (z. B. Stereoanlagen oder Telefone) auf einem bestimmten Absatzmarkt gibt es eine Kapazitätsgrenze, über die hinaus keine weiteren Produkte mehr auf dem Markt verkauft werden können. Dabei gehen wir von einer fixen Produktqualität (ohne Berücksichtigung von Produktinnovationen) aus. Solange die Verbreitung des Produktes gering ist, ist der Verkaufserfolg (und damit die Zunahme der Verbreitung des Produktes) praktisch nur von den Verkaufsanstrengungen abhängig. Mit zunehmender Sättigung des Marktes wird das weitere Wachstum immer stärker eingebremst, bis es schließlich bei Erreichen der Marktkapazität zum Stillstand kommt. Damit werden bei Erreichen der Marktkapazität keine weiteren Neukäufe (höchstens noch Ersatzkäufe für defekte Produkte) getätigt.

Abb. 15 Absatz eines Produktes – zwei Prosamodelle

nörgelst" als Erste und die andere als Zweite zu nennen. Dies kann leicht den irrigen Eindruck erwecken, die zuerst genannte Aussage sei auch die primäre "Ursache" für das weitere Geschehen.

Die Umgangssprache eignet sich primär zu einer rein qualitativen Modellbeschreibung. Quantitative, formale Zusammenhänge lassen sich nur mühsam eindeutig und unmissverständlich in unserer Alltagssprache formulieren. Abb. 15 zeigt als Beispiel zwei verschiedene Prosamodelle, die jeweils die Verbreitung eines Gebrauchsgutes beschreiben. In Variante 1 wird im Wesentlichen die zu Grunde liegende Idee überwiegend alltagssprachlich formuliert. In Variante 2 werden hingegen verschiedene Modellelemente (wie z. B. Verkauf, Kapazitätsgrenze, Sättigung des Marktes, Verkaufsanstrengungen) explizit erwähnt. Auch Modellannahmen (wie etwa die Annahme einer fixen Produktqualität) werden in Variante 2 explizit angesprochen; in Variante 1 kommt dieser Aspekt nur implizit vor.

3.1.2 Wirkungsdiagramme

Wirkungsdiagramme[38] sind im Wesentlichen gerichtete Knoten-Kanten-Graphen. Die Knoten stellen wichtige Systemelemente dar, die Kanten repräsentieren (kausale) Wirkungen von einem Element auf ein anderes. Oft werden die Kanten (zusätzlich zu ihrer Richtung) mit einem Vorzeichen "+" oder "–" versehen. Durch dieses Vorzeichen wird ein monoton steigender ("je mehr von der Ursache, desto mehr von der Wirkung", Vorzeichen "+") bzw. ein monoton fallender Zusammenhang ("je mehr von der Ursache, desto weniger von der Wirkung", Vorzeichen "–") zum Ausdruck gebracht. Geschlossene Rückkoppelungskreise in Wirkungsdiagrammen, bei denen alle beteiligten Kanten Vorzeichen tragen, sind von ihrem Typus her entweder positiv (eskalierend, verstärkend,  oder ) oder negativ (stabilisierend, dämpfend,  oder )[39]. Formal erkennt man einen eskalierenden Rückkoppelungskreis daran, dass die Anzahl der beteiligten Kanten mit Vorzeichen "–" eine gerade Zahl ist; Ist die Anzahl der beteiligten Kanten mit negativem Vorzeichen ungerade, so ist der Rückkoppelungskreis vom Typus her stabilisierend.

Abb. 16 enthält vier einfache Beispiele von Wirkungsdiagrammen. Diagramm (A) zeigt den bereits in 2.1.4 besprochenen eskalierenden ("positiven") Rückkoppelungskreis im Fall des streitenden Ehepaares, wie es von Watzlawick et al. (1969, S. 58ff) beschrieben wurde: Je mehr er sich zurückzieht, desto mehr nör-

---

[38] Auch Ursache-Wirkungs-Diagramme genannt. Roberts et al. (1983, S. 31ff) verwendet die Bezeichnung *causal-loop-diagrams*, Senge (1990, S. 75) spricht von *systems diagrams*.

[39] Senge (1990) verwendet dafür die Bezeichnungen *reinforcing circle diagram* (S. 82) bzw. *balancing circle diagram* (S. 87).

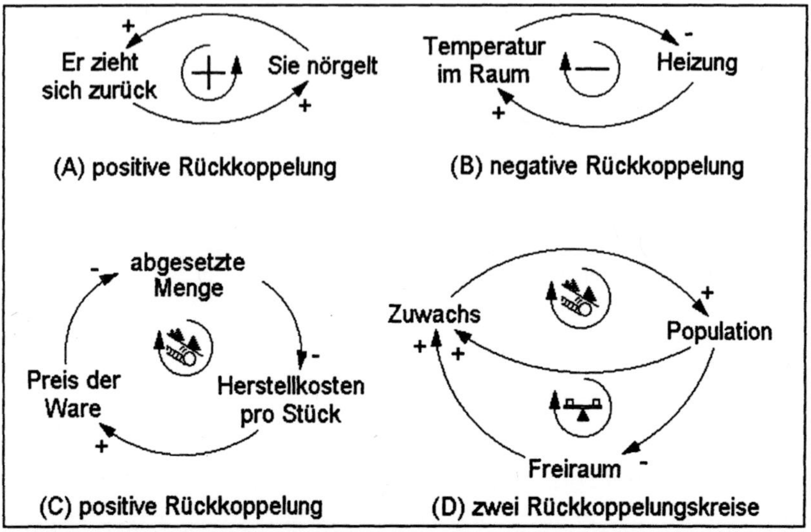

Abb. 16 Wirkungsdiagramme (nach Watzlawick 1969, S. 58ff und Ossimitz 1990a, S. 25ff)

gelt sie. Und je mehr sie nörgelt, desto mehr zieht er sich zurück. Die Eskalation kann natürlich auch in die andere Richtung laufen: Je *weniger* sie nörgelt, desto *weniger* zieht er sich zurück. Je weniger er sich zurückzieht, desto weniger Grund hat sie, zu nörgeln. Die Eskalation kann in Fall (A) also in zwei Richtungen laufen: Es können beide Größen immer weiter zunehmen oder es können beide Größen immer weiter abnehmen, bis sie verschwinden bzw. bei nummerischer Betrachtung auf das absolute Minimum Null kommen[40].

Diagramm (B) zeigt ein Beispiel eines negativen (stabilisierenden) Rückkoppelungskreises einer vernünftig gesteuerten Heizung: Je mehr geheizt wird, desto höher steigt die Raumtemperatur. Je höher die Temperatur, desto weniger wird geheizt. Technisch wird diese Rückkoppelung durch einen Homöostaten realisiert, der die Heizung einschaltet, sobald eine gewisse Mindesttemperatur unterschritten wird und sie wieder ausschaltet, sobald eine Höchsttemperatur überschritten wird. Durch das Zusammenkoppeln einer direkten ("je mehr – desto mehr") und einer indirekten ("je mehr – desto weniger") Wirkungsbeziehung ergibt sich insgesamt ein stabilisierender Rückkoppelungskreis, wie er für viele Homöostaten charakteristisch ist.

Vergleicht man die Rückkoppelungskreise in Beispiel (A) und (B), dann ist der "negative" Rückkoppelungskreis in Fall (B) von der Sache her durchaus

[40] Es ist typisch für viele Elemente von Systemmodellen, dass sie keine sinnvollen negativen Werte annehmen können.

wünschenswert, während die "positive" Rückkoppelung in Fall (A) dann, wenn die Eskalation in die Richtung "je mehr – desto mehr" läuft, von der Sache her wohl nicht als vorteilhaft eingeschätzt wird. Die Beispiele zeigen, dass man die Ausdrücke "positive Rückkoppelung" nicht unbedingt im Sinne von "wünschenswert" bzw. "negative Rückkoppelung" im Sinne von "unerwünscht" interpretieren kann. Es ist daher angebracht, statt von "positiver" besser von verstärkender oder eskalierender Rückkoppelung und statt von "negativer" besser von dämpfender oder stabilisierender Rückkoppelung zu sprechen.

Allerdings kann auch die Sprechweise "stabilisierende Rückkoppelung" zu Fehlinterpretationen führen. Es ist zwar richtig, dass ein stabiles Verhalten eines jeden Systems zwingend (wenigstens) einen negativen Rückkoppelungskreis braucht; aber man darf umgekehrt nicht daraus folgern, dass ein negativer Rückkoppelungskreis auch in jedem Fall ein stabiles Verhalten garantiert. Schon eine einfache Zeitverzögerung bei einer der beiden Wirkungsbeziehungen reicht aus, um ein periodisch schwankendes oder gar ein chaotisches Verhalten zu bekommen (vgl. z. B. das einfache Regelkreismodell in Ossimitz 1990a, S. 100ff).

Diagramm (C) in Abb. 16 ist ein einfaches Wirkungsdiagramm-Modell, das den Zusammenhang zwischen Absatzmenge und Preis eines Produktes beschreibt. Es enthält ebenfalls einen eskalierenden Rückkoppelungskreis[41]: Je höher die Absatzmenge eines Produkts, desto geringer können die Herstellkosten je Stück gehalten werden. Je geringer die Herstellkosten, desto geringer der Preis. Je geringer der Preis, desto höher der Absatz. Auch in diesem Beispiel kann die Entwicklung in zwei grundsätzlich verschiedene Richtungen eskalieren: Entweder als nach oben führende Spirale der Art mehr Absatz → geringere Stückkosten → niedrigerer Preis → mehr Absatz oder als "Teufelskreis" der Art weniger Absatz → höhere Stückkosten → höherer Preis → weniger Absatz. Dieser Wirkungskreislauf kann somit als Erklärung dienen, warum einerseits gewisse Anbieter immer größer werden, während andere mit immer stärkeren Absatz- und Preisproblemen zu kämpfen haben, bis sie möglicherweise ganz vom Markt verschwinden. Jedenfalls bietet Diagramm (C) ein einfaches Erklärungsmodell für die Entstehung von Massenproduktion und Marktkonzentrationen.

Modell (D) beschreibt die Verbreitung einer Tierpopulation in der Natur. Wenn wir nur die beiden Modellelemente Population und Zuwachs betrachten, dann hätten wir ein eskalierendes Modell: Je größer die Population, desto größer der Zuwachs; je größer der Zuwachs, desto größer die Population. Es liegt insgesamt ein positiver Rückkoppelungskreis vor.

---

[41] Statt des ⊕ – Symbols wird hier das von Senge (1990, 1998) favorisierte Lawinensymbol zur Darstellung einer eskalierenden Rückkoppelung verwendet.

Die logische Interpretation des Zusammenhanges "Je mehr Zuwachs, desto mehr Population" enthält eine kleine Tücke, wenn man diese Richtung negativ formuliert: "Je weniger Zuwachs, desto weniger Population". Sieht man den Zuwachs als eine streng nichtnegative Größe im Sinne von Geburten und nicht als Nettozuwachs, dann bringt auch ein kleiner werdender Zuwachs noch immer eine Steigerung der Population anstatt einer Abnahme. Diese Schwierigkeit kann auf zwei verschiedene Arten beseitigt werden:

(1) *Die "quick-and-dirty"-Lösung:* Man versteht als Zuwachs den Nettozuwachs (die Differenz Geburten – Sterbefälle) und interpretiert "weniger Zuwachs" als negativen Zuwachs.

(2) *Die gründliche Lösung* verlangt eine etwas präzisere (aber auch kompliziertere) Festlegung, was man unter "Je mehr – desto mehr" bzw. "je weniger – desto weniger" zu verstehen hat. "Je mehr Zuwachs, desto mehr Population" bedeutet dann: *Erhöht sich der Zuwachs im Vergleich zum aktuellen Wert, dann ergeben sich höhere Populationswerte, als wenn der Zuwachs im Laufe der Zeit konstant auf dem aktuellen Wert bliebe.* Analog bedeutet dann "Je weniger Zuwachs, desto weniger Population": *Verringert man den Zuwachs im Vergleich zu seinem aktuellen Wert, dann ergeben sich niedrigere Populationswerte, als sich ergeben würden, wenn der Zuwachs konstant auf dem aktuellen Wert bleibt.* Bei dieser Interpretation spielt es keine Rolle, ob man den Zuwachs als nichtnegative Größe oder als Nettozuwachs versteht, und ob die Population nun wächst oder fällt: Es wird immer der dynamische Populationsverlauf bei verändertem Zuwachs mit dem Populationsverlauf bei konstantem Zuwachs verglichen.

So kann auch in dem angesprochenen Problemfall die Sprechweise "Je weniger Zuwachs – desto weniger Population" ohne logische Schwierigkeiten beibehalten werden, wenn man sie in geeigneter Weise präzisiert. Ob diese Präzisierung in der Ausbildung nun bereits beim allerersten Kennenlernen von Wirkungsbeziehungen angebracht ist, wäre noch genauer zu hinterfragen. Ein pragmatischer Weg könnte sein, sich zunächst mit einem intuitiven Verständnis von "je mehr – desto mehr" bzw. "je weniger – desto weniger" zu begnügen und dieses erst dann zu präzisieren, wenn ein entsprechendes Problembewusstsein oder auch ein konkreter Anlass (z. B. eine Schülerfrage) dafür vorliegt. Im Rahmen einer systematischen Einführung in das Modellieren mit Wirkungsdiagrammen erscheint mir eine derartige Präzisierung jedenfalls unverzichtbar.

Doch nun zurück zu Modell (D): Der eskalierende Rückkoppelungskreis mehr Population → mehr Zuwachs → mehr Population allein ergibt ein sehr unrealistisches Modellverhalten. Die Population könnte sich bis ins Unendliche vermehren. Dies ist jedoch nirgendwo in der Praxis tatsächlich möglich. Für jedes natürliche Wachstum gibt es wenigstens einen beschränkenden Faktor: Bei Märkten ist es oft die Kapazität des Marktes; Lebewesen brauchen einen gewissen Freiraum (für Nahrungsbeschaffung, Behausung, Fortpflanzungsmöglichkeiten), um überleben zu können. Daher ist es naheliegend, eine Modellvariable Freiraum ergänzend einzuführen, die mit den bereits vorliegenden Modellelmenten folgend zusammenhängt: je größer die Population, desto kleiner der Freiraum, je kleiner der Freiraum, desto geringer der Zuwachs. Insgesamt ergibt dies einen stabilisierenden Rückkoppelungskreis: mehr Population → weniger Freiraum → weniger Zuwachs → weniger Population. Diese stabilisierende Rückkoppelung sorgt dafür, dass die Population nicht unbeschränkt wächst.

Auf diese Weise überlagern sich in Modell (D) ein eskalierender und ein stabilisierender Rückkoppelungskreis. Solange ausreichend Freiraum vorhanden ist, überwiegt plausiblerweise die Wirkung des positiven Rückkoppelungskreises: die Population wächst. Im Laufe der Zeit wird durch den immer kleiner werdenden Freiraum die begrenzende Wirkung des stabilisierenden Rückkoppelungskreises immer stärker, bis schließlich die Population sich bei einer bestimmten Kapazitätsgrenze einpendelt[42]. Senge (1998, S. 120ff) nennt diesen häufig vorkommenden System-Archetyp *Grenzen des Wachstums* (*Limits to Growth*, vgl. 1.1.3) und beschreibt ihn durch eine etwas andere Diagrammstruktur (Abb. 17). Dabei werden eine erhöhende und eine dämpfende Aktion unterschieden, die in entgegengesetzter Weise auf denselben Zustand einwirken.

Als Beispiel nennt Senge eine kleine Firma, die in einer Marktnische operiert und ein rasches Wachstum verzeichnet (Abb 17 unten). Der unterbrochene Pfeil vom Wachstum zur Sättigung der Marktnische bedeutet eine zeitlich verzögerte Wirkung. Aufgrund des Wachstums ergeben sich im Unternehmen zunächst exzellente Aufstiegschancen, was die Arbeitsmoral der Mitarbeiter erhöht und damit auch die Motivation und Produktivität steigert. Dies verbessert die Wachstumschancen weiter.

> "Aber wenn die Firma größer wird, verlangsamt sich ihr Wachstum. Vielleicht ist die Marktnische allmählich gesättigt, vielleicht erreicht die Firma eine Größe, bei der die ursprünglichen Partner das Interesse an einem weiteren Wachstum verlieren." (Senge 1998, S. 124).

Dies hat wiederum ungünstige Auswirkungen auf die Aufstiegschancen und damit auf die Motivation und Produktivität der Mitarbeiter, was das Wachstum weiter einbremst. Wichtig ist nun, wie man auf solche Wachstumsbeschränkungen reagiert. Häufig wird versucht, nachlassende Zuwächse durch verstärkte Expansionsbemühungen zu kompensieren: Das Marketing-Budget wird erhöht; man baut

---

[42] Bei zeitverzögerten Wirkungen kann es auch zu periodischen Schwankungen um die Kapazitätsgrenze herum kommen (z. B. Ossimitz 1990a, S. 109ff).

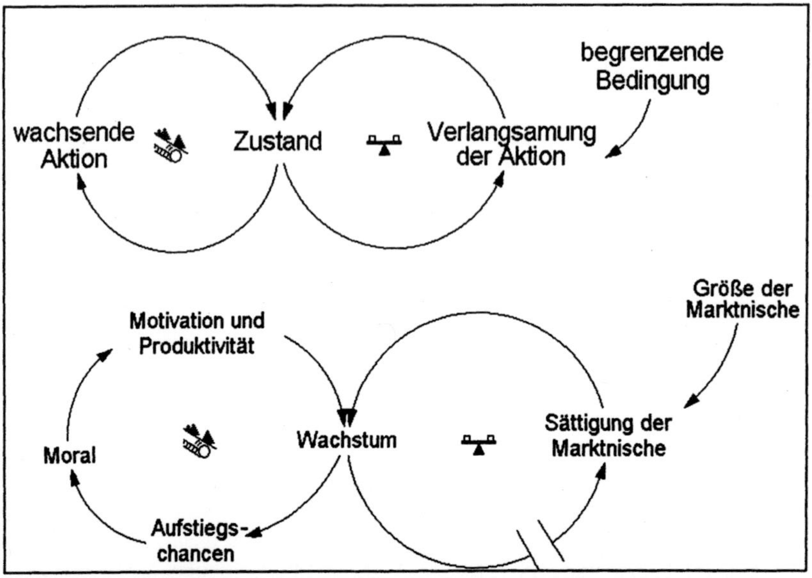

Abb. 17 System-Archetyp "Grenzen des Wachstums" (nach Senge 1998, S. 122ff)

einen stärkeren Motor ein oder man versucht, die Mitarbeiter mit Incentives zu besseren Verkaufsleistungen anzuspornen. Senge schreibt dazu:

> "Das ist eine verständliche Reaktion. In den frühen Stadien, wenn man Verbesserungen erkennt, möchte man mehr vom selben tun – schließlich funktioniert die Sache phantastisch. Wenn die Verbesserungsrate sinkt, will man die Schlappe ausgleichen, indem man sich doppelt anstrengt. Aber je kraftvoller Sie die vertrauten Hebel bewegen, desto größer wird der Widerstand des Ausgleichsprozesses und desto fruchtloser werden Ihre Bemühungen." (Senge 1998, S. 127)

Im Sinne des Wirkungsdiagramms Abb. 17 wird oft versucht, den linken eskalierenden Rückkoppelungskreis bei stärker werdendem Widerstand mit erhöhten Expansionsbemühungen weiterhin in Schwung zu halten. Viel effizienter jedoch ist es, beim bremsenden Rückkoppelungskreis anzusetzen und die Kapazitätsgrenzen des Systems weiter hinaus zu schieben. Bei Firmen kann dies etwa im Schaffen neuer Märkte (z. B. durch Produktdiversifikation, Akquisition neuer Käuferschichten) geschehen.

Wie wichtig die Wahl des richtigen Ansatzpunktes ("Hebels") ist, mag folgendes Bild illustrieren: Die Geschwindigkeit von LKW-Zugmaschinen bei Truck-Rennen wird hauptsächlich durch den Luftwiderstand der (aerodynamisch ungünstig gebauten) Fahrerhäuser beschränkt. Wenn nun ein 400 PS-Motor eine solche LKW-

Zugmaschine auf z. B. 150km/h Höchstgeschwindigkeit bringt, erreicht man mit einem 1000 PS starken Motor vielleicht gerade 170-180 km/h. Wesentlich höhere Geschwindigkeiten erzielt man nur durch ein aerodynamischeres Design, d. h. durch Verbesserungen auf der limitierenden Seite.

Abb. 18 zeigt die Verbreitung eines Produkts als Wirkungsdiagramm, das an das zweite Prosamodell von Abb. 15 angelehnt ist. Es enthält einen stabilisierenden Rückkoppelungskreis Verbreitung → Sättigungsgrad → Verkauf → Verbreitung mit folgenden Wirkungsbeziehungen:

- Je höher die Verbreitung, desto höher der Sättigungsgrad.
- Je höher der Sättigungsgrad, desto niedriger der Verkauf.
- Je höher der Verkauf, desto höher die Verbreitung.

Auch bei diesem Systemmodell liegt eine Situation des Typs *Grenzen des Wachstums* vor. Wenn der Sättigungsgrad 100% der Marktkapazität erreicht, dann wird der Verkauf auch bei vergrößerten Verkaufsanstrengungen zurückgehen und die Verbreitung stagnieren. Der richtige Hebel liegt auch hier darin, den beschränkenden Faktor (die Marktkapazität) auf eine höhere Grenze hinauszuschieben und damit neue Absatzmöglichkeiten zu schaffen.

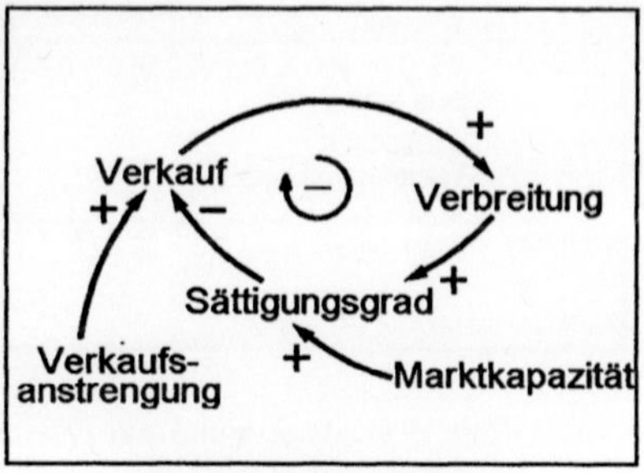

Abb. 18 Produktverbreitung - Wirkungsdiagramm

3.1.3 Qualitative versus quantitative Größen

Um den Unterschied zwischen Wirkungsdiagrammen und Flussdiagrammen besser zu verstehen, sind einige Vorbemerkungen über den Unterschied zwischen qualitativen und quantitativen Größen nützlich. Eine Grundlage dazu bietet die Theorie der Skalenniveaus (auch Skalentypen oder scale types, vgl. Roberts 1979, Kap. 2.3) in der Messtheorie. Ausgangspunkt für die Unterscheidung verschiedener Skalentypen ist die Beobachtung, dass für verschiedene Messungen unterschiedliche Transformationen sinnvoll[43] möglich sind. In der Messtheorie werden nun verschiedene Skalentypen anhand der jeweils zulässigen (d. h. sinnvoll möglichen) Transformationen definiert. Abb. 19 (nach Roberts 1979, S. 64) gibt einen Überblick über die fünf wichtigsten Skalentypen.

Der einfachste Fall liegt vor, wenn als einzige Transformation die identische Abbildung zulässig ist. In diesem Fall gibt es nur eine einzige Möglichkeit zu

[43] Sinnvoll im Sinne der Messtheorie bedeutet, dass der Wahrheitsgehalt der Aussage sich nicht ändert, wenn eine beliebige zulässige Skalentransformation durchgeführt wird.

messen. Diese Skala mit einem unverrückbar festgelegten Nullpunkt und einer absolut festgelegten Einheit heißt *Absolutskala*. Das Abzählen ist das typische Beispiel für eine absolut skalierte Messung.

Skalentyp	zulässige Transformationen	sinnvoll mögliche Vergleiche	Beispiele	Nullpunkt 0 Einheit E	
Absolut	$\varphi(x) = x$ (nur die identische Transf.)	jede Art von Vergleich	Zählen	0:fix, E: fix	quantitative Größen
Verhältnis	$\varphi(x) = \alpha x;\ \alpha>0$ Ähnlichkeits-transformationen	$a = k \cdot b$ (a ist das k-fache von b)	Masse, Länge, Volumen, Geschwindigkeit, elektrischer Widerstand, Temperatur in °Kelvin, Zeitintervalle, Geldbeträge	0: fix E: wählbar >0	quantitative Größen
Intervall	$\varphi(x) = \alpha x+\beta;\ \alpha>0$ positive lineare Transformationen	$(a-b) = k(c-d)$ $(a-b) < (c-d)$ Vergleich von Abständen	Temperatur in °C, °F Schuhgrößen, Kalender	0: wählbar E: wählbar	quantitative Größen
Ordinal	$x \geq y \Leftrightarrow \varphi(x) \geq \varphi(y)$ jede streng mon. wachsende Transformationen	$a > b;\ a < b$	Präferenzordnungen, Härtegrade nach Mohs Luftqualität, Schulnoten Erdbeben (Richterskala) Windstärke (Beaufort)	$\nexists$ 0 E: willkürlich oder $\nexists$	qualitative Größen
Nominal	jedes bijektive φ	$a = b;\ a \neq b$	Automarken, Geschlecht ISBN-Nummern, PLZ Telefonnummern	$\nexists$ Nullpunkt $\nexists$ Einheit	qualitative Größen

Abb. 19 Qualitative und quantitative Skalentypen (nach Roberts 1979, S. 64)

Viele naturwissenschaftliche Größen sind verhältnisskaliert. Bei *Verhältnisskalen* ist der Nullpunkt fix festgelegt, die Wahl der Einheit >0 aber frei. Die zulässigen Skalentransformationen entsprechen einem Wechsel in der Maßeinheit (z. B. 1 km = 1000 m) und sind im Wesentlichen Ähnlichkeitsabbildungen mit einem Ähnlichkeitsfaktor >0. Massen kann man etwa in Kilogramm oder in Gramm oder in Unzen oder sonst einer Gewichtseinheit messen; Längen in Meter, Kilometer, Inch, usw. Die Dauer zwischen zwei Zeitpunkten kann man in Minuten, Tagen, Jahren messen usw. Auf Verhältnisskalenniveau sind Vergleiche der Art "X ist doppelt so groß wie Y" sinnvoll möglich. Ein wichtiger Spezialfall einer Verhältnisskala sind Geldbeträge: Bei absolut festgelegtem Nullpunkt kann die Einheit variabel gewählt werden; z. B. 1€ = 13,7603 S.

Intervallskalen haben im Gegensatz zu Verhältnisskalen auch einen willkürlich festgelegten Nullpunkt. Die Temperaturskalen in °C oder °F sind ein typisches Beispiel: 0 °C = 32°F. Auf Intervallskalenniveau sind Aussagen der Art "X ist doppelt so groß wie Y" nicht mehr sinnvoll möglich, weil sie bei einer zulässigen Skalentransformation ihren Wahrheitsgehalt ändern: so sind z. B. 50 °C = 122 °F und 100 °C = 212 °F. Die Aussage "100 °C ist doppelt so groß wie 50 °C" ist deswegen sinnlos, weil sich beim Übergang zur Fahrenheit-Temperaturskala offensichtlich ihr Wahrheitsgehalt ändert.

Auch Kalenderdaten sind intervallskaliert[44]. So ist etwa der 16. Juli 622 n. Chr. (Hedschra) der Nullpunkt des mohammedanischen Kalenders. Zeitintervalle sind hingegen verhältnisskaliert, weil der Nullpunkt einer Zeitintervallskala nicht frei gewählt werden kann: Ein Zeitpunkt hat immer Dauer 0, egal, in welcher Zeiteinheit man misst.

Für *Ordinalskalen* sind jede Art von streng ordnungserhaltenden Transformationen zulässig. Damit bleibt auf Ordinalskalenniveau im Wesentlichen nur die Ordnungsstruktur erhalten, d. h. es sind nur mehr Aussagen der Art a > b bzw. a = b sinnvoll möglich. Bei (österreichischen) Schulnoten gilt z. B.: je kleiner die Note, desto besser; bei Punktebewertungen im Schispringen und Eiskunstlauf ist hingegen 6, im Turnen jedoch 10 die Bestnote. Bei diesen Skalen sind weder Aussagen der Art "Note 4 ist doppelt so gut wie Note 2" noch Aussagen der Art "Der Abstand von Note 2 zu Note 3 ist gleich groß wie der Abstand von Note 4 zu Note 5" sinnvoll[45].

Ordinalskalen liegen auch vielen Bewertungen unseres Alltags zu Grunde, z. B. bei Präferenzordnungen: Man hält Auto X für besser als den Wagen Y oder fährt lieber in das Land A auf Urlaub als nach B.

Bei *Nominalskalen* ist nur mehr der Vergleich auf Zugehörigkeit zu einer bestimmten Gruppe (d. h. der Vergleich auf Gleichheit bezüglich irgendeines Kriteriums) sinnvoll möglich, wie z. B. Automarken, Postleitzahlen, Telefonnummern, das Geschlecht oder die ISBN von Büchern. Aussagen der Art "Telefonnummer 2210321 ist größer als Telefonnummer 338022" sind offensichtlich sinnlos.

Insgesamt bilden die fünf besprochenen Skalenniveaus eine Hierarchie. Die definierenden Transformationen sind jeweils Teilmengen voneinander: Die identische Transformation ist ein Spezialfall einer Ähnlichkeitsabbildung; Ähnlichkeitsabbildungen sind Spezialfälle von affin linearen Abbildungen usw. Insofern sind auch alle für ein bestimmtes Skalenniveau sinnvoll möglichen Aussagen auch auf allen "höheren" (d. h. höher spezialisierten) Skalenniveaus sinnvoll möglich.

---

[44] Im Gregorianischen Kalender folgt allerdings auf das Jahr 1 v. Chr. sofort das Jahr 1 n. Chr., was skalentheoretisch einige unangenehme Implikationen hat.

[45] Bei der fünfstufigen österreichischen Notenskala bedeutet der Unterschied zwischen Note 4 ("Genügend") und Note 5 ("Nicht Genügend") oft eine Differenzierung zwischen "Bestanden" und "Nicht bestanden", während die Differenzierung zwischen Note 2 ("Gut") und Note 3 ("Befriedigend") eine vergleichsweise harmlose Abstufung zwischen zwei jedenfalls positiven Leistungen darstellt.

Beispielsweise sind Größenvergleiche a > b nicht nur auf Ordinalskalenniveau, sondern auch für intervallskalierte, verhältnisskalierte und natürlich auch für absolutskalierte Daten sinnvoll möglich.

Absolutskalen, Verhältnisskalen und Intervallskalen fasst man zu den *quantitativen Skalen* (metrische Skalen) zusammen; Ordinalskala und Nominalskala sind hingegen *qualitative Skalen* (vgl. Mayer 1981, S. 26). Dem entsprechend unterscheidet man auch zwischen *quantitativen (metrischen) Größen* und *qualitativen Größen*.

Bei einem Wirkungsdiagramm ist es noch nicht zwingend notwendig, dass die einzelnen Systemelemente quantitative Größen sind. Beispielsweise könnte man in Abb. 18 Modellelemente wie Verkaufsanstrengung, Verkauf, Verbreitung oder Marktkapazität durchaus auch rein qualitativ auffassen. Zusammenhänge wie z. B. "Je höher die Verkaufsanstrengungen, desto höher der Verkauf" oder "je mehr verkauft wird, desto höher die Verbreitung" lassen sich bereits auf einer rein qualitativen Ebene formulieren.

3.1.4 Flussdiagramme

Flussdiagramme[46] (im Sinne von Forrester 1968) sind Wirkungsdiagrammen zwar vom Design her ähnlich, enthalten im Gegensatz zu Wirkungsdiagrammen jedoch ausschließlich quantitative Modellelemente. Im Flussdiagramm Abb. 20 sind alle vorkommenden Elemente Verbreitung, Sättigungsgrad, Marktkapazität, Verkauf und auch Verkaufsanstrengung quantitativ festzulegende Zahlen bzw. Variable. Auch die Pfeile haben eine spezifischere Bedeutung als in Wirkungsdiagrammen. Während in einem Wirkungsdiagramm ein Pfeil von Element A zu Element B lediglich bedeutet, dass A "irgendwie" auf B einwirkt, bedeutet ein entsprechender Pfeil von A nach B in Flussdiagrammen, dass Größe A bei der Berechnung von Größe B als Eingangsgröße dient. In dem in Abb. 20 dargestellten Modell wird etwa die Größe Sättigungsgrad als Quotient aus Verbreitung und Marktkapazität errechnet:

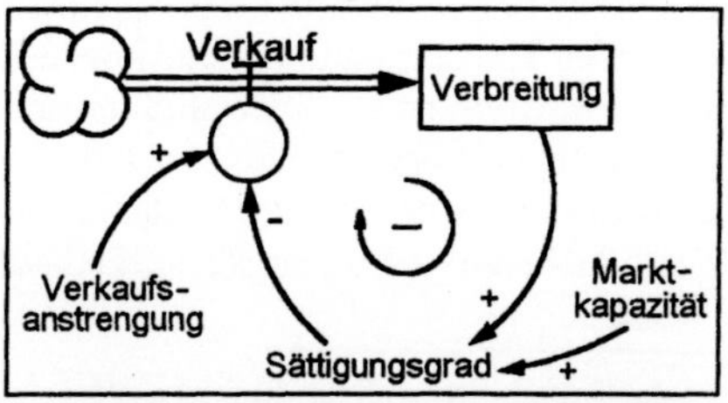

Abb. 20 Absatzmodell – Flussdiagramm

[46] Koller (1995) nennt es *Flüssediagramm*; im Englischen heißen sie *stock-and flow diagram* oder einfach *flow diagram*. Richmond et al. (1987, S. 152ff) verwendet den Begriff *structural diagram*. Flussdiagramme i. S. von Forrester dürfen nicht mit Flussdiagrammen der Informatik (z. B. Wirth 1972) verwechselt werden.

$$\text{Sättigungsgrad} = \frac{\text{Verbreitung}}{\text{Marktkapazität}} \quad [3.1.4.1]$$

Damit ist der Sättigungsgrad eine Zahl zwischen 0 (bei Verbreitung = 0) und 1 (bei Verbreitung = Marktkapazität), sofern man davon ausgeht, dass die Verbreitung durch die Marktkapazität nach oben beschränkt ist.

Zusätzlich werden in Flussdiagrammen zwei bestimmte Typen von Modellelementen besonders hervorgehoben: *Bestandsgrößen*[47] und *Flussgrößen*[48]. In obigem Absatzmodell haben wir eine Bestandsgröße Verbreitung und einen Zufluss Verkauf. Allgemein sind Bestandsgrößen diejenigen Systemelemente, die etwas im Laufe der Zeit akkumulieren und somit in gewisser Weise speichern. Als Metapher dafür mag ein Tank dienen, der eine gewisse Menge einer Flüssigkeit speichert. Die Menge an Flüssigkeit im Tank ist dann die Bestandsgröße. Durch einen Zufluss wird der Tankinhalt vergrößert und durch einen Abfluss verringert. Flussgrößen werden im Flussdiagramm durch "Rohre" mit Ventilen repräsentiert, die zu den Bestandsgrößen hinführen (Zuflüsse) bzw. von diesen wegführen (Abflüsse).

Abb. 21 zeigt verschiedene Möglichkeiten, wie Bestandsgrößen und Flussgrößen in Flussdiagrammen miteinander verknüpft sein können.

1) *Eine Bestandsgröße besitzt nur einen Zufluss.* Solche Bestandsgrößen sind zwangsläufig monoton wachsend. Beispiele: Zählerstand einer Wasseruhr, die den Wasserdurchfluss aufsummiert; Sammeltätigkeit eines leidenschaftlichen Kunstsammlers; Kapitalverzinsung ohne Kontobehebungen; Datenaufzeichnung auf einem nicht überschreibbaren Speichermedium; Ablagerung unverrottbaren Mülls, Archivierung von Akten (Fall [1] in Abb. 21).

2) *Eine Bestandsgröße besitzt nur einen Abfluss.* Beispiele: Radioaktiver Zerfall einer Substanz (ohne Berücksichtigung der weiteren Geschichte der Zerfallsprodukte); Abkühlen von Kaffee; Zerfall von Müll auf einer aufgelassenen Deponie; Abbau von Alkohol im menschlichen Körper, während der Ausnüchterungsphase (Fall [2] in Abb. 21).

3) *Eine Bestandsgröße besitzt einen Zufluss und (unabhängig davon) einen Abfluss.* Die Beispiele dafür sind vielfältig: Ein Produktelager mit Lagerzugängen und Verkäufen; Bevölkerungsbestände mit Geburten und Todesfällen; Ein Bestand an Schiffen mit Indienststellung neuer Schiffe und Außerdienststellung alter Schiffe als Abfluss; ein Mitarbeiterstand mit Zu- und Abgängen innerhalb eines bestimmten Zeitraums usw. (Fall [3] in Abb. 21).

[47] Auch *Bestände, Zustandsgrößen* oder *Integratoren;* engl. *stock* oder *level variables.*

[48] Auch *Flüsse, Änderungsraten, Raten;* engl. *rate variables, rates* oder *flow variables* genannt.

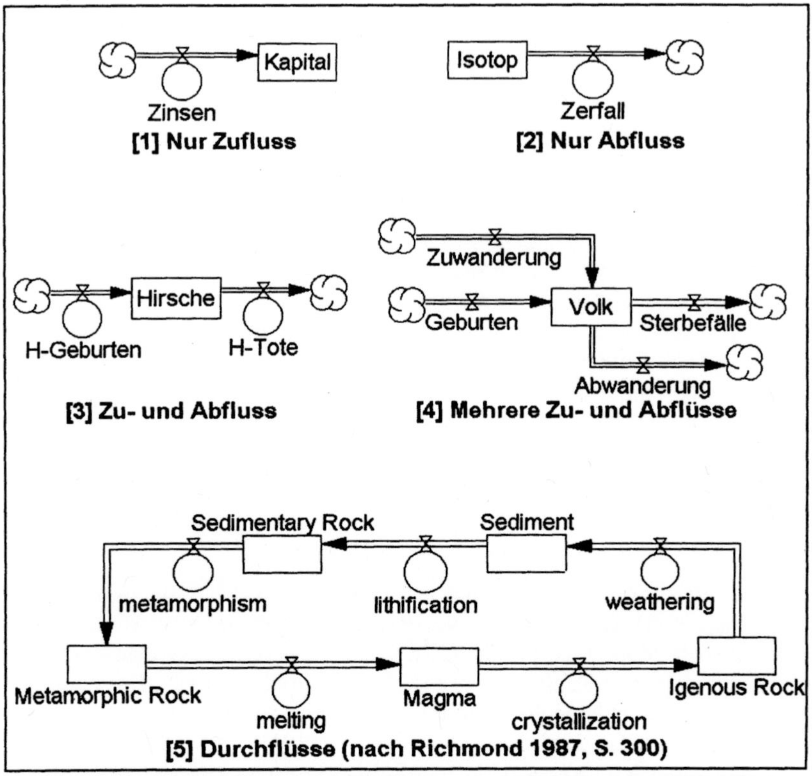

Abb. 21 Verschiedene Formen von Flussdiagrammen in Rohform (ohne Hilfsgrößen)

4) *Eine Bestandsgröße kann mehrere Zu- bzw. Abflüsse haben.* Ein Bevölkerungsbestand hat Zuwanderungen und Geburten als Zuflüsse und gleichzeitig Abwanderungen und Sterbefälle als Abflüsse (Fall [4] in Abb. 21).

5) *Durchflüsse:* Es kann auch vorkommen, dass dieselbe Flussgröße Abfluss einer Bestandsgröße und gleichzeitig Zufluss einer zweiten Bestandsgröße ist (Fall [5] in Abb. 21). Fall 5 zeigt einen geschlossenen Kreislauf von Bestandsgrößen, die insgesamt ein konservatives System bilden. Die Bestände repräsentieren verschiedene geologische Formationen, die Flussgrößen zwischen diesen Beständen repräsentieren die Prozesse, die für den Übergang von einer Formation in eine andere verantwortlich sind. An diesem Beispiel wird auch ein Erhaltungsgesetz deutlich, wie es in vielen SD-Modellen vorkommt: Durch die geologischen Prozesse wird Materie lediglich von einer Form in eine

andere umgewandelt; es wird weder Materie erzeugt noch verschwindet etwas von der materiellen Substanz.

6) *Eine Bestandsgröße besitzt nur eine Änderungsrate, die aber auch negative Werte annehmen kann* und damit sowohl als Zufluss wie auch als Abfluss dienen kann (biflows, vgl. Abb. 22). Biflows sind sinnvoll, wenn Zu- und Abfluss gleichartiger Struktur sind und sich nur durch das Vorzeichen unterscheiden. Dies ist oft bei nichtmateriellen Bestandsgrößen der Fall, wie z. B. die Preise, Löhne, Temperaturen oder Geschwindigkeiten in Abb. 22 sind.

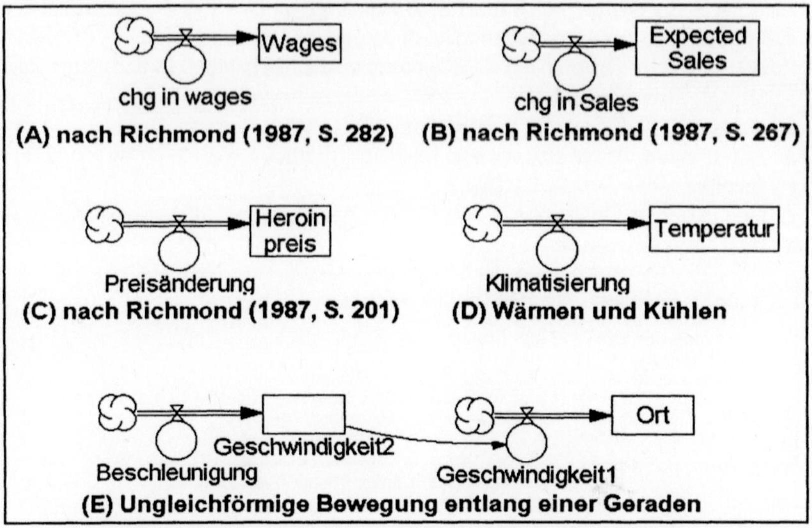

Abb. 22 Beispiele von Flussgrößen, die auch negative Werte annehmen können (biflows)

Fall (E) in Abb. 22 zeigt eine weitere Besonderheit der systemdynamischen Modelliermethode. Hier tritt dieselbe Modellgröße Geschwindigkeit einmal als Flussgröße Geschwindigkeit1 (zur Bestandsgröße Ort) und einmal als Bestandsgröße Geschwindigkeit2 mit der Flussgröße Beschleunigung auf. Anders als in der Differenzialrechnung, wo man problemlos die Geschwindigkeit als zweite Ableitung des Ortes direkt modellieren kann, ist in der systemdynamischen Methode der Zusammenhang zwischen Beschleunigung und Ort eines Körpers nur in zwei Schritten modellierbar: Zunächst wird Geschwindigkeit2 als Summe bzw. Integral der Beschleunigung als Bestandsgröße ermittelt, die dann jeweils als Flussgröße Geschwindigkeit2 nochmals zum Ort aufsummiert (bzw. integriert) wird.

3.1.5 Gleichungsdarstellung

Die *Gleichungsdarstellung* von systemdynamischen Modellen hängt auf das engste mit der konkreten nummerischen Simulation zusammen. Oft werden die Modellgleichungen so hingeschrieben, dass sie direkt als Eingabe in eine Systemdynamiksoftware dienen können.

In Abb. 23 wird ein einfaches logistisches Wachstumsmodell LOGWACHS2 mit einer Bestandsgröße Verbreitung, der dazugehörigen Flussgröße Verkauf, der Hilfsgröße Sättigungsgrad sowie den beiden Konstanten Verkaufsanstrengung bzw. Marktkapazität in der Syntax von VUDYNAMO beschrieben. Der Typ der einzelnen Modellgrößen bzw. der entsprechenden definierenden Gleichung wird in VUDYNAMO (genauso wie im Original-DYNAMO) durch einen Buchstaben in der ersten Zeile festgelegt. Dabei bedeuten:

c *c*onstants: Konstanten-Spezifikation
n *in*itial value: Anfangswerte von Bestandsgrößen
l *l*evel variable: Bestandsgröße
r *r*ate variable: Flussgröße
a *a*uxiliary: Hilfsgröße

```
; Modell LOGWACHS2: logistisches Wachstum
c Verkaufsanstrengung = 0.5
c Marktkapazität = 1000
n Verbreitung = 10
l Verbreitung = Verbreitung + dt * Verkauf
r Verkauf = Verbreitung*Verkaufsanstrengung*(1-Sättigungsgrad)
a Sättigungsgrad = Verbreitung / Marktkapazität
spec dt= 1 / Anfang = 0 / Ende = 40 prtper = 1
```

Abb. 23 Logistisches Wachstumsmodell aus Abb. 20
Gleichungseingabe in VUDYNAMO (nach Ossimitz 1990a, S. 113)

In der letzten Zeile wird die (finite) Simulationsschrittweite dt sowie der Anfang und der Endzeitpunkt des Simulationslaufes spezifiziert. In der letzten Zeile wird festgelegt, dass die Variablen Bestand und Wachstum über den gesamten Simulationszeitraum geplottet werden sollen.

Bei den moderneren grafikorientierten Simulationssoftwareprodukten (DYNASYS, STELLA, POWERSIM, VENSIM) wird die Struktur des Modells grafisch eingegeben. Für Bestandsgrößen braucht nur der Anfangswert eingegeben werden; die Berechnungsvorschrift für den jeweils neuen Wert der Bestände ermittelt das Programm automatisch. Für alle anderen Modellelemente sind die definierenden Gleichungen direkt bei dem jeweiligen Element über ein Dialogfenster einzutragen.

Zusammenfassung: Systemische Darstellungsformen

Zusammenfassend kann man die vier Darstellungsformen in qualitative und quantitative Darstellungen gruppieren.

Verbale Beschreibungen und Wirkungsdiagramme sind typische qualitative Darstellungsformen, Flussdiagramme und die Darstellung durch Gleichungen sind hingegen typisch quantitative Darstellungsformen. Mit steigendem Grad an Quantifizierung werden die Darstellungsformen immer formaler, die syntaktischen Darstellungsregeln immer strenger: Während bei verbalen Modellen noch keinerlei fachsprachenspezifische Syntax zu beachten ist, sind bei der Darstellung in Gleichungsform bereits strenge Notationsregeln der mathematischen Fachsprache bzw. der betreffenden Software (falls die Gleichungen zur Eingabe dienen) zu beachten.

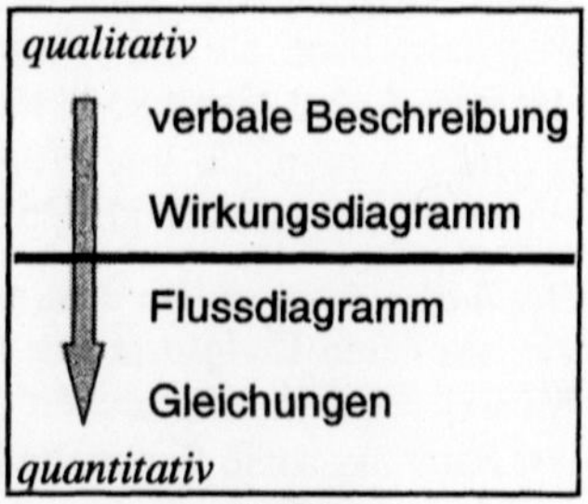

Abb. 24
(nach Ossimitz 1991, S. 175)

3.2 Die System-Dynamics-Modelliermethode

Die in 3.1 besprochenen systemischen Darstellungsformen "Flussdiagramm" und "Gleichungsdarstellung" werden in der systemdynamischen Modelliermethode systematisch zur quantitativen Simulation von Systemmodellen eingesetzt. Dabei ist insbesondere das Flussdiagramm *die* charakteristische Darstellungsform der System-Dynamics-Methode. Mit modernen Systemdynamik-Softwareprodukten werden SD-Modelle entwickelt, indem man zunächst die grobe Struktur des Systemmodells als Flussdiagramm entwickelt und anschließend erst die genauen Gleichungen für die einzelnen Systemelemente spezifiziert.

3.2.1 Bestandsgrößen als zentrale Bausteine von SD-Modellen

Im Mittelpunkt von System-Dynamics-Modellen stehen *Bestandsgrößen.* Um sie herum werden Flussdiagramm-Modelle entwickelt. Sterman (2000, S. 192) schreibt in seinem Standardwerk *Business Dynamics*:

> "Stocks are accumulations. They characterize the state of the system and generate the information upon which decisions and actions are based. Stocks give systemic inertia and provide them with memory. Stocks create delays by accumulating the difference between the inflow to a process and its outflow. By decoupling rates of flow, stocks are the source of disequilibrium dynamics in systems."

Ich möchte die einzelnen Ausssagen von Sterman etwas ausführlicher diskutieren.

Bestandsgrößen repräsentieren den Zustand des Systems und sind die Grundlage für Entscheidungen. Ein Flugzeugpilot braucht zur Steuerung des Flugzeugs genaue Informationen über aktuelle Zustandsparameter des Flugzeuges: Position, Höhe, Flugrichtung, Treibstoffmenge im Tank usw. Alle diese Größen sind Bestandsgrößen, die von entscheidender Bedeutung für die Steuerungsmaßnahmen des Piloten sind. Genauso ist eine Bilanz eine zusammenfassende Aufstellung aller Vermögensbestände und Verbindlichkeiten (ebenfalls Bestandsgrößen) einer Firma, die maßgeblich als Grundlage für Firmenentscheidungen dient.

Bestände geben einem System Trägheit und Erinnerungsvermögen. Bestände akkumulieren Ereignisse der Vergangenheit. Die Schallplattensammlung eines Musikliebhabers akkumuliert sämtliche Plattenkäufe des Sammlers. Auch wenn der Sammler seine Sammeltätigkeit einstellt, bleibt der vorhandene Bestand an Schallplatten weiter erhalten. Ähnlich verhält es sich etwa mit einem im Weltraum fliegenden Raumschiff: Eine einmal erreichte Geschwindigkeit und Bewegungsrichtung wird (ohne Einfluss weiterer äußerer Kräfte) unverändert beibehalten.

Bestandsgrößen ermöglichen Verzögerungen. Eine Verzögerung ist ein Prozess, bei dem der Output gegenüber dem Input zeitlich verschoben ist. Damit dies möglich wird, muss der Input in irgendeinem Bestand gewissermaßen zwischengelagert werden. Daher ist bei der Modellierung von Verzögerungen immer wenigstens eine Bestandsgröße notwendig involviert[49]. Wenn z. B. angelieferte Rohstoffe erst nach einer gewissen Zeit verarbeitet werden, dann impliziert die sich ergebende Verzögerung zwangsläufig einen Lagerstand im Rohstofflager. Genauso impliziert eine Rolltreppe mit einer gewissen Transportdauer immer einen Bestand an Personen, die sich gerade auf der Rolltreppe befinden – auch wenn der Abfluss am Ende der Rolltreppe exakt den gleichen zeitlichen Verlauf haben mag wie der Zufluss, nur eben um die Transportzeit verzögert (unter der Annahme, dass alle Personen auf der Rolltreppe nur stehen).

Bestände ermöglichen dynamische Ungleichgewichte zwischen Zuflüssen und Abflüssen. Normalerweise laufen in einem System korrespondierende Zu- und Abflüsse zeitlich nicht völlig synchron. Z. B. entspricht der Kapitalbedarf einer Person nicht exakt den zeitlichen Geldzuflüssen. Um diese Unterschiede auszugleichen (bzw. um sie überhaupt erst zu ermöglichen), braucht man irgendeine Möglichkeit, einen Geldbestand zu speichern, sei dies auf einem Konto oder in Form von Bargeld in der Brieftasche. Auch die Zufuhr und Ausscheidung von

---

[49] In Systemdynamiksoftwareprodukten sind Verzögerungsfunktionen programmtechnisch zumeist jedoch so realisiert, dass die darin vorkommenden Bestandsgrößen nicht mehr explizit sichtbar sind.

Flüssigkeit im menschlichen Körper erfolgt asynchron, was notwendigerweise die Fähigkeit zur Speicherung von Flüssigkeit im Körper erforderlich macht.

3.2.2 Identifikation von Bestandsgrößen

In der systemdynamischen Modelliermethode wird ein Systemmodell gewissermaßen um die Bestandsgrößen herum gebaut. Im Mittelpunkt des Modells stehen einige (meist nur wenige) Bestandsgrößen. Doch wie kann man diese Bestandsgrößen im Zuge des Modellierprozesses erkennen? Hier bieten sich folgende Hilfen an:

A) Der *Schnappschuss-Test* (nach Sterman 2000, S. 199): Um Bestandsgrößen zu identifizieren, stelle man sich eine Momentaufnahme des betreffenden Systems vor, bei dem die zeitliche Dynamik eingefroren wird. Bestandsgrößen sind diejenigen Größen, die man in diesem "eingefrorenen" Zustand direkt ermitteln kann, wie z. B. Lagerstände, Kontostände, aber auch abstraktere Dinge wie vielleicht die Meinung des Firmenchefs über die Zahl der Verkäufe im nächsten Quartal.

B) *Bestandsgrößen können nur durch Zu- und Abflüsse verändert werden.* Diese Tatsache ermöglicht eine zweite, eher dynamisch orientierte Charakterisierung von Beständen: Jede Größe, die sich nur durch entsprechende Zuflüsse bzw. Abflüsse verändert, ist zwangsläufig eine Bestandsgröße. In einem Biotop findet beispielsweise ständig ein Aufbau und Abbau von Biomasse statt. Dem entsprechend muss es zu diesen Zu- bzw. Abflüssen auch einen Bestand an Biomasse im Biotop geben.

3.2.3 Die Rechenlogik von SD-Modellen

Die Grundlogik der nummerischen Simulation von systemdynamischen Modellen wird in Abb. 25 skizziert.

Der Zeitablauf wird in Zeitintervalle gleicher Länge (der so genannten Simulationsschrittweite[50]) unterteilt. Diese Intervalle werden durch die Zeitpunkte t_0, t_1, t_2 ... begrenzt. Dann werden in Schritt ① für den Anfangszeitpunkt t_0 die Werte für alle Bestandsgrößen ermittelt. (In jedem lauffähigen Systemdynamik-Simulationsmodell muss für jede Bestandsgröße ein Anfangswert spezifiziert sein). Dann

---

[50] Diese Simulationsschrittweite der Dauer $t_1 - t_0$ wird in der Systemdynamik durchwegs mit dem Kürzel dt ("difference of time") bezeichnet. Mathematiker würden für dieses finite Zeitintervall die Bezeichnung Δt bevorzugen, weil die Bezeichnung dt in der Analysis bereits als Symbol für eine infinitesimale Änderung der Variablen t vergeben ist.

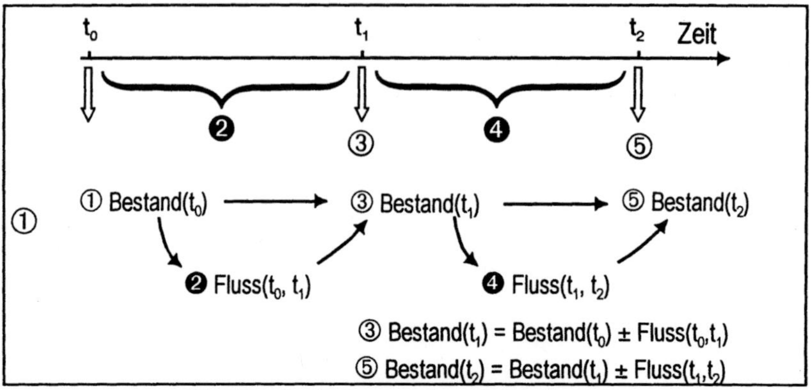

Abb. 25 Rechenlogik systemdynamischer Simulation

wird in Schritt ❷ aus den Anfangswerten der Bestände und allfälligen Hilfsgrößen und Konstanten der Wert jeder Flussgröße für das Zeitintervall (t_0, t_1) berechnet. Die Flussgrößen geben Veränderungen der jeweiligen Bestandsgrößen pro Zeiteinheit an. In Schritt ③ werden die neuen Werte der Bestandsgrößen zum Zeitpunkt t_1 aus den alten Bestandswerten zum Zeitpunkt t_0 und den Flüssen (=Veränderungen) im Zeitintervall (t_0, t_1) berechnet.

3.2.4 Bewegungsgrößen und Flussgrößen

An dieser Stelle ist es hilfreich, eine präzisere Unterscheidung zwischen *Flussgrößen* und *Bewegungsgrößen* einzuführen. Bewegungsgrößen sind absolute Veränderungen von Beständen, Flussgrößen hingegen die relative Veränderung pro Zeiteinheit. Betrachten wir als einfaches Beispiel ein Modell einer Badewanne mit einer Simulationsschrittweite von 5 Minuten. Zum Zeitpunkt $t_0 = 0$ seien 20 Liter Wasser in der Wanne, zum Zeitpunkt $t_1 = 5$ min seien es 80 Liter. Wir nehmen an, dass im betrachteten Zeitraum nur Wasser zufließt und kein Wasser ausgelassen wurde. Dann ist die absolute Veränderung des Wasserbestandes von 80–20 = 60 Litern eine Bewegungsgröße. Die korrespondierende Flussgröße für dasselbe Zeitintervall lautet 12 Liter/min, wenn man als Zeiteinheit Minuten nimmt. Nimmt man als Zeiteinheit Sekunden, so hätte dieselbe Flussgröße den Wert 0,2 Liter/sec. Egal, in welcher Zeiteinheit man misst, es gilt immer

$$\text{Bewegungsgröße}(t_0,t_1) := \text{Flussgröße} \cdot \text{Dauer des Zeitintervalls} \qquad [3.2.4.1]$$

Bewegungsgrößen und Flussgrößen haben verschiedene Einheiten: Wenn die zu Grunde liegende Bestandsgröße in einer bestimmten Mengeneinheit ME (z. B. in

Litern) gemessen wird, dann hat die Bewegungsgröße als Differenz zweier Bestandsgrößen dieselbe Einheit ME; die Flussgröße jedoch die Einheit ME/Zeiteinheit.

Gleichung [3.2.4.1] gibt den Zusammenhang zwischen Flussgröße und Bewegungsgröße jedoch nur dann exakt wieder, wenn man annimmt, dass der Wert der Flussgröße im Zeitintervall (t_0,t_1) konstant ist, was dem Prinzip der Euler-Cauchy-Integration entspricht. Falls man den Wert der Flussgröße im Simulationszeitintervall als variabel betrachtet, so ist der Wert der Bewegungsgröße als Integral der Flussgröße über die Dauer des Zeitintervalls (t_0,t_1) definiert:

$$\text{Bewegungsgröße}(t_0,t_1) := \int_{t_0}^{t_1} \text{Flussgröße}\,dt \qquad [3.2.4.2]$$

Ob nun die Bewegungsgröße wie in [3.2.4.1] oder wie in [3.2.4.2] definiert ist: Auf jeden Fall wird der neue Wert der Bestandsgröße zum Zeitpunkt t_1 aus dem alten Wert folgend berechnet:

$$\text{Bestand}(t_1) := \text{Bestand}(t_0) \pm \text{Bewegungsgröße}(t_0,t_1) \qquad [3.2.4.3]$$

Das "±" soll dabei darauf hinweisen, dass in der systemdynamischen Modellierlogik Abflüsse als Bewegungsgrößen mit Werten >0 gesehen werden, die dann vom Bestand abgezogen werden: Bei einem Bevölkerungsmodell wird etwa die Anzahl der im Zeitintervall (t_0, t_1) gestorbenen Personen als eine Zahl >0 vom Bevölkerungsstand subtrahiert und nicht etwa eine negative Personenzahl addiert.

In Systemdynamik-Softwareprodukten werden die Gleichungen [3.2.4.1] und [3.2.4.3] zumeist folgend zur Berechnung von Bestandsgrößen zusammengefasst:

$$\text{Bestand}(t_1) := \text{Bestand}(t_0) + (t_1-t_0)\cdot(\text{Zuflüsse}(t_0,t_1) - \text{Abflüsse}(t_0,t_1)) \qquad [3.2.4.4]$$

Diese Form von Gleichungsdarstellung wird (in etwas inkonsequenter Weise) auch dann verwendet, wenn die Flussgrößen keine Konstanten (wie in [3.2.4.1]), sondern variabel sind und die Bewegungsgröße, welche die Veränderung des Bestandes repräsentiert, eigentlich als ein Integral wie in [3.2.4.2] definiert ist (vgl. etwa die Level-Gleichung Verbreitung = Verbreitung + dt · Verkauf in Abb. 23). Lediglich die Software VENSIM verwendet bei der Gleichungs-Dokumentation der Modelle die Darstellung der Art

Bestand = INTEG(Zuflüsse-Abflüsse,10) [3.2.4.5]

wobei der zweite Parameter 10 den Anfangswert von Bestand spezifiziert.

3.2.5 Modellierung von Wachstum

Wachstumsprozesse zählen zu den wichtigsten Phänomenen in dynamischen Systemen. Ich möchte an diesem Thema exemplarisch zeigen, welche neuen Möglichkeiten die systemdynamische Modelliermethode im Vergleich zur traditionellen funktionalen Repräsentationsform von Wachstum bietet. Außerdem sind die hier vorgestellten systemdynamischen Minimodelle grundlegende Bausteine komplexerer SD-Modelle und damit auch für jeden einführenden SD-Kurs von besonderem Interesse.

Durch Funktionsterme relativ einfach darstellbar sind das *lineare* und *exponentielle Wachstum*, mit etwas höherem Aufwand auch noch das *logistische Wachstum*. Die folgende Tabelle gibt einen Überblick:

Wachstumstyp	explizite Darstellung	Differenzialgleichung
linear	$f(x) = a \cdot x + b$	$f'(x) = a$
exponentiell	$f(x) = c \cdot e^{ax}$	$f'(x) = a \cdot f(x)$
logistisch	$f(x) = \dfrac{a}{b + (b / f_0 - b) \cdot e^{-ab}}$; $f_0 = f(x{=}0)$	$f'(x) = a \cdot f(x) - b\,[f(x)]^2$

Lineares, exponentielles und logistisches Wachstum in algebraischer Notation

Eine besondere Stärke der algebraischen Notation sind die Umformungsmöglichkeiten. So kann die Gleichung $f(x) = c \cdot e^{ax}$ zu $c = e^{ax} / f(x)$ umgeformt werden. Damit kann man dann etwa bei gegebenem a und einem verfügbaren Wert $f(x_0)$ den Startwert c des exponentiellen Wachstums zum Zeitpunkt $x=0$ direkt berechnen.

Durch etwas trickreicheres Umformen kann man für den logistischen Fall eine etwas andere Darstellung der Differenzialgleichung herleiten, die einige neue Einsichten ermöglicht. Dazu nehmen wir an, dass die wachsende Größe $f(x)$ durch eine Kapazitätsgrenze K nach oben beschränkt ist. Definiert man nun einen Freiraum $F = 1 - f(x)/K$ als Anteil der nicht genützten Kapazität, und setzt man $b=1/K$, dann ergibt sich:

$$f'(x) = a\,f(x) - b\,[f(x)]^2 = a \cdot f(x) \cdot (1 - b \cdot f(x)) = a \cdot f(x) \cdot (1 - f(x)/K) = a \cdot f(x) \cdot F \qquad [3.2.5.1]$$

Insgesamt erhält man damit für das logistische Wachstum eine Beschreibung in der Form $f'(x) = a \cdot f(x) \cdot F$. So wird auch unmittelbar ein Bezug zum exponentiellen Wachstum hergestellt. Ist beim exponentiellen Wachstum der Zuwachs $f'(x)$ proportional zum Wachstumsfaktor a und zum Bestand $f(x)$, kommt beim logistischen Wachstum noch der Freiraum F als dritter Proportionalitätsfaktor dazu.

Bei der *systemdynamischen Modelliermethode* wird zunächst die wachsende Größe als Bestandsgröße repräsentiert, die durch einen Zufluss im Laufe der Zeit immer größer wird. Bei den Modellen in Abb. 26 ist die Bestandsgröße im linearen Fall [1] ein Bücherbestand, im exponentiellen Fall [2] ein verzinstes Kapital und im logistischen Fall [3] eine in ihrem Freiraum beschränkte Population.

Die Hauptfrage ist nun für alle drei Modelle: Wovon hängt der Wert des jeweiligen Zuflusses ab? In Fall [1] hängt die Zahl der in einem Jahr neu angeschafften Bücher vom verfügbaren jährlichen Budget und vom durchschnittlichen Preis je Buch ab, nicht aber vom schon vorhandenen Bestand an Büchern. Hält man sowohl das Budget als auch den Preis pro Buch konstant, so ergibt dies ein lineares Wachstum des Bücherbestandes. Allerdings kann das Flussdiagramm [1] mehr als nur ein *lineares* Wachstum modellieren: Es können genauso gut verschiedene Szenarien durchgerechnet werden, bei denen Budget bzw. Bücherpreise sich im Laufe der Zeit ändern, was ja in der Praxis vorkommen soll. In der analytisch orientierten Mathematik differenziert man sehr scharf zwischen linearen und nichtlinearen Modellen, die sich ja oft deutlich hinsichtlich der verfügbaren Lösungsmethoden unterscheiden. Im systemdynamischen Modell [1] ist die Unterscheidung linear/nichtlinear hingegen simulationstechnisch kaum relevant. Der lineare Fall ist einfach ein Spezialfall, der sich ergibt, wenn man Budget und Preis pro Buch konstant hält. Bereits an diesem einfachen Beispiel sieht man einen besonderen Vorteil der SD-Methode: Sie verlangt nicht, dass die externen Modellparameter Budget und Preis pro Buch konstant gehalten werden müssen, wie man das bei einer analytischen Modellierung als lineare Funktion ganz selbstverständlich (weil zwangsläufig) und oft gar nicht explizit bewusst annimmt.

Beim exponentiellen Kapitalverzinsungsmodell [2] bzw. beim logistischen Populationsmodell [3] hängt der Wert des jeweiligen Zuflusses auch vom aktuellen Bestand ab. Es gelten folgende Modellgleichungen:

Zinsen = Kapital · Zinssatz [3.2.5.2]

bzw. in Modell [3]

Zuwachs = Population · Wachstumsfaktor · Freiraum [3.2.5.3]

Freiraum = 1 – Population / Kapazität[51] [3.2.5.4]

Wie schon bei Modell [1] erhalten wir auch hier nur dann ein "exaktes" exponentielles bzw. logistisches Wachstum, wenn die externen Modellparameter Zinssatz bzw. Wachstumsfaktor und Kapazität jeweils konstant gehalten werden. Dabei ist der Ausdruck "exakt" cum grano salis zu verstehen. Anders als bei der Kapital-

[51] Im logistischen Modell in Abb. 23 wird statt dem Freiraum der Sättigungsgrad verwendet, wobei Freiraum = 1 – Sättigungsgrad gilt, was aber am Modellverhalten nichts ändert.

verzinsung ändert sich bei kontinuierlichen exponentiellen bzw. logistischen Prozessen der Bestand stetig. Damit ändert sich auch der Wert der Flussgröße innerhalb eines Simulationszeitraumes und die Neuberechnung des Bestandes wie in [3.2.4.4] nach der Formel

$$\text{Bestand}(t_1) := \text{Bestand}(t_0) + (t_1 - t_0) \cdot (\text{Zufluss}(t_0, t_1)) \qquad [3.2.5.5]$$

mutiert damit zum (nummerisch schwachen) Integrationsverfahren von Euler-Cauchy[52].

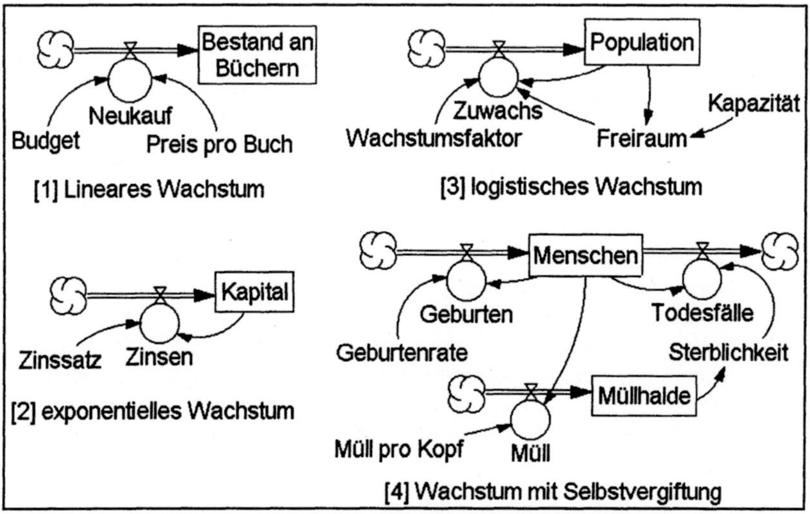

Abb. 26 Vier grundlegende Wachstumstypen als Flussdiagramm

Ihre volle Leistungsfähigkeit zeigt die systemdynamische Modelliermethode jedoch erst dann, wenn man den Bereich analytisch repräsentierbaren Wachstums verlässt und etwa ein Wachstum mit Selbstvergiftung modelliert (Fall [4]). Zunächst braucht man für dieses Modell eine weitere Bestandsgröße, in der das von der Population produzierte "Gift" (in Modell [4] Müll genannt) akkumuliert wird. Der akkumulierte Bestand Müllhalde wirke sich auf die Sterblichkeit aus, die man folgend nummerisch definieren könnte:

$$\text{Sterblichkeit} = \text{natürliche Sterblichkeitsrate} + f(\text{Müllhalde}) \qquad [3.2.5.6]$$

[52] In der systemdynamischen Modellierpraxis wird bei kontinuierlichen Prozessen einfach in der Simulationssoftware die Option "Runge-Kutta 4. Ordnung" statt "Euler-Cauchy" gewählt und dann nur noch experimentell überprüft, ob die gewählte Simulationsschrittweite t_1-t_0 ausreichend fein ist.

Die Funktion f(Müllhalde) ist dabei der Clou des gesamten Modells. Sie gibt eine zusätzliche Sterblichkeitsrate aus, die vom angesammelten Bestand an Müll abhängt. Plausiblerweise wird diese Funktion monoton wachsend sein. Wie sie in Detail realisiert wird, ist mehr Geschmackssache. Häufig wählt man bei solchen Funktionen die Form einer Treppenfunktion: Bis zu einem gewissen Grenzwert an Müllmenge nimmt man an, dass die Müllhalde überhaupt keinen Einfluss auf die Sterblichkeit hat, ab dem Grenzwert liefert f(Müllhalde) einen positiven Wert. Oft wird eine Funktion wie f(Müllhalde) auch in Form einer empirischen Tabellenfunktion spezifiziert. Damit wird jedoch der Bereich analytisch geschlossener Modelle verlassen.

Im Modell [4] ist der Müllsektor so modelliert, dass die Müllhalde nicht kleiner werden kann. Es gibt nur einen Zufluss der Form

Müll = Müll pro Kopf · Menschen [3.2.5.7]

Solange es noch Menschen gibt, und der Müllanfall pro Kopf > 0 ist, wird der Müllberg in diesem Modell immer größer. Dies führt bei entsprechend konzipierter Funktion f(Müllhalde) dazu, dass irgendwann die so modellierte Menschheit an ihrem Müll zu Grunde geht und ausstirbt. Damit dies verhindert wird, muss das Modell um eine entscheidende Komponente erweitert werden: Es muss eine Möglichkeit eines *natürlichen Abbaus der Müllhalde* geben. Ein solches Modell hat dann die Chance, dass sich langfristig ein Gleichgewicht (ohne Aussterben der Menschen) einstellt. In diesem Gleichgewicht ist der Zufluss an neuem Müll gleich hoch wie die Menge des abgebauten Mülls, so dass der Müllbestand konstant bleibt.

Man kann aus der Diskussion des Wachstums mit Selbstvergiftung auch folgende bemerkenswerte Schlussfolgerung ziehen: Ein organisches System sucht sich *immer* einen Gleichgewichtszustand. Wenn es nicht gelingt, beim Müllsektor durch einen entsprechenden Abbau an Müll ein Gleichgewicht mit dem Zufluss an Müll herzustellen, dann entsteht das Gleichgewicht eben dadurch, dass die Müllverursacher aussterben und auf diese Weise das Wachstum der Müllhalde ebenfalls gestoppt wird – was auch einen Gleichgewichtszustand darstellt.

3.3 Mathematik als Angebot systemischer Darstellungsmittel

Die Beschäftigung mit den in 3.1 vorgestellten systemischen Darstellungsmitteln *Wirkungsdiagramm* und *Flussdiagramm* gehört keineswegs zum Standardrepertoire der Mathematikausbildung. Inwieweit kann man die Beschäftigung mit Wirkungs- oder Flussdiagrammen als Mathematik auffassen und damit ihre

Behandlung im Mathematikunterricht legitimieren? Einen geeigneten Hintergrund zur Diskussion dieser Frage bietet Fischers Konzept von "Offener Mathematik" als Darstellungs- und Kommunikationsmittel (Fischer 1984a, 1984b) bzw. allgemeiner die Vorstellung von *Mathematik als Materialisierung des Abstraktem* (Fischer 2000).

3.3.1 Offene Mathematik (Fischer 1984a, 1984b)

Um die im Lehrplankapitel "Untersuchung vernetzter Systeme" intendierte Förderung systemischer Denkfähigkeit auch im Mathematikunterricht erfolgreich zu vermitteln, bedarf es eines bestimmten Verständnisses von Mathematik und auch vom Mathematikunterricht.

Hinsichtlich des Verständnisses von Mathematik meine ich vor allem das Konzept von *offener Mathematik*, das Roland Fischer in seinem bahnbrechenden Artikel *Offene Mathematik und Visualisierung* (Fischer 1984a) dargelegt hat. Fischer sieht darin offene Mathematik als Gegenstück zur traditionellen geschlossenen Mathematik:

> "Im Gegensatz zur 'geschlossenen Mathematik', bei der abgeschlossene Theorien, sicher funktionierende Algorithmen und möglichst alle Einzelheiten erfassende Modelle im Vordergrund stehen, betont 'offene Mathematik' grundlegende Begriffsbildungen und Darstellungsformen und fasst Mathematik als *Angebot an Darstellungs- und Kommunikationsmitteln* auf. Die Darstellungsformen sind dabei vorwiegend visueller Natur, angefangen von einer Strichsymbolik für Zahlen über grafische Darstellungen von Funktionen oder Beziehungen bis hin zur Formelschreibweise in der Algebra." (Fischer 1984a, S. 139)

Der Zusammenhang mit systemischem Denken bzw. systemischer Modellbildung ergibt sich dadurch, dass systemisches Denken bzw. jegliche systemische Modellbildung auch entsprechende systemische Darstellungsformen braucht. Und diese Darstellungsformen von Systemmodellen (z. B. Wirkungsdiagramme, Flussdiagramme, Gleichungsdarstellungen; siehe 3.1) sind durchwegs *mathematische* Darstellungsformen im Sinne offener Mathematik. Fischer (1984a) weist bereits explizit auf die *Problematik globaler Modelle* hin:

> "Geschlossene Mathematik sucht nach 'globalen' Lösungen. Beispielsweise soll aus den Anfangsbedingungen die *gesamte Bahn eines Teilchens* im Detail berechnet werden. ... Ein Resultat, welches besagt, dass die (unendliche) Bahn einer Billardkugel genau dann eine geschlossene Kurve ist, wenn der Tangens des Neigungswinkels ein rationales Vielfaches des Seitenverhältnisses ist, hat für die Praxis keine Bedeutung." (Fischer 1984a).

Diesem Streben nach globalen Modellen in der geschlossenen Mathematik stellt Fischer ein "lokales" Modellverständnis offener Mathematik gegenüber, das auf Ideen der Rückkoppelung und fortlaufenden Korrektur von Abweichungen beruht.

Er nennt als Beispiel die Steuerung einer Zentralheizung in Abhängigkeit von der tatsächlichen und der gewünschten Raumtemperatur.

Das, was Fischer hier als "lokale Modelle" bezeichnet, sind vor dem Hintergrund systemischen Denkens Systemmodelle, wie sie für die Systemdynamik typisch sind. Auch der Modellierstil des System-Dynamics-Ansatzes entspricht genau dem Konzept lokaler Modelle, wie es von Fischer (1984a) vertreten wird.

Im Hinblick auf den *Mathematikunterricht* plädiert Fischer (1984a) mit Nachdruck für eine stärkere Betonung von offener Mathematik im Sinne eines Darstellungs- und Kommunikationsmittels. Dadurch würden aufwändige Verfahren oder Theorien, wie sie (nicht nur 1984, sondern auch heute noch) bei Reifeprüfungen verlangt werden, an Bedeutung verlieren, während in einem Konzept offener Mathematik "mathematische Begriffe, Darstellungen, Konzepte in erster Linie in *Diskussionen, Argumentationen, Erläuterungen* gebraucht werden." (Fischer 1984a, S. 142). Als Argumente für eine stärkere Betonung offener Mathematik im Unterricht führt Fischer unter anderem an:

- Viele in der Schule vermittelten mathematischen Theorien sind überentwickelt und haben nur mehr den Charakter einer mathematischen Spielerei.

- *Globale Modelle* sind "fragwürdig geworden, insbesondere, wenn es um Voraussagen geht." (Fischer 1984a, S. 142)

- Komplizierte Zusammenhänge können nicht mehr von einer einzelnen Person verwaltet werden, sondern erfordern Teamarbeit. Dazu braucht man geeignete Darstellungs- und Kommunikationsmittel, um innerhalb des Teams argumentieren und überzeugen bzw. sich überzeugen lassen zu können.

- Das für die geschlossene Mathematik typische *Abarbeiten von Symbolfolgen* (Berechnungen, Umformungen durchführen) wird zunehmend an Computer ausgelagert. "*Alle* heute in der Schule vermittelten mathematischen Fähigkeiten – vom Gleichungslösen bis zum geschlossenen Integrieren – können von Computern wahrgenommen werden." (Fischer 1984a, S. 143)

- Durch das Konzept offener Mathematik wird ein Aspekt von Wissenschaft betont, "der im üblichen Unterricht ohnehin zu kurz kommt, nämlich *Wissenschaft als perspektivische und nicht als absolute Wahrheit.*" (Fischer 1984a, S. 143)

Offene Mathematik impliziert auch eine Offenheit gegenüber dem Einsatz von Computersoftware im Mathematikunterricht. Dörfler (1990 S. 63f) diagnostiziert hier gewisse Vorbehalte im traditionellen Verständnis von Mathematikunterricht und schreibt:

"Der 'Computer' wird als Bedrohung des Intellekts empfunden statt als Mittel zu seiner Erweiterung und Reorganisation. Die Hinzunahme neuer oder leistungsfähiger kognitiver Technologien wird als 'Verlust' des Geistigen empfunden. Ich denke dem gegenüber, dass es produktiver ist, extensiven und intensiven Gebrauch kognitiver symbolischer Technologien anzustreben und nicht künstlich Beschränkungen zu errichten." (Dörfler 1990, S. 63f)

Dörfler plädiert in diesem Zusammenhang für ein neues, erweitertes Verständnis von menschlichem Geist, das auch die durch Softwarewerkzeuge erweiterten Möglichkeiten inkludiert.

3.3.2 Mathematik als Materialisierung von Abstraktem

In jüngerer Zeit hat Fischer sein Konzept von Mathematik als Darstellungs- und Kommunikationsmittel hin zu der These von Mathematik als Materialisierung von Abstraktem (Fischer 1996, 1998, 1999, 2000) vertieft und ausgebaut. Ausgangspunkt ist folgende Definition von Mathematik:

"Mathematik ist (auch) die materielle, symbolhafte Darstellung abstrakter, den Sinnen nicht direkt zugänglicher, Sachverhalte mit der Möglichkeit der regelhaften Umgestaltung." (Fischer 1996, S. 4).

Dabei geht Fischer von einem relativ weiten Materialisierungsbegriff aus: Nicht nur verschiedenste mathematische Notationen (z. B. die algebraische Notation, Formeln, Funktionsterme usw.) sondern auch grafische Darstellungen (Funktionsgraphen, Knoten-Kanten-Diagramme, System-Dynamics-Flussdiagramme) und vor allem auch Repräsentationen in Maschinen (insbesondere Computern) werden von Fischer als Materialisationen von Mathematik explizit genannt. Fischer stellt einen bemerkenswerten Zusammenhang zwischen Materialisierung und individuellen bzw. kollektiven Sicherheitsgefühlen her.

"Doch selbst wenn wir von der Konstruiertheit aller Wahrnehmungen ausgehen, ist zu beobachten, dass wir bezüglich mancher Konstruktionen ein höheres Sicherheitsgefühl hinsichtlich ihrer Existenz, ihrer Beschaffenheit usw. entwickelt haben und eine höhere intersubjektive Übereinstimmung als bezüglich anderer. Erstere nennen wir konkreter als letztere. Das worüber wir die höchste Sicherheit haben, nennen wir Materie." (Fischer 1998, S. 1)

Auch wenn die Gleichsetzung von höchster Sicherheit mit Materie wohl nicht immer so einfach zutreffen mag, wie es Fischer hier plakativ postuliert[53], so kann man doch beobachten, dass durch Materialisierung sehr oft eine höhere Sicherheit erreicht wird. Wenn man etwas "schwarz auf weiß" hat, dann schafft das i. A. eine höhere Sicherheit als eine bloß mündliche Vereinbarung, die auf ein funktionie-

---

[53] So ist z. B. die Tatsache, dass ich einmal sterben werde, doch sehr sicher, ohne dass deswegen derzeit mein Tod in irgendeiner Weise materialisiert vorliegt.

rendes Erinnerungsvermögen angewiesen ist. Auch die Materialisierung einer Grenze in Form eines Stacheldrahtzaunes schafft meist eine höhere Sicherheit vor ungebetenen Gästen als ein abstraktes Verbot "Betreten verboten".

Auch im gesellschaftlichen Kontext hat Mathematik oft die Funktion, Sicherheit herzustellen. Dies geschieht oft in Form von "verordnender Mathematik" (Gehaltsvereinbarungen, Katasterpläne, Umweltgrenzwerte, Urlaubsregelungen, Tilgungspläne, Ermittlung von Mandatszahlen bei Wahlen usw.).

Eine weitere bedeutsame Funktion von Materialisierungen ist, dass damit Abstrakta erst konkret fassbar und handhabbar werden. Fischer (1998, S. 8) nennt als Beispiel die Notengebung: "Die Leistung ist ein abstraktes Ding, das sich aus vielen Faktoren zusammensetzt. Die Note konkretisiert dieses Abstraktum (bei gleichzeitiger enormer Reduktion)." Genauso wird für die Schädlichkeit eines Giftstoffes ein Grenzwert festgelegt, mit dem dann "Schädlichkeit" konkret erfasst werden kann.

Was nun die Mathematik vor allen anderen Möglichkeiten der Materialisierung von Abstraktem auszeichnet, ist die Möglichkeit zur regelhaften Umgestaltung, zum Operieren mit den Materialisierungen. Zahlen können addiert, Formeln umgeformt und Wertetabellen in Funktionsgraphen umgesetzt werden – um nur einige Beispiele zu nennen.

3.3.3 Systemisches Modellieren und Mathematik

Zusammenfassend lässt sich folgender Zusammenhang zwischen Fischers Konzept offener Mathematik bzw. von Mathematik als Materialisierung von Abstraktem und der Vermittlung systemischen Denkens im Mathematikunterricht herstellen: *Um systemisches Denken entwickeln zu können, ist die Beschäftigung mit praktischen Systemen bzw. Systemmodellen nötig, anhand derer systemisches Denken konkret geübt und praktiziert werden kann* – genauso wie man das Aquarellieren durch das Malen eines konkreten Bildes lernt. Der entscheidende Punkt ist dabei ein Verständnis von Mathematik bzw. Mathematikunterricht im Sinne von offener Mathematik. Wenn dieses Verständnis fehlt und man von einer Ideologie geschlossener Mathematik ausgeht, dann mutiert die Beschäftigung mit Systemen zu einer rein innermathematischen Übung in bisweilen grotesk künstlichen "Sachzusammenhängen"[54], von der man sich wohl keinerlei Förderung systemischen Denkens in dem in 2.2 definierten Sinn erwarten darf.

Zur Erläuterung sei mir folgende Metapher gestattet: Systemmodellierung im Sinne "offener Mathematik" und Systemmodellierung im Sinne "geschlossener

[54] Als Beispiel möge die in Abb. 37 wiedergegebene Umschüttaufgabe 813 dienen.

Mathematik" verhalten sich zueinander ungefähr so wie das Erstellen einer grafischen Radierung zum technischen Zeichnen mit einer Zeichenmaschine. Im ersteren Fall geht es um kreative Gestaltung bei großer formaler Freiheit, im zweiteren Fall um Darstellungen mit geraden Linien und exakten Bemaßungen, die mit technischen Präzisionswerkzeugen erstellt werden. Kein grafischer Künstler würde auf die Idee kommen, seine Grafik in einer Zeichenmaschine herzustellen. Ähnlich verhält es sich, wenn man versucht, Systemmodelle unter der Denkideologie der "geschlossenen Mathematik" zu entwickeln. Das Ergebnis sind sehr technische Systemmodelle mit exakten Spezifikationen, die zwar für bestimmte Anwendungen nützlich und sinnvoll sein mögen, die aber jedoch keinesfalls die Lebendigkeit und den Esprit einer künstlerischen Grafik mit fein heraus gearbeiteten Strukturen und harmonisch platzierten Bildelementen aufweisen werden.

Fischer (1984a) plädiert jedenfalls für ein Verständnis von Mathematik, das bildlich gesprochen sowohl technisches Zeichnen als auch künstlerische Grafik umfasst und argumentiert unter anderem damit, dass der technische Aspekt im Mathematikunterricht überentwickelt und der künstlerische Aspekt (d. h. offene Mathematik) zwar dringend nötig, aber krass unterentwickelt ist. Die meisten Mathematiker und auch Mathematiklehrer sehen sich bildlich gesprochen mehr als gelernte technische Zeichner und *wollen* aus diesem Grund oft auch nichts anderes als Technisches Zeichnen (=geschlossene Mathematik im Sinne unserer Metapher) als zu ihrem Fach gehörig gelten lassen. Hier gibt es einen eskalierenden "Beharrungsrückkoppelungskreis" zwischen "Können" und "Wollen".

Wer selbst nur geschlossene Mathematik kennen gelernt hat, ist dann als Lehrer in der Schule wie an der Universität oft nicht bereit, etwas anderes als eben diese geschlossene Mathematik weiter zu vermitteln, was wiederum nur neue Freunde geschlossener Mathematik hervorbringt. Diese Rückkoppelung muss nüchtern gesehen werden und ist durch dirigistische Maßnahmen von außen kaum aufzuknacken. Nach allen Erfahrungen mit Wandel in sozialen Systemen braucht man hier einen *Wandel zweiter Ordnung* im Sinne von Watzlawick et al. (1974, S. 99ff), bei dem die problemverursachende eskalierende Rückkoppelung aufgelöst wird. *Lösungen zweiter Ordnung* könnte man auch als *metanoia* (griech.: radikales Umdenken) im Sinne von Senge (1990, vgl. 1.1.3) verstehen. Und genau auf diesen Punkt läuft meine Argumentation hinaus: Ohne ein radikales Umdenken hin zu einer Akzeptanz offener Mathematik ist die Vermittlung systemischen Denkens im Mathematikunterricht für mich nicht gut vorstellbar.

Ich möchte nun untersuchen, inwieweit einerseits qualitatives systemisches Modellieren und systemdynamische Simulation andererseits in den von Fischer gesteckten Rahmen von Mathematik als Darstellungs- und Kommunikationsmittel bzw. als Materialisierung von Abstraktem eingepasst werden kann. Am heikelsten ist dabei die Frage, inwieweit man rein qualitatives systemisches Modellieren als zur Mathematik gehörig betrachten kann. Rein empirisch konnte ich unter "gelernten Mathematikern" nur in wenigen Ausnahmefällen ein Interesse für rein qualitatives Modellieren beobachten.

In Fortbildungsveranstaltungen, in denen Mathematiklehrer sowohl qualitative als auch quantitative Möglichkeiten der Modellierung von Systemen kennen gelernt haben, wurde die qualitative Dimension meist ziemlich rasch beiseite gelassen, sobald einmal der Computer gestartet worden war. Wir werden in 3.4 noch sehen, dass auch die auf qualitative Modellierung abzielenden Lehrplanpassagen im Lehrplankapitel *Untersuchung vernetzter Systeme* in den österreichischen Schulbüchern eher ignoriert als wirklich umgesetzt wurden, was auf keine besonders hohe Akzeptanz dieser Ideen schließen lässt.

Als Fazit bleibt: Qualitatives Modellieren hat im Mathematikunterricht einen schweren Stand (wenigstens gegenüber quantitativem systemdynamischen Simulieren). An der Darstellungsform "Wirkungsdiagramm" allein (immerhin sind das orientierte Knoten-Kanten-Graphen) kann das wohl nicht liegen. Fragt man bei den Betroffenen nach den Gründen, dann bekommt man öfters zur Antwort, dass Wirkungsdiagramme zu "vage" und zu unpräzise seien. Ich deute dies so, dass die Beschäftigung mit rein qualitativen Modellen das für Mathematiktreibende so charakteristische Sicherheitsbedürfnis (Schlüsselaussage: "Wie macht man das jetzt *richtig*?") nicht ausreichend befriedigt. Während man bei einem Simulationslauf ein schönes eindeutiges Ergebnis heraus bekommt (das natürlich meist hochgradig von den zuvor oft sehr willkürlich gewählten Annahmen abhängt – aber das sieht man dem Ergebnis selbst nicht mehr an!), bleibt bei Wirkungsdiagrammen immer die verunsichernde Frage, ob man das betrachtete Thema nun so oder anders oder vielleicht auch auf eine dritte Weise repräsentieren sollte.

Meine Position zu qualitativem Modellieren und offener Mathematik im Mathematikunterricht ist folgende: Die Computerrevolution macht es dringend erforderlich, dass dem Mathematikunterricht eine neue Sinnbasis gegeben wird. Dabei ist Fischers Konzept einer Mathematik als Angebot von Darstellungs- und Kommunikationsmittel eine überzeugende Neuorientierung, die helfen kann, einen Mathematikunterricht für alle auch im Zeitalter des Computers sinnvoll zu gestalten und auch längerfristig zu sichern. Ohne eine solche Neuorientierung wird Mathematik im schulischen Fächerkanon von seiner Bedeutung her mittelfristig wohl dem Druck der Informatik nachgeben müssen. Wenn man nun nicht nur Systemdynamik, sondern vor allem auch die Beschäftigung mit qualitativen Systemmodellen zum Thema des Mathematikunterrichts macht, dann gibt dies dem Fach eine breitere Basis, seine Legitimität im schulischen Fächerkanon zu sichern. Wie sich eine breitere Basis vorteilhaft für den Bestand eines Faches auswirken kann, zeigt das Beispiel des Faches "Geografie und Wirtschaftskunde" an Gymnasien in Österreich. Die Geografen waren in den Sechzigerjahren überwiegend nicht begeistert, als sie aufgrund einer politischen Entscheidung auch die Wirtschaftskunde mit unterrichten mussten. Jahre später gab es ernsthafte Pläne und Bemühungen (siehe Maderner 1972), Geografie und Geschichte zu einem neuen gesellschaftswissenschaftlichen Fach mit dem Titel "Politische Bildung" zu verschmelzen. Bei der Abwehr dieser Intentionen fanden die Geografen in den Wirtschaftsverbänden einen mächtigen Verbündeten, die befürchteten, dass in einem Fach "Politische Bildung" die Wirtschaftskunde in Gymnasien ganz aus dem Lehrplan verschwinden könnte.

3.3.4 Zur Positionierung von System Dynamics innerhalb der Mathematik

Wie kann nun der System Dynamics-Ansatz innerhalb der Mathematik positioniert werden? Zunächst einmal sei vorausgeschickt, dass diese Frage innerhalb der SD-Community kein Thema ist. Dort sieht man System Dynamics als eine eigenständige Disziplin mit ingenieurwissenschaftlichen Wurzeln, die einerseits zur Modellierung und Simulation von Problemen im Businessbereich eingesetzt wird und andererseits im Schulbereich als Werkzeug zur Vermittlung systemischen Denkens propagiert wird. Bemerkenswerterweise hat in der mittlerweile 40-jährigen Geschichte des SD-Ansatzes praktisch keine Integration in das weitverzweigte Gebiet des Operations Research (OR) stattgefunden. Ich vermute, dass dies an den unterschiedlichen Wurzeln und auch am unterschiedlichen Selbstverständnis von OR und SD liegt. Während man als Operations Researcher ein "gestandener Mathematiker" sein muss, haben die meisten Systemdynamiker als gelernte Kommerzialisten oder Techniker nicht unbedingt besonderes Naheverhältnis zur Mathematik.

Ein Interesse, System Dynamics als zur Mathematik gehörig zu betrachten, muss also schon von der Seite der Mathematik her kommen. Dass eine solche Positionierung innerhalb der Mathematik möglich ist, wird dabei innerhalb der Mathematik-Community kaum bestritten.

Die Frage ist allerdings, *wie* man SD innerhalb der Mathematik einordnet. Ich möchte dazu zwei (bewusst überzeichnete) Extrempositionen einander gegenüber stellen:

(A) System Dynamics ist im Grunde nichts anderes als Diff-Gleichungen, nur in einer etwas ungewohnten Aufmachung; aber insgesamt ein "alter Hut".

(B) System Dynamics ist etwas grundsätzlich Neues, das zwar eine gewisse Verwandtschaft mit Diff-Gleichungen hat, aber als eigenständiges Gebiet zu sehen ist.

Zunächst möchte ich betonen, dass die obige Frage meines Erachtens keinesfalls mit der Frage ident ist, ob Systemdynamik als ein Teilgebiet der Mathematik (und damit als legitimer Bestandteil des Mathematikunterrichts) betrachtet werden kann. Nimmt man Fischers Konzept offener Mathematik (Fischer 1984a, vgl. Abschnitt 3.3.1) als Grundlage, so hat man wenig Schwierigkeiten, auch Systemdynamik im Sinne von Antwort (B) als eine bestimmte Form von Mathematik zu verstehen. Für die folgende Diskussion gehe ich einmal davon aus, dass SD als spezielle Form offener Mathematik außer Streit steht.

Doch nun zur eingangs gestellten Frage, wie SD innerhalb der Mathematik zu positionieren sei. Grundsätzlich betrachte ich diese Frage weniger dogmatisch als vielmehr pragmatisch – oder auch im Geiste systemischen Denkens, wenn man das so will: Es geht nicht darum, welche der beiden Positionen nun die Richtige bzw. die Falsche ist. Vielmehr ist mir wichtig, was die Vorteile bzw. Nachteile der einen bzw. anderen Position sind.

Position (A) hat sicherlich den Vorteil, dass auf diese Weise SD "gestandenen" Mathematikern leichter als Mathematik nahe gebrachte werden kann als über Position (B). Gleichzeitig kann man durch die systemdynamische Betrachtungsweise und die spezifischen Darstellungsmittel der Systemdynamik (speziell das Flussdiagramm) sowohl die Theorie der Differenzialgleichungen als auch die Theorie der Differenzengleichungen bereichern.

Für Position (B) spricht zunächst einmal, dass Differenzialgleichungen und Differenzengleichungen innerhalb der Taxonomie der Mathematik trotz gewisser Ähnlichkeiten normalerweise nicht unbedingt als eng benachbarte Gebiete angesehen werden. Das Erstere zählt eindeutig zur Analysis, Differenzengleichungen wohl mehr zur Diskreten Mathematik. Das hat auch seinen guten Grund – spielt doch das für die Analysis zentrale Infinitesimalkalkül in der Diskreten Mathematik keinerlei Rolle. Nun kann der System-Dynamics-Ansatz prima vista zunächst einmal mit beiden Gebieten unmittelbar in Verbindung gebracht werden. Bei zeitlich diskreter Betrachtung werden die Bewegungsgrößen wie in [3.2.4.1] berechnet, bei zeitlich kontinuierlicher Betrachtung werden die Bewegungsgrößen wie in Gleichung [3.2.4.2] als Integral ermittelt. Dem entsprechend kann die Neuberechnung eines Bestandes (Gleichung [3.2.4.4]) bei diskreter Betrachtung zu einer Differenzengleichung und bei kontinuierlicher Betrachtung zu einer Differenzialgleichung umgewandelt werden. Nun weist der System-Dynamics-Ansatz sowohl zu Differenzengleichungen als auch zu

Differenzialgleichungen ein gewisses Naheverhältnis auf, obwohl diese beiden Bereiche als doch sehr unterschiedlich wahrgenommen werden.

Dies spricht insgesamt dafür, SD doch eher als etwas Eigenständiges zu sehen, das auch geeignet sein könnte, als Bindeglied zwischen zwei deutlich auseinander liegenden Theorien zu vermitteln. Insgesamt gibt es eine Reihe weiterer pragmatischer Argumente, die für Position (B) sprechen:

- System Dynamics *kann* erlernt werden, ohne dass dazu irgendwelche Voraussetzungen aus dem Gebiet der Differenzengleichungen, Differenzialgleichungen oder auch Integralgleichungen notwendig wären. Man kann auch ohne Rückgriff auf diese mathematischen Theorien elaboriertes SD-Modellier-Know-how entwickeln.

- Die in der Systemdynamik verwendeten Darstellungsformen und Notationen haben sich durchwegs eigenständig entwickelt und sind keineswegs den Konventionen der Analysis oder auch der Diskreten Mathematik angepasst (z. B. die Verwendung von dt als Symbol für die Dauer eines endlichen Zeitschritts in der Systemdynamik). Man kann natürlich die in der Mathematik üblichen Notationsformen auch in der Systemdynamik einführen, aber man verliert dadurch auch einige der besonderen Stärken des SD-Ansatzes, wie die Diskussion um sinntragende Variablennamen in 3.4.3 noch zeigen wird.

- In der SD-Methodologie wird mathematische Simulationstechnologie nur in einer sehr einfachen und rigiden Form eingesetzt: a) Die Simulationsschrittweite ist für die gesamte Simulationszeit auf einen fixen Wert festgelegt. b) Die Modellgleichungen sind ausschließlich erster Ordnung, d. h. die Berechnung der Flussgrößen erfolgt ausschließlich aus dem Wert der Bestandsgrößen vom letzten Simulationszeitpunkt. Ältere Werte können nicht direkt einfließen.[55] c) Die Unterscheidung zwischen diskreter und kontinuierlicher Modellierung wird nur ganz pragmatisch auf der Ebene der nummerischen Simulation getroffen: Man rechnet entweder mit Euler-Cauchy (im diskreten Fall) oder mit Runge-Kutta 4. Ordnung (im kontinuierlichen Fall). Da die SD-Softwareprodukte üblicherweise gar keine weiteren Alternativen zur nummerischen Simulation anbieten, bleibt dann nur mehr die Frage zu klären, welche Simulationsschrittweite für das gegebene Problem angemessen ist. Diese Technologie ist im Vergleich zu elaborierten Verfahren zur nummerischen Lösung von Differenzialgleichungssystemen (etwa mit automatischer Schrittweitensteuerung) ziemlich primitiv.

---

[55] Ein System 2. Ordnung ist z. B. schon die klassische Hasenvermehrung der Fibonacci-Folgen, bei dem der Wert des Systems zu einem bestimmten Zeitpunkt sich aus dem letzten *und* dem vorletzten Systemzustand davor ergibt.

- Die Zielrichtung der SD-Methodologie ist eine völlig andere als die der Theorie von Differenzengleichungen oder Differenzialgleichungen: Es geht um Werkzeuge, die beim systemischen Denken in praktischen Problemzusammenhängen nutzbringend und kreativ eingesetzt werden können und keinesfalls um geschlossene mathematische Theorieentwicklung.

Man könnte die bisherige Diskussion folgend auf den Punkt bringen: Die System-Dynamics-Methodologie ist von ihrer Natur her offene Mathematik im Sinne von Fischer (1984a). System Dynamics macht nur Sinn, wenn es darum geht, ein praktisches Problem mit relativ elementaren mathematischen Mitteln zu modellieren und zu simulieren. Mathematische Theorieentwicklung ist dabei nicht gefragt, sehr wohl jedoch eine Reflexion von Modellannahmen, die experimentelle Variation von Parametern, bei Bedarf auch die schrittweise Erweiterung von einfachsten SD-Modellen hin zu elaborierteren Modellen, bei denen mehr Aspekte des modellierten Sachverhalts Eingang finden.

3.4 Das Kapitel *Untersuchung vernetzter Systeme* im österreichischen Mathematiklehrplan

3.4.1 Das Lehrplankapitel im Vergleich zu anderen Initiativen

Um 1990 gab es in verschiedenen Ländern eine Reihe von Bestrebungen, systemdynamisches Modellieren und die Simulation systemdynamischer Modelle am Computer im Unterricht der Sekundarstufe zu etablieren. In den USA wurde bereits seit 1986 in einzelnen school districts Systemdynamikunterricht mit dem Anspruch, "systems thinking" zu entwickeln, durchgeführt und z. T. auch empirisch evaluiert (Mandinach 1989). Seit dem Schuljahr 1989 entwickelte sich auch eine bedeutende Initiative zur Vermittlung systemischen Denkens im Catalina Foothills School District (vgl. 1.3.4, für eine Übersicht siehe Waters Foundation 1996).

In den Niederlanden versuchte Piet van Blokland, mit Hilfe der Software VUDYNAMO Systemdynamik im Unterricht der Sekundarstufe II zu ermöglichen. (Blokland/Kok 1989). Unter tatkräftiger Mithilfe von Friedhelm Schumacher vom Amt für Schule und Bildung wurde 1990 eine deutsche Version und Dokumentation von VUDYNAMO für den Unterricht an Hamburger Schulen hergestellt (Blokland/Schumacher 1990a).

Ebenfalls um 1990 wurde am DIFF in Tübingen unter der Leitung von Joachim Wedekind und Werner Walser die speziell didaktische Modellbildungssoftware MODUS entwickelt (vgl. Wedekind/Walser 1992). An diesem Projekt war auch Bernard Winkelmann beteiligt, der im Dezember 1990 auch eine Expertentagung am Bielefelder Institut für Didaktik der Mathematik zum Thema *Systemdynamik und Mathematikunterricht* (Winkelmann 1991) veranstaltete. Bei dieser Expertentagung zeigte sich bereits deutlich, dass es in der Frage der Implementierung von Systemdynamikunterricht zwei grundsätzlich verschiedene Ansätze gibt:

(A) Eine *Bottom-Up-Strategie*, bei der Systemdynamikunterricht durch lokale bis regionale Initiativen eingeführt oder erprobt wird. Dabei spielt der Einsatz einer bestimmten Simulationssoftware eine Schlüsselrolle.

(B) Eine *Top-Down-Strategie*, bei der Systemdynamikunterricht zunächst im Lehrplan verankert und damit quasi "von oben her" verordnet wird. Dabei ist der Lehrplan nicht auf die Verwendung einer bestimmten Simulationssoftware abgestellt, weil er länger in Kraft bleiben soll als es der typischen Lebensdauer einer bestimmten Software entspricht.

Das Lehrplankapitel *Untersuchung vernetzter Systeme* war um 1990 die einzige Initiative, bei der die Top-Down Strategie (B) verfolgt wurde. In allen andern Fällen (in den USA, in den Niederlanden und in Deutschland) handelte es sich um lokale oder regionale Initiativen des Typs (A), bei denen immer eine bestimmte Simulationssoftware im Mittelpunkt stand.

3.4.2 Didaktische Intentionen des Lehrplankapitels

Die didaktischen Intentionen des Lehrplankapitels sowie Fragen der Umsetzung im praktischen Unterricht sind bereits in Ossimitz (1990a) auf über 250 Seiten ausführlichst behandelt. Den Kern dieses Werkes bildet ein Lehrplankommentar (Ossimitz/Schlöglhofer 1989), der in etwas gekürzter Form (Ossimitz/Schlöglhofer 1991) auch in Bürger et al. (1991a) erschienen ist. Eine ausführliche Analyse der Lehrplanintentionen sowie erste Erfahrungen mit unterrichtlichen Umsetzungen bietet Schlöglhofer (1993). Ich beschränke mich daher auf eine kurze Zusammenfassung der wichtigsten Absichten des Lehrplankapitels und gehe schwerpunktmäßig darauf ein, inwieweit es in den Mathematiklehrbüchern der elften Schulstufe für Gymnasien (Bürger et al. 1991b, Novak et al. 1991, Reichel et al. 1992) gelungen ist, die Intentionen des Lehrplankapitels umzusetzen. Für eine ausführlichere vergleichende Analyse der Umsetzung des Lehrplankapitels in den Mathematik-Schulbüchern siehe Augustin et al. (1997).

Formal zerfällt das Lehrplankapitel in einen allgemeinen Teil und in drei speziellere Unterabschnitte *Beschreiben von Systemen mit Hilfe von Diagrammen*, *Formelmäßiges Beschreiben und rechnerisches Auswerten* sowie *Reflektieren über Systeme und deren mathematische Behandlung*. Bereits in den ersten Sätzen des Lehrplankapitels wird die Zielsetzung explizit formuliert:

Österreichischer Mathematiklehrplan Realgymnasium, 11. Schulstufe

Untersuchung vernetzter Systeme

Durch die Analyse von Systemen (aus Komponenten, die einander beeinflussen) soll vernetztes (systemisches) Denken gefördert werden, das heute in vielen Bereichen notwendig geworden ist. Insbesondere soll die Fähigkeit zur Erfassung von komplexeren Zusammenhängen verstärkt werden, die über einfache Ursache-Wirkungs-Beziehungen hinausgehen.

Anhand von Anwendungsbeispielen aus verschiedenen Wissensgebieten wie Ökonomie, Ökologie, Biologie, Physik u. a. sollen Systeme mit Hilfe verschiedener Darstellungsformen (verbal, grafisch, symbolisch) beschrieben werden, die letztlich eine mathematische Auswertung – vor allem mit Hilfe eines Computers – gestatten. (Auswertungen mit dem Computer können auch von einzelnen Schülern übernommen werden.)

Die Aufgabenstellungen können von überschaubaren, relativ vorstrukturierten Situationen bis hin zu im Einzelnen undurchschaubaren, offeneren Situationen reichen. Systemdynamische Methoden besitzen im allgemeinen einen stark experimentellen Charakter und führen nicht immer zu eindeutigen, unumstößlichen Ergebnissen. Auseinandersetzungen mit dem jeweiligen Anwendungsbereich und Kommunikation besitzen daher hier eine erhöhte Bedeutung (Projektunterricht).

Beschreiben von Systemen mit Hilfe von Diagrammen:

Verwenden der in der Systemdynamik üblichen Darstellungsmittel, wie Ursache-Wirkungs-Diagramm und Flussdiagramm. Erkennen der Bedeutung von positiven und negativen Regelkreisen (eskalierende und stabilisierende Rückkoppelungskreise) in Systemen.
(→ Darstellen und Interpretieren, Produktives Arbeiten, Anwenden von Mathematik, Kritisches Denken)

Formelmäßiges Beschreiben und rechnerisches Auswerten:

Beschreiben von Systemen mit Hilfe von Formeln, insbesondere mit Hilfe von Differenzengleichungen. Durchführen von Simulationen, vor allem mit Hilfe von Computern, Variieren von Anfangsbedingungen und Parametern. Deuten der Simulationsergebnisse, insbesondere Studieren des dynamischen Verhaltens (etwa der zeitlichen Entwicklung) von Systemen.
(→ Darstellen und Interpretieren, Produktives Arbeiten, Anwenden von Mathematik, Kritisches Denken)

Reflektieren über Systeme und deren mathematische Behandlung:

Erkennen von Charakteristika systemischer Änderungen, etwa unvermutete oder undurchschaubare Einflüsse von Systemteilen auf weiter entfernte Teile eines Systems, überraschende zeitliche Entwicklungen usw. Erkennen, dass systemdynamische Methoden auch die mathematische Behandlung von Problemen erlauben, die durch "geschlossene" Theorien (z. B. Beschreiben eines Systems durch Gleichungen und Lösen des Gleichungssystems) nicht mehr bewältigbar sind. Kritisches Reflektieren der getroffenen Annahmen (etwa Auswahl der Systemkomponenten, der Beziehungen zwischen ihnen). Erkennen der Grenzen mathematischer Methoden.
(→ Kritisches Denken, Reflektieren über Mathematik)

Abb. 27 Lehrplankapitel *Untersuchung vernetzter Systeme* (Bürger et al.1991a, S. 152ff)

"Durch die Analyse von Systemen (aus Komponenten, die einander beeinflussen) soll vernetztes (systemisches) Denken gefördert werden, das heute in vielen Bereichen notwendig geworden ist. Insbesondere soll die Fähigkeit zur Erfassung von komplexeren Zusammenhängen verstärkt werden, die über einfache Ursache-Wirkungs-Beziehungen hinausgehen."

Der Lehrplan betont die Notwendigkeit vernetzten Denkens für viele Bereiche und konkretisiert den Begriff "systemisches Denken" dann sehr knapp in der Formulierung "Erfassung von komplexeren Zusammenhängen, die über einfache Ursache-Wirkungs-Beziehungen hinausgehen".

3.4.3 Anwendungsbezug, Darstellungsformen und Computereinsatz

Im nächsten Absatz werden im Lehrplan folgende Punkte angesprochen: *Anwendungsbezug, Darstellungsformen* und *Computereinsatz*:

"Anhand von Anwendungsbeispielen aus verschiedenen Wissensgebieten wie Ökonomie, Ökologie, Biologie, Physik u. a. sollen Systeme mit Hilfe verschiedener Darstellungsformen (verbal, grafisch, symbolisch) beschrieben werden, die letztlich eine mathematische Auswertung – vor allem mit Hilfe eines Computers – gestatten."

Die in diesem Absatz genannten Ansprüche zeigen bereits das Spannungsfeld auf, in dem die Beschäftigung mit Systemen im Mathematikunterricht steht. Einerseits geht es (zunächst) um die *Beschreibung* von Systemen mit verschiedenen Darstellungsformen, andererseits "letztlich" um eine mathematische Auswertung – im Wesentlichen am Computer. Dieses Wechselspiel zwischen Darstellen und Rechnen ist jedoch keineswegs trivial. Die bisherigen Erfahrungen haben gezeigt, dass in der Praxis (sowohl auf der Ebene der Lehrbücher als auch im Unterricht selbst) die hier notwendige Balance leicht zugunsten einer einseitigen Betonung des Rechnens kippt. Das "bloße" Beschreiben einer systemischen Situation (etwa mit einem Ursache-Wirkungs-Diagramm oder in Form von Gleichungen) zum Zwecke einer qualitativen Analyse (und nicht zum Zweck einer quantitativen Berechnung) bereits als *mathematische* Tätigkeit aufzufassen, scheint nicht in das übliche Verständnis von Mathematik zu passen. Dem entsprechend wird in der Unterrichtspraxis, aber auch schon in den österreichischen Schulbüchern der Darstellungsaspekt z. T. massiv hinaus gedrängt und der algorithmische Rechenaspekt in den Vordergrund gerückt.

$$B(t+1) = B(t) + BZ\,(t,t+1) - BA_1\,(t,t+1) - BA_2\,(t,t+1)$$
$$R(t+1) = R(t) + RZ_1\,(t,t+1) + RZ_2\,(t,t+1) - RA\,(t,t+1)$$
$$BZ(t,t+1) = m \cdot B(t)$$
$$BA_1(t,t+1) = n \cdot B(t)$$
$$BA_2(t,t+1) = u \cdot B(t) \cdot R(t)$$
$$RZ_1(t,t+1) = p \cdot R(t)$$
$$RZ_2(t,t+1) = v \cdot B(t) \cdot R(t)$$
$$RA(t,t+1) = q \cdot B(t)$$

Abb. 28 Systemdynamisches Modell aus Bürger et al. (1991b), S. 304

Ein deutliches Indiz dafür ist, wie Systemmodelle in den österreichischen Schulbüchern praktisch präsentiert werden. Abb. 28 zeigt ein Beispiel aus Bürger et al. (1991b). Statt sinntragender Wörter werden nur mehr die in der Mathematik üblichen Benennungen von Systemvariablen mit einem oder zwei Buchstaben, eventuell noch ergänzt um Indizes verwendet. *Was* in einem derartigen Modell dargestellt wird, kann ohne nähere Erläuterungen[56] kaum erkannt werden. Abb. 29 zeigt dasselbe Modell, diesmal mit konkreten Bezeichnungen:

$Hasen_{neu}$:= $Hasen_{alt}$ + Hasengeburten – gestorbene_Hasen – gerissene_Hasen
$Füchse_{neu}$:= $Füchse_{alt}$ + Fuchsgeburten + zusätzliche_Fuchsgeburten – gestorbene_Füchse
Hasengeburten := Hasengeburtenrate · Hasen
gestorbene_Hasen: = Hasensterberate · Hasen
gerissene_Hasen := Treffwahrscheinlichkeit · Hasen · Füchse
Fuchsgeburten := Fuchsgeburtenrate · Füchse
zusätzliche_Fuchsgeburten := zusätzliche_Fuchsgeburtenrate · Hasen · Füchse
gestorbene_Füchse := Fuchstodesrate · Füchse

Abb. 29 Modell aus Abb. 28 mit unmittelbar verständlichen Bezeichnungen

Erst nach einer Übersetzung in sinntragende Namen[57] wird auch ohne zusätzliche Erklärungen klar, dass es sich hier um ein Räuber-Beute-Modell handelt. Auch die konkrete Realisierung des Räuber-Beute-Zusammenhanges wird erst in Abb. 29 klarer erkennbar und damit hinterfragbar.

Beispielsweise kann man aus den Gleichungen in Abb. 29 erkennen, dass die Zahl der Hasen in dem vorliegenden Modell eigenartigerweise die Fruchtbarkeit der Füchse erhöht (in Form der Variable zusätzliche_Fuchsgeburten) und nicht die Sterblichkeit der Füchse beeinflusst. Weniger Hasen führen in diesem Modell zu einem Geburtendefizit und nicht etwa zu einem Hungertod der Füchse – so, als ob die Hasen primär als Geburtshelfer der Füchse gebraucht werden und nicht, um sie vor dem Verhungern zu bewahren. Aber auch wenn man diesen obskuren Zusammenhang "mehr Hasen bewirken mehr Fuchsgeburten" so akzeptiert, dann stellt sich die Frage, warum die Füchse aufgrund der Zahl der Hasen und nicht aufgrund der Zahl der gerissenen_Hasen mehr Nachwuchs bekommen. Warum bereits eine größere Zahl von (vielleicht nur in ihren Bauen hockenden) Hasen den Füchsen zu mehr Nachwuchs verhilft, ist wohl kaum sachlogisch nachvollziehbar.

---

[56] Die Erläuterungen in Bürger et al. (1991b, S. 304) lesen sich folgend: "Die Abflussrate der Beutepopulation setzt sich aus zwei Komponenten BA_1 und BA_2 zusammen; BA_1 entspricht dem natürlichen Abfluss und ist proportional zu B, BA_2 entspricht dem durch die Räuberpopulation hervorgerufenen Abfluss. Von dieser Komponente wollen wir annehmen, dass sie proportional zum Produkt B·R ist."

[57] Dabei wird man zur Vermeidung von Missverständnissen im Unterricht darauf hinweisen, dass mit Hasen bzw. Füchse die *Anzahl* der Tiere und nicht die Tiere selbst gemeint sind.

In einem sachlogisch vernünftigen Modell würde man wenigstens die zusätzlichen Fuchsgeburten von der Zahl der gerissenen_Hasen abhängig machen, und damit etwa folgendes Modell erhalten:

$Hasen_{neu}$:= $Hasen_{alt}$ + Hasengeburten – gestorbene_Hasen – gerissene_Hasen
$Füchse_{neu}$:= $Füchse_{alt}$ + Fuchsgeburten+ zusätzliche_Fuchsgeburten – gestorbene_Füchse
Hasengeburten := Hasengeburtenrate · Hasen
gestorbene_Hasen: = Hasensterberate · Hasen
gerissene_Hasen := Treffwahrscheinlichkeit · Hasen · Füchse
Fuchsgeburten := Fuchsgeburtenrate · Füchse
zusätzliche_Fuchsgeburten := Fruchtbarkeitsfaktor · gerissene_Hasen · Füchse
gestorbene_Füchse := Fuchstodesrate · Füchse

Abb. 30 Modell aus Abb. 29 mit plausiblerer Definition von zusätzliche_Fuchsgeburten

Bei der konkret vorliegenden Modellierung von Abb. 28 bzw. Abb. 29 ergäbe sich dadurch, dass man die Variable zusätzliche_Fuchsgeburten von der Zahl der gerissenen Hasen abhängig macht, allerdings kein wesentlich anderes nummerisches Verhalten, weil sich die beiden Größen gerissene_Hasen und zusätzliche_Fuchsgeburten nur um einen Proportionalitätsfaktor unterscheiden. Ich meine jedoch, dass dies keine ausreichende Rechtfertigung für diese Modellierung ist: Kein vernünftiger Mensch wird dann, wenn er meint, die Größe zusätzliche_Fuchsgeburten sei abhängig von der Zahl der gerissenen_Hasen und nicht vom Bestand an Hasen, dann dennoch die zusätzlichen_Fuchsgeburten von den Hasen abhängig machen, weil diese ja ohnehin proportional zu den gerissenen_Hasen sind. Schließlich könnte im Rahmen einer Abänderung des Modells die Proportionalität verloren gehen.

Mein Punkt ist nun, dass Überlegungen der Art "Warum hängen die einzelnen Modellvariablen gerade in dieser Art zusammen und nicht anders?" bei einer Notationsform wie in Abb. 28 wohl gar nicht erst gestellt werden. Aber gerade Überlegungen auf dieser Ebene scheinen mir im Hinblick auf das Ziel "Förderung systemischen Denkens" unerlässlich zu sein.

Die Notationsform von Abb. 28 bringt dann Vorteile, wenn die sachlogisch-systemische Struktur des Modells eher gleichgültig ist und man direkt auf ein nummerisches Berechnen oder auch auf ein händisches Umformen der rekursiven Systemgleichungen hinaus will. Durch die Abkürzungen werden die Rechenformeln kompakter und lassen sich schneller in den Computer eingeben oder auch leichter händisch umformen – sofern das überhaupt für nötig erachtet wird. Auch die genaue Spezifizierung der Zeitindizes ist hauptsächlich für die Berechnung und weniger für das inhaltliche Verständnis des Modells notwendig. Lediglich bei den beiden Bestandsgleichungen (zur Ermittlung der Zahl der Füchse bzw. Hasen) ist es hilfreich, durch einen Index darauf hinzuweisen, dass links jeweils die "neue" und rechts die "alte" Anzahl an Hasen bzw. Füchsen steht.

3.4.4 Experimentelle und Offene Mathematik

Der allgemeine Teil des Lehrplankapitels *Untersuchung vernetzter Systeme* endet mit einem Hinweis auf den experimentellen Charakter, den die Untersuchung vernetzter Systeme normalerweise hat:

> "Die Aufgabenstellungen können von überschaubaren, relativ vorstrukturierten Situationen bis hin zu im einzelnen undurchschaubaren, offeneren Situationen reichen. Systemdynamische Methoden besitzen im allgemeinen einen stark experimentellen Charakter und führen nicht immer zu eindeutigen, unumstößlichen Ergebnissen. Auseinandersetzungen mit dem jeweiligen Anwendungsbereich und Kommunikation besitzen daher hier eine erhöhte Bedeutung (Projektunterricht)."

Im Hintergrund steht hier Fischers Konzept von *Offener Mathematik* als Darstellungs- und Kommunikationsmittel (Fischer 1984a, 1984b, Fischer/Malle 1985, siehe auch 3.3.1). Bei dieser Form des Mathematik-Treibens tritt an die Stelle der Frage "Ist das richtig oder falsch?" die Frage "Inwieweit ist dieses Modell/diese Darstellungsform passend/brauchbar/geeignet?" Unbeschadet des massiven Plädoyers von Fischer (1984a, 1984b) für ein derartiges (erweitertes) Verständnis von Mathematik muss man doch auch feststellen, dass dieses Konzept einer offenen Mathematik einen Paradigmenwechsel in der Art, wie Mathematik gesehen wird bzw. was als die Fundamente der Mathematik angesehen werden, impliziert. Ein Wissensinhalt, der nicht in der dualen "wahr-falsch"-Logik begründet liegt, hat es beim heute (noch) vorherrschenden Verständnis von Mathematik sehr schwer, überhaupt als Mathematik akzeptiert zu werden. Dabei ist die "wahr-falsch"-Logik in der schulischen Mathematik keineswegs weniger stark verankert als in der Fachwissenschaft im engeren Sinn. Schüler wollen wissen, ob sie ein Beispiel "richtig" gelöst haben oder nicht. Wenn man nun mit Schülern im Mathematikunterricht (oder auch mit Mathematik-Lehramtsstudenten im Rahmen einer Lehrveranstaltung zur Didaktik der Systemdynamik) verschiedene Wirkungsdiagramme diskutiert, die jeweils verschiedene Standpunkte zu derselben Situation darstellen (wie etwa in Ossimitz 1990a, S. 54ff), dann kommt fast unweigerlich die Frage "Und welches dieser Diagramme ist jetzt das *Richtige*?" Die Tatsache, dass hier unterschiedliche Diagramme möglich und keines davon "richtig" und zwingend logisch alle anderen "falsch" sind, bereitet teilweise großes Unbehagen und wird bisweilen schlichtweg einfach nicht akzeptiert nach dem Argument: "Wenn es hier kein *richtiges* Diagramm gibt, dann ist das Ganze auch keine Mathematik mehr!"

An dieser Stellte ist eine Grundsatzentscheidung mit weitreichenden Konsequenzen zu treffen: Bis zu welchem Grad ist man bereit, das Paradigma der "wahr-falsch"-Logik als determinierendes Fundament der Mathematik bzw. des Mathematikunterrichts aufzugeben? Wenn alles, was sich nicht nach dem "wahr-falsch"-Schema abhandeln lässt, keine Mathematik mehr ist, dann wird es meines Erachtens nicht wirklich gelingen, systemisches Denken im Mathematikunterricht in der Weise zu fördern, wie sie vom Lehrplankapitel *Untersuchung vernetzter Systeme* intendiert ist.

3.4.5 Beschreiben von Systemen mit Hilfe von Diagrammen

Nach dem allgemeinen Teil werden im Lehrplankapitel zunächst zwei fundamental verschiedene Möglichkeiten der Beschreibung bzw. Modellierung von Systemen angeführt: einerseits *qualitative Modellierung* mit Hilfe von Wirkungsdiagrammen und Flussdiagrammen und andererseits *quantitative Modellierung* mit Hilfe von Formeln bzw. Differenzengleichungssystemen.

> "Beschreiben von Systemen mit Hilfe von Diagrammen:
>
> Verwenden der in der Systemdynamik üblichen Darstellungsmittel, wie Ursache-Wirkungsdiagramm und Flussdiagramm. Erkennen der Bedeutung von positiven und negativen Regelkreisen (eskalierende und stabilisierende Rückkoppelungskreise) in Systemen.
>
> Formelmäßiges Beschreiben und rechnerisches Auswerten:
> Beschreiben von Systemen mit Hilfe von Formeln, insbesondere mit Hilfe von Differenzengleichungen. Durchführen von Simulationen, vor allem mit Hilfe von Computern, Variieren von Anfangsbedingungen und Parametern. Deuten der Simulationsergebnisse, insbesondere Studieren des dynamischen Verhaltens (etwa der zeitlichen Entwicklung) von Systemen."

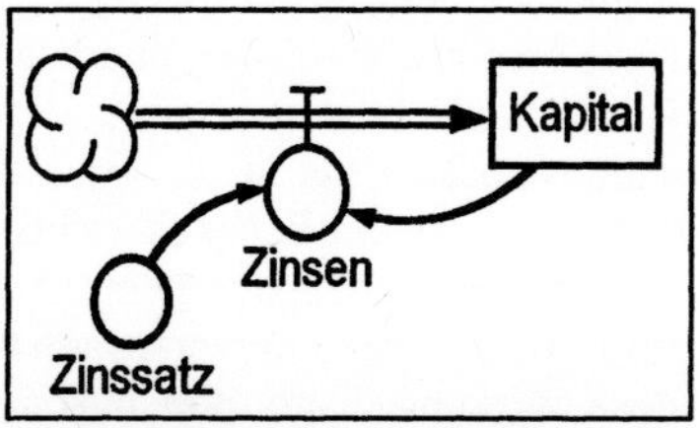

Abb. 31 (nach: Ossimitz 1990a, S. 32)

Die Art, wie der Absatz *Beschreibung von Systemen mit Hilfe von Diagrammen* in den österreichischen Schulbüchern umgesetzt wurde, macht die angedeutete Problematik des notwendigen Paradigmenwechsels besonders deutlich. In fast allen Lehrbüchern wird dieses Thema im Vergleich zur quantitativen Modellierung stiefmütterlich behandelt. Bisweilen wird sogar deutlich, dass wohl einige der Lehrbuchautoren selbst nicht recht wussten, was sie mit den im Lehrplan genannten Begriffen *Wirkungsdiagramm* und *Flussdiagramm* anfangen sollten. In Reichel et al. (1992, S. 207) wurde etwa das in Abb. 31 dargestellte Flussdiagramm praktisch unverändert aus Ossimitz 1990a (dort Abb. 14 auf S. 32) übernommen und ohne irgendwelche vorherige Erläuterungen mit folgendem Kommentar abgedruckt: "Versuche zu erklären, was mit Abb. 31 gemeint ist!"

Mit dieser "Aufgabe" ist die Behandlung von Flussdiagrammen in diesem Schulbuch dann auch schon wieder beendet. Dafür werden auf den nächsten 24 Seiten ausführlichst Differenzengleichungen erster und zweiter Ordnung und teilweise auch Differenzialgleichungen behandelt.

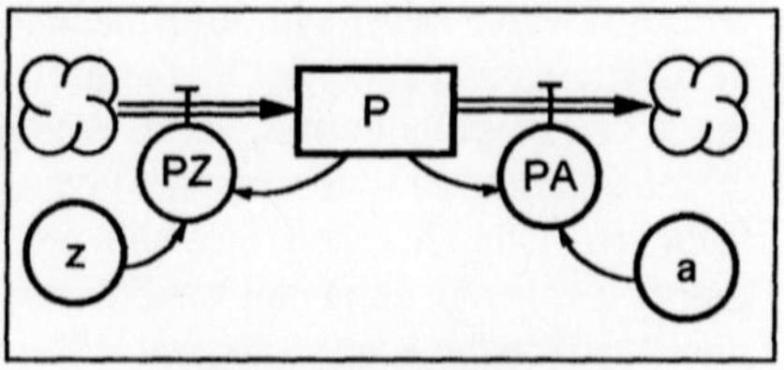

Abb. 32 Flussdiagramm
aus: Bürger et al. (1991b, S. 291)

In Bürger et al. (1991b, S. 291) sieht das einführende Flussdiagramm wie in Abb. 32 aus. Zunächst wird dieses Flussdiagramm in dem Buch als Darstellung für ein einfaches Populationsmodell der Art von Abb. 33 verwendet. In einem derartigen Modell sind die beiden Flussgrößen Geburten und Sterbefälle jeweils proportional zu beiden Eingangsgrößen:

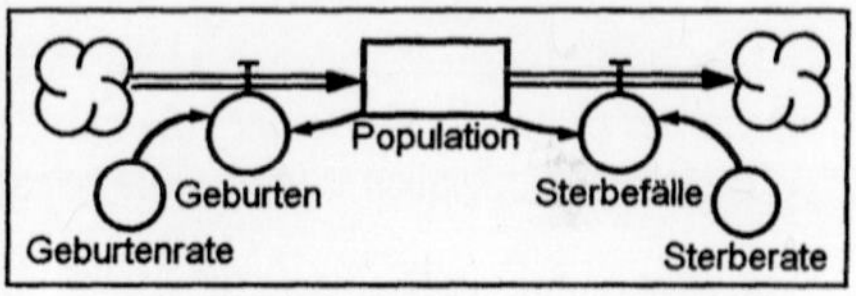

Abb. 33 Einfaches Populationsmodell

Geburten:= Population·Geburtenrate bzw. Sterbefälle:= Population·Sterberate [3.4.5.1]

oder in der Notation von Abb. 32: PZ := P · z sowie PA := P · a. [3.4.5.2]

Ist die Geburtenrate größer als die Sterberate, so ergibt sich für die Population insgesamt ein exponentielles Wachstum. Ist die Sterberate größer als die Geburtenrate, nimmt die Population exponentiell gegen null ab.

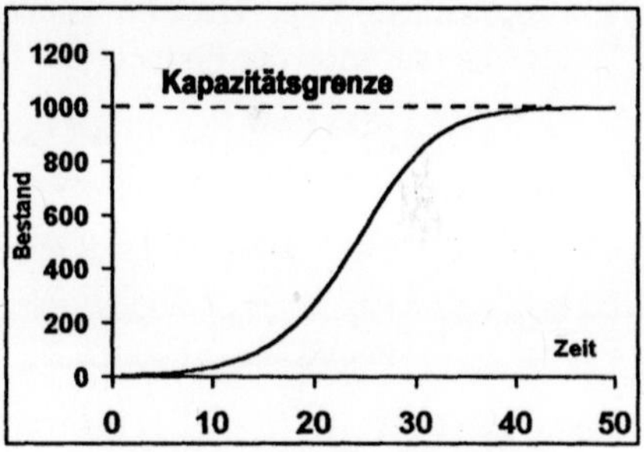

Abb. 34 Logistisches Wachstum

Eigenartigerweise wird nun das in Abb. 32 dargestellte Flussdiagramm bei Bürger et al. (1991b) nicht nur als Modell für exponentielles Wachstum, sondern auch zur Modellierung von *logistischem* Wachstum verwendet! Ein logistischer Wachstumsprozess ist einem exponentiellem Wachstumsprozess ähnlich, der allerdings gleichzeitig durch eine Kapazitätsgrenze beschränkt ist. Abb. 34 zeigt einen typischen Verlauf. Zunächst verläuft das Wachstum in etwa exponentiell. Je mehr sich die Bestandsgröße der Kapazitätsgrenze nähert (in Abb. 34 beträgt die Kapazitätsgrenze 1000), desto stärker wird das Wachstum gebremst, sodass typischerweise das Wachstum nur bis zu dieser Grenze weitergeht. Vernünftigerweise wird ein logistischer Wachstumsprozess systemdynamisch durch ein Flussdiagramm wie in Abb. 35 modelliert. Das Wachstum der Population wird durch einen Freiraum begrenzt, der genau dann null wird, wenn die Population die Kapazitätsgrenze Maximalpop erreicht hat. Genauer ist der Freiraum folgend definiert:

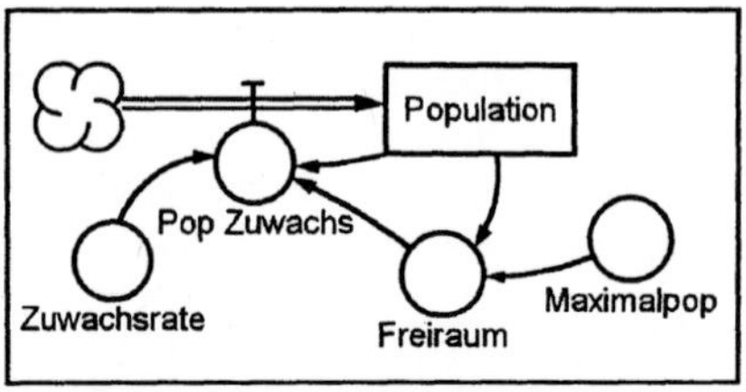

Abb. 35 Logistisches Wachstum (nach Ossimitz/Schlöglhofer 1991, S. 207)

Freiraum := 1 – Population / Maximalpop [3.4.5.3]

Der Freiraum ist also der noch nicht verbrauchte Anteil der Maximalpop. Der Zuwachs der Population ist anders als beim exponentiellen Wachstum nicht nur proportional zur Population und zur Zuwachsrate, sondern auch zum Freiraum:

PopZuwachs := Population · Zuwachsrate · Freiraum [3.4.5.4]

Diese Konstruktion stellt sicher, dass dann, wenn die Maximalpop erreicht ist, das Wachstum aufhört, weil der Freiraum den Wert Null erreicht. Insgesamt sind die in Modell Abb. 35 vorkommenden Modellgrößen Maximalpop und Freiraum sachlogisch sinnvoll begründet.

Wie ist es nun möglich, mit dem Flussdiagramm Abb. 32 ein logistisches Wachstum zu simulieren? Der Trick besteht nun darin, die Abflussrate nach der Formel $PA := P^2 \cdot a$ statt nach der Formel $PA := P \cdot a$ zu berechnen. Dann gilt insgesamt:

$P_{neu} := P_{alt} + PZ - PA$ bzw. $P_{neu} := P_{alt} + P_{alt} \cdot z - P_{alt}^2 \cdot a$ [3.4.5.5]

Exakt diesen Typus von Bestandsgleichung zur Entwicklung der Population kann man auch aus dem logistischen Modell in Abb. 35 herleiten:

$\text{Population}_{neu} := \text{Population}_{alt} + \text{PopZuwachs}$ bzw. wegen [3.4.5.4]
$\text{Population}_{neu} := \text{Population}_{alt} + \text{Population}_{alt} \cdot \text{Zuwachsrate} \cdot \text{Freiraum}$

Durch Einsetzen von [3.4.5.3] erhält man weiter:

$\text{Population}_{neu} := \text{Population}_{alt} + \text{Population}_{alt} \cdot \text{Zuwachsrate} \cdot (1 - \text{Population}_{alt} / \text{Maximalpop})$

Mit a = Zuwachsrate/Maximalpop lässt sich das schließlich umformen zu

$\text{Population}_{neu} := \text{Population}_{alt} + \text{Population}_{alt} \cdot \text{Zuwachsrate} - \text{Population}_{alt}^2 \cdot a$ [3.4.5.6]

Rein mathematisch ist somit nachgewiesen, dass es sich bei Flussdiagramm Abb. 32 zusammen mit der Definition $PA := P^2 \cdot a$ tatsächlich um dasselbe logistische

Wachstum wie in Abb. 35 handelt. Dabei entspricht dem mysteriösen Abnahmefaktor a der Quotient Zuwachsrate/Maximalpop, der allerdings keine sachlogische Bedeutung hat. Daher ist es nicht verwunderlich, dass man im Flussdiagramm von Abb. 32 nichts von der sachlogischen Struktur des logistischen Wachstums erkennen kann, in Abb. 35 jedoch sehr wohl, weil hier die unmittelbar interpretierbaren Größen Maximalpop und Freiraum explizit als Modellgrößen aufscheinen.

Es mag zwar mathematisch korrekt sein, das Flussdiagramm Abb. 32 sowohl zur Modellierung eines exponentiellen als auch eines logistischen Prozesses zu verwenden; aus systemdynamischer Sicht ist diese Vorgangsweise allerdings ziemlich absurd, weil man weder aus dem Diagramm Abb. 32 noch aus der Gleichung $PA := P^2 \cdot a$ *das* typische Merkmal eines logistischen Wachstumsprozesses unmittelbar erkennen kann: das Vorhandensein einer Kapazitätsgrenze, die das Wachstum der Bestandsgröße limitiert.

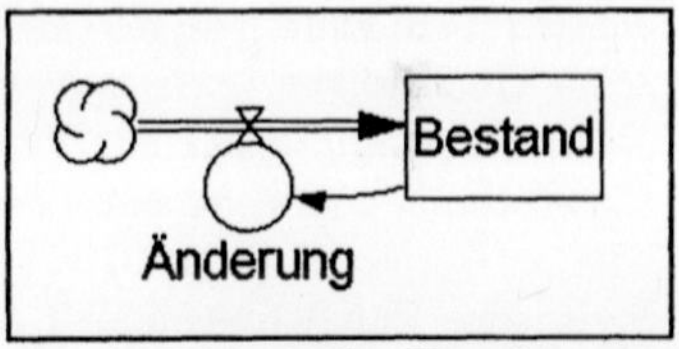

Abb. 36 "Universelles Flussdiagramm"

Vielleicht ist es hilfreich, das hier vorliegende Dilemma etwas grundsätzlicher zu betrachten. Im Lehrbuch Bürger et al. (1991b) wurde versucht, das Diagramm Abb. 32 sozusagen möglichst universell, d. h. in mehreren strukturell unterschiedlichen Sachzusammenhängen einzusetzen. Das ist eine in der Mathematik durchaus übliche Strategie. Allerdings ist diese Strategie im Zusammenhang mit Flussdiagrammen kontraproduktiv. Dies mag folgende (bewusst überzogene) Argumentation belegen: Im Sinne einer Minimierung von verschiedenen Flussdiagrammtypen könnte man ein Flussdiagramm wie in Abb. 36 als "Universallösung" für sämtliche Systemmodelle mit nur einer Bestandsgröße betrachten. Sämtliche übrigen Modellgrößen (Konstanten, Hilfsgrößen, verschiedene Zu- und Abflüsse) werden einfach in die Berechnungsvorschrift für die Flussgröße Änderung hineingepackt. Im Falle des logistischen Modells Abb. 35 könnte die Gleichung z. B. lauten:

$$\text{Änderung} := \text{Bestand} \cdot 0{,}03 - \text{Bestand}^2 \cdot 0{,}01 \qquad [3.4.5.7]$$

Wenn nun *jedes* systemdynamische Modell mit einer Bestandsgröße durch dasselbe Flussdiagramm wie in Abb. 36 repräsentiert werden würde, dann kann man die Flussdiagrammdarstellung wohl gleich vergessen, weil alle wesentlichen Informationen ohnehin erst auf der darunter liegenden Gleichungs-Ebene liegen würden. Umgekehrt bedeutet dies: Einen *praktischen Sinn macht die Flussdiagrammdarstellung nur dann, wenn sie auch wesentliche inhaltlich-strukturelle Merkmale des modellierten Systems wiedergibt.*

3.4.6 Reflektieren über Systeme

Der letzte Abschnitt des Lehrplankapitels *Reflektieren über Systeme* ist gleichzeitig der anspruchsvollste:

> "Reflektieren über Systeme und deren mathematische Behandlung:
> Erkennen von Charakteristika systemischer Änderungen, etwa unvermutete oder undurchschaubare Einflüsse von Systemteilen auf weiter entfernte Teile eines Systems, überraschende zeitliche Entwicklungen usw. Erkennen, dass systemdynamische Methoden auch die mathematische Behandlung von Problemen erlauben, die durch "geschlossene" Theorien (z. B. Beschreiben eines Systems durch Gleichungen und Lösen des Gleichungssystems) nicht mehr bewältigbar sind. Kritisches Reflektieren der getroffenen Annahmen (etwa Auswahl der Systemkomponenten, der Beziehungen zwischen ihnen). Erkennen der Grenzen mathematischer Methoden."

Dieser Abschnitt zerfällt in drei Teilaussagen, die in unterschiedlicher Weise in den österreichischen Schulbüchern ihren Niederschlag gefunden haben. Am ehesten noch kann man den ersten Teil *Erkennen von Charakteristika systemischer Änderungen, etwa unvermutete oder undurchschaubare Einflüsse von Systemteilen auf weiter entfernte Teile eines Systems, überraschende zeitliche Entwicklungen usw.* an einzelnen Stellen umgesetzt vorfinden. Beispielsweise wird in Bürger et al. (1991b, S. 296ff) das im vorigen Abschnitt besprochene logistische Populationsmodell dahingehend untersucht, wie sich verschiedene Werte des Faktors z im Modell $P(t+1) = P(t) + P(t) \cdot z - P(t)^2 \cdot a$ auswirken. Für $a = 0{,}0001$ und $z = 1$ konvergiert P(t) (unabhängig vom Anfangswert) gegen den Wert 1000. Für $a = 0{,}001$ und $z = 2{,}1$ ergibt sich für $t \to \infty$ ein Grenzzyklus zwischen den beiden Werten $P(t) = 1729{,}84379....$ und $P(t) = 2370{,}15621....$; bei $a = 0{,}001$ und $z = 3$ entwickelt sich P(t) hingegen chaotisch[58]. Alle diese Entwicklungen werden im Schulbuch jeweils durch einen Zeitgraphen veranschaulicht.

Die beiden restlichen Teile des letzten Abschnitts des Lehrplankapitels (Erkennen der Grenzen von "geschlossenen" Theorien, kritisches Reflektieren der getroffenen Annahmen) findet man in den österreichischen Schulbüchern hingegen leider überhaupt nicht mehr umgesetzt. In den Schulbüchern wird systemdynamisches Modellieren ausschließlich in der Verkleidung "geschlossener Mathematik" präsentiert, ohne dass deren Grenzen irgendwo thematisiert werden. Der experimentelle und vorläufige Charakter systemdynamischer Modelle wird nirgendwo besonders deutlich gemacht. Im Gegenteil: Auch dort, wo es relativ leicht möglich gewesen wäre, wird diese Reflexionsebene weitestgehend vermieden. So wird in Bürger et al. (1991) das exponentielle Populationsmodell Abb. 32 ohne weitere

[58] Dabei ist der langfristige Verlauf der Entwicklung hochgradig abhängig vom Ausgangswert. Eine mit Startwert 100 und eine mit 100,00001 beginnende Iteration entwickeln sich nach 20 Iterationen völlig auseinander. Dies wird im Schulbuch jedoch nicht mehr besprochen.

Reflexion der (doch recht rigiden) Modellannahmen abgehandelt. Die Erläuterungen beschränken sich auf den Satz:

> "Vielfach kann man annehmen, dass PZ und PA jeweils proportional zu P sind. Dazu werden die zugehörigen Proportionalitätsfaktoren z und a als Hilfsgrößen wie in Abb. 32 eingetragen." (Bürger et al. 1991b, S. 291)

Als Ergänzungsstoff wird in Bürger et al. (1991b, S. 301f) dann noch ein "komplizierteres Modell zur Bevölkerungsentwicklung" mit drei Altersgruppen (Kinder, Erwachsene, Ältere) entwickelt, wobei die mittlere Gruppe die Personen im reproduktionsfähigen Alter repräsentiert. Auch an dieser Stelle hätte man genauer darauf eingehen können, worin die Modellannahmen im exponentiellen Populationsmodell eigentlich bestehen und damit motivieren, warum dieses erweiterte Modell gerade so gewählt wurde. Tatsächlich beschränkt sich der erläuternde Kommentar auf folgende Einleitungssätze:

> "Ein genaueres Modell für die zeitliche Entwicklung einer menschlichen Population ist zu erwarten, wenn auch die Altersstruktur der Population berücksichtigt wird. Es ist nämlich die Sterblichkeit nicht in jeder Altersstufe gleich hoch und auch die Anzahl der Geburten ist abhängig von der Anzahl der Personen in einer bestimmten Altersgruppe. Wir nehmen eine Verteilung der Bevölkerung auf drei Altersgruppen an: Kinder (0 bis unter 15 Jahre), Erwachsene (15 bis unter 45 Jahre) Ältere (mindestens 45 Jahre). Die Einteilung wurde unter dem Gesichtspunkt der Fortpflanzung getroffen, da bei Frauen Geburten hauptsächlich in der Altersperiode von 15 bis 45 Jahren vorkommen." (Bürger et al.1991b, S. 301)

Viel klarer wäre es gewesen, wenn man an dieser Stelle in etwa gesagt hätte:

> "Im Populationsmodell Abb. 32 wurde die unrealistische Annahme getroffen, dass jede Altersgruppe in gleicher Weise zur Fortpflanzung beiträgt. Tatsächlich können aber nur Frauen im Alter von ca. 15 bis 45 Jahren Kinder bekommen. Durch ein Bevölkerungsmodell mit drei Altersgruppen kann man dies berücksichtigen und erhält damit ein realistischeres Modell. In einem Modell mit drei Altersgruppen "Kinder", "Erwachsene" und "Ältere" kann man überdies problemlos berücksichtigen, dass auch die Sterbewahrscheinlichkeiten für Menschen verschiedener Altersgruppen unterschiedlich hoch sind."

In Reichel et al. (1992) ist die Tendenz, das Lehrplankapitel im Sinne geschlossener Mathematik zu interpretieren, noch wesentlich stärker zu spüren. Hier wird die "Untersuchung vernetzter Systeme" als eine Abhandlung über Differenzengleichungen realisiert. Nach zwei Seiten "Vorschau" lauten die weiteren Hauptüberschriften: "Differenzengleichungen 1. Ordnung mit einer Variablen", "Komplexere Prozesse, Systeme von Differenzengleichungen" (Schwerpunkt: Umschüttaufgaben mit 4 Behältern), "Differenzengleichungen 2. Ordnung mit einer Variablen" (Schwerpunkt Fibonaccifolgen) sowie "Rückblick und Ausblick" (Newton'sches Näherungsverfahren, Fraktale und der Bezug Differenzengleichungen-Differenzialgleichungen). Als exemplarischer Beleg für den Stil mögen die in Abb. 37 wiedergegebenen Übungsaufgaben dienen.

795	Ein dynamischer Prozess wird durch die Differenzengleichung $x_{n+1} = a \cdot x_n + b$ beschrieben. Zeige: Wenn $\|a\|<1$, besitzt der Prozess den Fixpunkt $\bar{x}$. Berechne $\bar{x}$!
798	Ein dynamischer Prozess wird durch die gegebene Differenzengleichung beschrieben. (1) Stelle den Prozess im (x_n, x_{n+1}) Koordinatensystem dar! (2) Existiert ein Fixpunkt? Wenn ja, so ermittle dessen Koordinatenwerte und deute diese, indem du deren Bedeutung für den Prozess selbst beschreibst! a) $x_{n+1} = 0{,}5 \cdot x_n + 5;\ x_0 = 0{,}9$ b) $x_{n+1} = 0{,}75 \cdot x_n + 2 \cdot x_0 = 1$
813	Einem Liter einer schwachen Salzlösung (x_0= 1 dag Salz) wird ein Liter destilliertes Wasser hinzugefügt. Nach guter Durchmischung wird 1 l abgegossen und danach 8 dag Salz hinzugefügt. Dieser Prozess wird nun immer wieder wiederholt. (1) Beschreibe den Prozess durch eine Differenzengleichung! (2) Wird der Salzgehalt der Lösung jemals 17 dag/l übersteigen? Wenn ja, wann; wenn nein, warum nicht?

Abb. 37 Übungsbeispiele aus Reichel et al. (1992)

Novak et al. (1991) ist das Einzige der österreichischen Schulbücher, in dem wenigstens ansatzweise der Versuch unternommen wird, ein Unterrichtsprojekt zur Bevölkerungsentwicklung Österreichs vorzuschlagen. Fünf von den sechs dafür aufgewendeten Seiten sind allerdings unkommentierte Tabellen und Grafiken zur Bevölkerungsentwicklung aus dem (sicherlich relativ leicht verfügbaren) Statistischen Handbuch der Republik Österreich. Auf der einzigen Textseite wird recht allgemein über die Problematik der Bevölkerungsentwicklung und die Möglichkeiten eines diesbezüglichen Unterrichtsprojektes gesprochen. Zur Frage der nummerischen Simulation und der Modellreflexion findet man folgende Aussagen:

> "Die Computerfans in der Klasse übernehmen natürlich die Programmierung des Systemmodells in einer ihnen genehmen Programmiersprache sowie die Simulation des Systems in mehreren Programmläufen mit verschiedenen Szenarios. Diskutierfreudige, sprachgewandte Schüler übernehmen die sehr wichtige Aufgabe der Kritik des Modells und seiner 'Antworten'. Welche Vereinfachungen wurden gemacht? Welche Fehlerquellen sind denkbar? Wie kann man die Ergebnisse zusammenfassen? Welche Schlüsse und Lehren kann man aus diesen Ergebnissen ziehen?" (Novak et al.1991, S. 174).

Diese Ausführungen kann man (zu Recht) als sehr oberflächlich und unzureichend kritisieren. Dennoch sind es die einzigen expliziten Aussagen, die ich im Zusammenhang mit der Reflexion von Systemmodellen überhaupt in einem österreichischen Schulbuch gefunden habe.

3.4.7 Zehn Jahre Lehrplankapitel *Untersuchung vernetzter Systeme*

Etwa zehn Jahre nach seiner Implementierung darf das Lehrplankapitel "Untersuchung vernetzter Systeme" wohl als ein ambitionierter Versuch gewertet werden, den Mathematikunterricht um eine neue Dimension (der Idee, Schülern systemisches Denken zu vermitteln) zu bereichern. Auf die Ebene der Schulbuchtexte hat sich diese Vision bislang jedoch nicht adäquat umsetzen lassen. Dies mag mehrere Ursachen haben.

Zunächst erscheint es mir vom heutigen Wissensstand aus grundsätzlich fragwürdig bis problematisch, das Schulbuch als Haupt-Vehikel zur Schulinnovation verwenden zu wollen. Das Mathematik-Schulbuch wird wohl ganz allgemein als ein Medium angesehen, in dem gesichertes Faktenwissen sowie möglichst viele Übungsbeispiele bereitgestellt werden. Über das Schulbuch systemisches Denken im Mathematikunterricht vermitteln zu wollen, entspricht wohl mehr dem sprichwörtlichen Gießen von neuem Wein in alte (=erstarrte und unflexible) Schläuche. Wenn man diesen Gedanken jedoch konsequent weiter verfolgt, so ergibt sich die Frage, inwieweit die Schule überhaupt geeignet ist, die Entwicklung systemisches Denken zu fördern und zu unterstützen.

An dieser Stelle möchte ich mich nun nicht mit der vordergründigen Antwort zufrieden geben, dass sich die Schule von ihrer grundlegenden Struktur her im Wesentlichen nur dazu eignet, Althergebrachtes an die nachwachsende Generation weiter zu tradieren. Wie für jedes soziale System ist auch für die gedeihliche Entwicklung des Schulsystems insgesamt und für jedes Schulfach im Besonderen eine Balance zwischen Stabilität und Wandel nötig. Doch über das Schulbuch wird sich der für eine adäquate Umsetzung des Lehrplankapitels "Untersuchung vernetzter Systeme" erforderlich erscheinende Wandel des Mathematikunterrichts nach den bislang vorliegenden Erfahrungen wohl nicht bewerkstelligen lassen.

Damit möchte ich keineswegs sagen, dass die Umsetzung der im Lehrplankapitel "Untersuchung vernetzter Systeme" angesprochenen Ideen ein Wunschtraum bleiben muß. Im Gegenteil: die in den Kapiteln 4 und 5 beschriebenen empirischen Untersuchungen belegen recht deutlich, dass es entscheidend vom Lehrer abhängt, inwieweit das Vermitteln systemischen Denkens bei Schülern erfolgreich möglich ist. Der entscheidende Schritt ist dabei allerdings eine entsprechende Bewusstseinsbildung bei den Lehrern, die zwar vor allem durch eine entsprechende Lehrer(weiter)bildung, aber sicherlich nicht durch die Schulbuchkapitel zur Entwicklung vernetzten Denkens erreichbar ist.

3.5 Weitere Lehrmaterialien zur Systemdynamik

Ich möchte nun noch ergänzend einige bedeutsame Lehrmaterialien zur Systemdynamik besprechen. Zunächst muss festgehalten werden, dass mir kein Werk bekannt ist, das in erster Linie auf die Entwicklung systemischer Denkkompetenzen und weniger auf SD-Modellierung ausgerichtet ist. Im Gegenteil: Mit Ausnahme von Ossimitz (1990a) sind alle Werke explizit auf eine einzige Simulationssoftware abgestellt. Nancy Roberts (1983) bezieht sich auf das Original-DYNAMO, bei Koller (1995) ist es MODUS, bei den US-amerikanischen Materialien der Creative Learning Exchange ist es zumeist STELLA; die umfangreichen Materialien von Walter Hupfeld sind alle für DYNASYS konzipiert.

3.5.1 Nancy Roberts et al. (1983): *Computer Simulation*

Das Buch *Introduction to Computer Simulation:A System Dynamics Modeling Approach* von Nancy Roberts et al. (1983) ist *der* "Klassiker" unter den systemdynamischen Lehrtexten. Es ist das erste umfangreiche Lehrbuch, dass sich explizit (auch) an das Ausbildungsniveau der Sekundarstufe II (High School) wendet. Das Lehrkonzept ist fallstudienorientiert (z. B. *Oil Crisis*, *Eutrophication of a Lake*, *Rainfall*, *The Nuclear Power Controversy*, *Family Dynamics from a System Perspective*, *Modeling the Ecology of the Kaibab Plateau*, *Heroin Addiction and Its Impact on the Community*).

Das Bemerkenswerteste am Aufbau des Lehrbuches von Nancy Roberts ist die Tatsache, dass ungeachtet des Titels *Computer Simulation: A System Dynamics Modeling Approach* erst ab der Mitte des Buches (Part V) mit quantitativer Simulation mit DYNAMO begonnen wird. Erst auf S. 224 erscheinen die ersten Flussdiagramme. Im ersten Teil verwendet Nancy Roberts ausschließlich Wirkungsdiagramme, Tabellen und Funktionsgraphen als Darstellungsformen. In diesem Sinne kann man nicht sagen, dass die erste Hälfte rein qualitative Modellierung beinhalten würde: In den verschiedenen Beispielen werden auch (i. A. empirisch gewonnene) quantitative Daten betrachtet. Kapitel 5 beschäftigt sich ausschließlich mit dem Thema *Graphing Data and seeing Patterns*. So ist die in Abb. 38 wiedergegebene Table 5.1 das Ausgangsmaterial des umfangreich besprochenen Beispiels *Midtown parking lot*. Zunächst zeigt Nancy Roberts, wie aus der Tabelle ein Zeitplot mit der Zahl der parkenden Autos auf der Ordinate erstellt werden kann, wobei zwischen den Datenpunkten der Tabelle linear interpoliert wird. Im nächsten Schritt werden die Nettodifferenzen pro 15-Minuten-Intervall berechnet und daraus eine *net difference per hour* ermittelt. Diese Daten werden dann wieder grafisch dargestellt usw.

Table 5.1 Cars parked in Midtown lot, 6:00AM – 10:00 AM

Time	*Number of cars*
6:00	4
6:15	4
6:30	5
6:45	6
7:00	8
7:15	12
7:30	18
7:45	30
8:00	50
8:15	75
8:30	110
8:45	140
9:00	170
9:15	190
9:30	200
9:45	200

Abb. 38 (aus Roberts et al. 1983, S. 93)

Kapitel 6 von Roberts et al. (1983) trägt die Überschrift *Linking Causal Loops and Graphs*. Anhand von Beispielen einfacher Populationsmodelle (Räuber- und Beutepopulationen, Bevölkerung von Boston) wird versucht, zeitliche Entwicklungen (Wachstum, periodische Schwankungen) mit Hilfe von Wirkungsdiagrammen zu erklären. Typisch für Roberts (und gleichzeitig auch anders als etwa bei Gomez/Probst 1987) ist dabei der Ansatz, bereits in den Wirkungsdiagrammen konsequent nur quantitative Größen zu verwenden.

Insgesamt gibt Nancy Roberts der Vorbereitung eines qualitativen Verständnisses von dynamischen Systemen mehr Raum als jedes der anderen Werke. Außerdem ist die Fallstudienmethode exzessiv mit sehr ausführlicher Beschreibung der einzelnen Fallbeispiele durchgezogen. An vielen Stellen hat man jedoch den Eindruck, dass der Arbeitsfortschritt doch sehr kleinschrittig erfolgt, was bisweilen beim Durcharbeiten zu ziemlich langatmigen Durststrecken führen kann. Bei der quantitativen Modellierung wird die doch sehr spezifische DYNAMO-Syntax relativ breit behandelt, so dass dieses Werk zusammen mit einer moderneren Simulationssoftware nur mehr bedingt einsetzbar ist.

3.5.2 Ossimitz (1990a): *Materialien zur Systemdynamik*

Dieses Buch war ursprünglich hauptsächlich als Begleitmaterial zum Lehrplankapitel "Untersuchung vernetzter Systeme" gedacht. Es gliedert sich in neun Teile.

Teil A *Systemdynamik im Mathematikunterricht – eine Einführung* ist eine erweiterte Fassung des Lehrplankommentars Ossimitz/Schlöglhofer (1991), der sich in seinem Aufbau am Lehrplankapitel orientiert (vgl. auch Ossimitz 1997).

Teil B beschäftigt sich schwerpunktmäßig mit *systemischem Modellieren ohne Computer,* wobei das Arbeiten mit Wirkungsdiagrammen am Beispiel "Stadtverkehr" ausführlich diskutiert wird. Auch die von Gomez/Probst (1987) entwickelten Grundbausteine ganzheitlichen Problemlösens werden breit referiert.

In Teil C werden *Grundkonzepte quantitativer Simulation* besprochen, wobei neben verschiedenen Grundbausteinen quantitativer Systemmodelle vor allem das Simulieren mit Tabellenkalkulationsprogrammen und mit der Simulationssprache VUDYNAMO genauer betrachtet werden.

Die Teile D, E, F und G umfassen jeweils thematisch geordnet verschiedenste systemdynamische Modelle aus der Wirtschaft, Bevölkerung, Physik und Biologie/Ökologie. Dabei wurden die Modelle z. T. als Tabellenkalkulationsmodelle, als VUDYNAMO-Modelle oder auch in STELLA-Flussdiagrammen realisiert. Allen Modellen liegen bestimmte Sachthemen (z. B. Lagerhaltung oder Verbreitung eines Produkts, freier Fall mit Luftwiderstand, die Ökologie des Kaibab-Plateaus) zu Grunde. Die Modelle sind immer in Form von Modellsequenzen entwickelt, bei denen man ersehen kann, wie aus einem einfachen Grundmodell schrittweise immer anspruchsvollere, aber auch realistischere Modelle entwickelt werden.

Teil H beschäftigt sich auf elementarem Niveau mit der Numerik systemdynamischer Modellierung. In Teil I wird die von Franz Schlöglhofer entwickelte Turbo-Pascal-Umgebung Turbo-Sim samt einiger fertiger Modelle vorgestellt.

3.5.3 Koller (1995): Simulation dynamischer Vorgänge

Dieses Arbeitsbuch ist das Produkt von Bemühungen, vernetztes Denken und systemdynamische Simulation als fächerübergreifendes Unterrichtsthema an Gymnasien in Baden-Württemberg zu etablieren[59]. Es ist ähnlich aufgebaut wie Ossimitz (1990a). Im ersten Kapitel wird eine Einführung in *Vernetzte Systeme – Vernetztes Denken* gegeben, in der auf einigen Seiten auch auf qualitative Modellierung mit Wirkungsdiagrammen eingegangen wird. Kapitel 2 beschäftigt sich mit nummerischer *Modellbildung und Simulation.* Dabei wird die Software MODUS eingeführt. In Kapitel 3 werden vier grundlegende Typen von systemischen *Wachstumsformen* eingeführt: *Lineares Wachstum, exponentielles Wachstum, logistisches Wachstum* sowie *Wachstum mit Selbstvergiftung.*

Im Hauptkapitel 4 werden jeweils ca. zehn ausführlich besprochene systemdynamische Modelle für die Fächer Physik, Biologie und Gemeinschaftskunde (mit Modellen zum Thema Bevölkerung und Wirtschaft) besprochen. Ausgangspunkt ist dabei stets ein praktisches Sachthema. Im Abschnitt Biologie werden unter anderem folgende Themen behandelt: *Wie funktioniert eine Schlankheitskur?; Der Kick durch das Nikotin; Dicke Luft im Klassenzimmer: Abfall des Sauerstoffgehalts; Bakterienvermehrung und Antikörperbildung; Aids: Verlauf einer Pandemie; Der Abbau von Blutalkohol in der Leber; Radiometrische Datierung von Fossilien; Insulin und Diabetes.*

Anders als in Ossimitz (1990a) wird in Koller 1995 jedoch kein besonderer Wert auf die Präsentation ganzer Modellsequenzen gelegt. Jedes Thema umfasst ein für sich abgeschlossenes Modell, das etwa in einer Unterrichtsstunde behandelt werden kann. Das Buch richtet sich explizit an Schüler und enthält in kurztaktiger Abfolge erklärende Erläuterungen und Arbeitsaufträge. Es ist so geschrieben, dass die Schüler einzeln oder in Partnerarbeit weitgehend ohne Lehrerunterstützung die Modelle durcharbeiten können. Eine weiter gehende Reflexion erfüllter Arbeitsaufträge wird vom Buch kaum angeregt.

---

59 Aufgrund des Zentralabiturs konnte die Schulbehörde in diesem Bundesland systemisches Modellieren recht erfolgreich in einigen Fächern (auch Mathematik) einführen.

3.5.4 Materialien im Internet

Das mittlerweile umfangreichste Angebot an Materialien zum systemdynamischen Modellieren findet sich im Internet. Bedingt durch den raschen Wandel von Web-Angeboten ist eine ausführlichere Diskussion in einem gedruckten Werk kaum sinnvoll. Eine stets aktuelle Übersicht bietet meine *System Dynamics and Systems Thinking Mega Link List*[60]. Exemplarisch seien aber wenigstens zwei sehr gute Anbieter genannt, die es schon seit mehreren Jahren gibt und die sowohl qualitativ als auch quantitativ ein überdurchschnittlich gutes Angebot an frei downloadbaren Materialien zur Systemdynamik anbieten.

The Creative Learning Exchange

The Creative Learning Exchange (CLE; Stuntz 2000) ist ein Ableger des von Forrester um 1990 ins Leben gerufenen *System Dynamics in Education Projects* (SDEP) am MIT in Cambridge, Massachusetts. Bereits seit 1991 werden dort schulrelevante Materialien zu System Dynamics gesammelt und zum freien Download angeboten. Die Texte sind als PDF-Dateien verfügbar, die Modelle fast ausschließlich in STELLA realisiert. Insgesamt bietet CLE über 250 Papers in den Bereichen System Dynamics, Systems Education, English, Math, Social Studies, Science und Cross Curricular Materials an, die überwiegend von Schulpraktikern für den Einsatz in der Schulpraxis geschrieben wurden. Unter den Materialien finden sich auch publizierte Arbeiten, wie z. B. Richmond (1993). Darüber hinaus gibt CLE jedes Quartal einen aufwändig gestalteten Newsletter heraus und veranstaltet eine schulorientierte *Systems Thinking and Dynamic Modeling Conference*.

Bei CLE findet man auch viele Materialien, die den Begriff "Systems Thinking" im Titel tragen, wie z. B. *Teaching Dynamic Feedback Systems Thinking: An Elementary View* (Roberts 1978) oder *A Proposed Sequence For Developing Systems Thinking In A 4-12 Curriculum* (Draper 1993) oder auch *Integrating Systems Thinking And Simulation Into The Eighth Grade Science Curriculum* (Draper 1991; siehe auch 1.3.4). Im Wesentlichen handelt es sich hier um das von Barry Richmond geprägte Verständnis von Systems Thinking: "Systems thinking is system dynamics with an Aura" (Richmond 1994, S. 4 vgl. 2.1.5), also mehr um systemdynamisches Modellieren, das unter dem Titel "Systems Thinking" für High Schools propagiert wird. Die meisten der bei CLE downloadbaren Materialien sind explizit auf quantitative SD-Modellierung hin orientiert.

---

60 http://www.uni-klu.ac.at/~gossimit/links/bookmksd.htm oder http://www.guenther.ossimitz.at/.

Auf jeden Fall ist CLE der Weltmarktführer in puncto Lehr- und Unterrichtsmaterialien zur Systemdynamik. Die Website wird von Lees Stuntz (Stuntz 2000) hauptberuflich betreut, so dass man als Materialien suchender Lehrer auch eine kompetente Beratung vorfindet. Nachteilig ist lediglich die ziemlich einseitige Ausrichtung auf die Software STELLA.

Walter Hupfeld

Walter Hupfeld hat die schulorientierte Simulationssoftware DYNASYS entwickelt. Zu DYNASYS bietet Hupfeld nicht nur eine exzellente Einführung in das systemdynamische Modellieren, sondern auch eine umfangreiche Sammlung von ausführlich kommentierten Systemmodellen zu verschiedenen Bereichen zum Download an. Ergänzt wird Hupfelds Web-Angebot durch Literaturhinweise, weitere Materialien sowie Links und einem Diskussionsforum zum Thema; alles zu finden unter http://www.ham.schule.de/projekte/modsim/.

3.5.5 Systemdynamik-Softwareprodukte für den schulischen Einsatz

Wenn man im Unterricht quantitative Systeme modellieren und simulieren möchte, dann stellt sich zunächst die Frage nach einer entsprechenden Softwareunterstützung. Da diese Frage an verschiedenen Stellen (z. B. in Ossimitz 1990a, 1992a, 1995d) bereits breit erörtert wurde, beschränke ich mich hier auf einige grundsätzliche Aspekte und eine knappe aktualisierte Liste von SD-Softwareprodukten, die für den Einsatz in der Schule in Frage kommen könnten.

Grundsätzlich ist zu entscheiden, ob man Systemmodelle überhaupt mit einer speziellen SD-Software oder "nur" mit einem Standard-Tabellenkalkulationsprogramm durchrechnet (vgl. dazu die umfangreiche Beispielsammlung von systemdynamischen Tabellenkalkulationsmodellen in Ossimitz 1990a). Anders als noch um 1995 gibt es mittlerweile jedoch exzellente SD-Freewareprodukte mit grafischer Benutzeroberfläche zum Download (VENSIM PLE, POWERSIM Constructor Light), so dass hauptsächlich die Frage des (nicht mehr besonders hohen) Lernaufwandes zur Bedienung einer speziellen SD-Software als kritischer Faktor zu bedenken bleibt.

Unter den SD-Softwareprodukten haben sich die flussdiagrammorientierten Produkte (STELLA, POWERSIM, DYNASYS, VENSIM) gegenüber gleichungsorientierten Produkten (DYNAMO, VUDYNAMO) oder Software mit einer Non-Standard Grafikoberfläche (wie z. B. MODUS) durchgesetzt.

STELLA

STELLA ist der Pionier unter den grafisch orientierten SD-Softwareprodukten. Ursprünglich von Barry Richmond für Apple Mac entwickelt, gibt es mittlerweile auch eine Windows-Version. Dieselbe Software wird unter dem Namen I-THINK für den Business-Bereich vermarktet, während STELLA im Educational Sektor vor allem in den USA weit verbreitet ist. Hauptnachteil: Von STELLA gibt es (noch) keine Freeware-Version für den Bildungsbereich, sondern nur eine Demo-Version, die kein Abspeichern von Modellen erlaubt.

POWERSIM

Powersim wurde um 1992 als Windows-Produkt in Norwegen entwickelt. Es war von Anfang an mit vielen Features bestückt (Schiebereglern zur Veränderung von externen Parametern usw.), die es für die Entwicklung von "Management Flight Simulators" prädestinierte. Es war das erste SD-Softwareprodukt, mit dem man auch über das Internet bedienbare Simulationsmodelle (sogenannte "WebSims") erstellen konnte. Seit jüngerer Zeit bietet POWERSIM eine auf 250 Modellvariablen limitierte, aber voll funktionsfähige Version namens POWERSIM Constructor Light für den persönlichen Bedarf im Bildungsbereich als Freeware an.

VENSIM

VENSIM kam zwar als letztes der drei großen SD-Softwareprodukte auf den Markt, machte aber vom Start weg dank der gratis downloadbaren "Personal Learning Edition" (PLE) am Bildungssektor Furore. Für VENSIM PLE gibt es heute umfangreiche Tutorials und Modellsammlungen zum Download. Das "Workbench"-Konzept der VENSIM-Oberfläche ist im Vergleich zu STELLA oder POWERSIM etwas gewöhnungsbedürftig, aber durchaus sehr leistungsfähig.

DYNASYS

Dynasys wurde von Walter Hupfeld für systemdynamisches Modellieren in der Schule entwickelt. Es beschränkt sich in seinem Funktionsumfang auf das für den schulischen Einsatz Nötige. Dafür gibt es eine sehr gute deutschsprachige Dokumentation, die gleichzeitig eine durchaus brauchbare Einführung in das systemdynamische Modellieren darstellt, sowie eine umfangreiche Sammlung fertiger Modelle für den schulischen Einsatz. Es kann als Sharewareprodukt 30 Tage lang getestet oder auf Dauer für eine recht geringe Gebühr lizenziert werden (unter

€ 50,-, während Einzellizenzen von STELLA, POWERSIM und VENSIM z. T. deutlich über € 300,- kosten).

MODUS

MODUS wurde um 1990 im Auftrag des Soester Landesinstituts für Schule und Weiterbildung von einer Gruppe um Werner Walser und Joachim Wedekind am Deutschen Institut für Fernstudien in Tübingen entwickelt. Die Software wurde in zwei groß angelegten empirischen Studien (Klieme/Maichle 1991, 1994; siehe Kap. 4) praktisch evaluiert und ist seit ca. 1995 vom Markt verschwunden. Ich möchte an dieser Stelle die Non-Standard-Modellierlogik von MODUS kurz vorstellen, weil dies für die Beurteilung der in den beiden nächsten Kapiteln beschriebenen Studien wichtig ist.

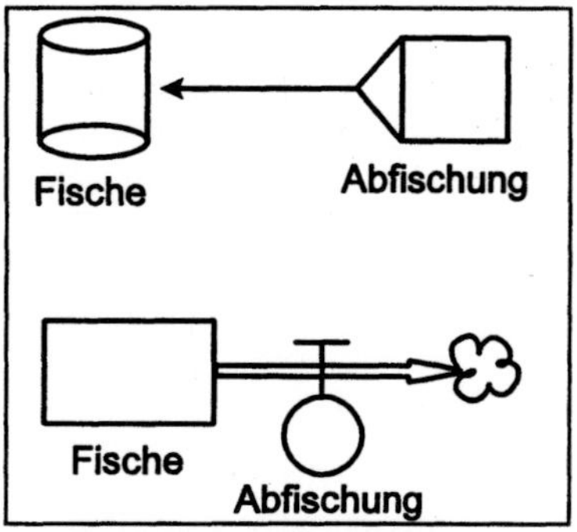

Abb. 39 MODUS-Modellierlogik vs. SD-Flussdiagramm-Logik (unten)

Die in MODUS verwendete Notation geht auf einen von Hering/Hermann/Kronmüller (1988) publizierten Vorschlag zurück. Anders als bei der Flussdiagrammnotation von Forrester werden in MODUS Abflüsse von Bestandsgrößen nicht durch von der Bestandsgröße weg führende Pfeile, sondern wie Zuflüsse durch Pfeile von der Flussgröße zur Bestandsgröße hin dargestellt. Begründet wird dies damit, dass es sich in beiden Fällen um Wirkungen von der Flussgröße auf die Bestandsgröße handelt, und daher ein (logischer) Wirkungspfeil in diese Richtung korrekt sei. Ein deutlicher Nachteil dieser Logik ist, dass einfache Durchflüsse, bei denen dieselbe Flussgröße gleichzeitig Abfluss einer Bestandsgröße und Zufluss einer zweiten Bestandsgröße ist (wie etwa bei Bevölkerungsmodellen, wo Personen von einer Altersgruppe in die nächste wechseln), komplizierte Umwege erfordern. Praktisch hat sich die in MODUS verwendete Diagrammphilosophie nicht durchgesetzt.

Zur Erläuterung dieses Problems mag Abb. 39 dienen. Dargestellt ist die Abfischung eines Fischbestandes aus einem Teich. Gemäß der Modellierlogik von MODUS ist das Abfischen eine (logische) Wirkung der Änderungsgröße Abfischung auf den Fischbestand, daher geht der Pfeil zum Fischbestand hin. In der Flussdiagrammlogik nach Forrester[61] geht der Pfeil vom Fischbestand weg, weil es sich

[61] Dieser Notationslogik folgen alle gängigen grafisch orientierten Systemdynamiksoftwareprodukte wie STELLA, POWERSIM, VENSIM oder DYNASYS.

beim Abfischen um einen (materiellen) "Abfluss" von Fischen handelt. Wenn nun Klieme und Maichle feststellen, dass die Schüler eher in materiellen Wirkungsflüssen als in logischen Wirkungsbeziehungen gedacht haben, dann muss daraus wohl der Schluss gezogen werden, dass die Flussdiagrammnotation nach Forrester eher einem intuitiven Denken entspricht als die abstraktere MODUS-Logik.

Noch deutlicher wird der Unterschied zwischen den beiden Modellierlogiken bei einem einfachen Bevölkerungsmodell (Abb. 40). Die Bestandsgröße Bevölkerung hat einen Zufluss und einen Abfluss. Das MODUS-Diagramm hat eher die Struktur eines abstrakten Rechenbaumes, während das Flussdiagramm unmittelbar plausibel macht, dass zu einem Bevölkerungsbestand durch Geburten Menschen dazukommen bzw. durch Sterbefälle Menschen wegkommen.

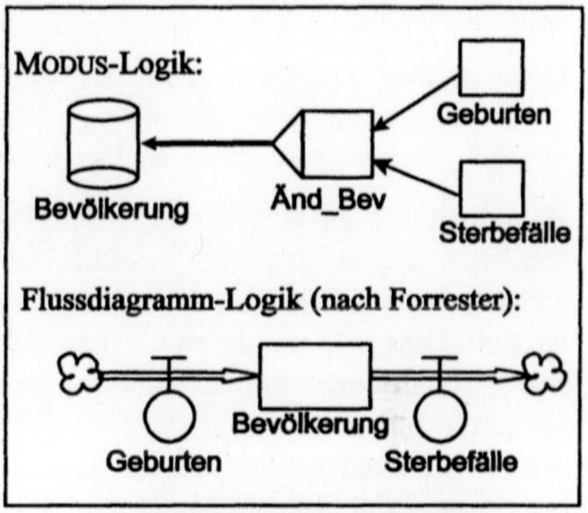

Abb. 40 Bevölkerungsmodell in verschiedenen Modellierlogiken

3.6 Zusammenfassung

Sowohl zur Entwicklung systemischen Denkens als auch für systemdynamisches Modellieren braucht man entsprechende geeignete Darstellungsformen. In diesem Sinne wurden vier verschiedene Typen von Darstellungsmöglichkeiten von Systemen besprochen: Prosamodelle, Wirkungsdiagramme, Flussdiagramme und Gleichungsdarstellungen. Die beiden Ersteren sind eher qualitative, die beiden Letzeren quantitative Darstellungen, die konkret in der SD-Modelliermethode eingesetzt werden.

Im Kern von SD-Modellen stehen Bestandsgrößen, die durch Zuflüsse und Abflüsse (Flussgrößen) verändert werden. Die nummerische Simulation systemdynamischer Modelle geschieht in diskreten Zeitintervallen konstanter Länge.

Roland Fischers Konzept von Offener Mathematik als Darstellungs- und Kommunikationsmittel bzw. von Mathematik als Materialisierung von Abstraktem schafft einen theoretischen Rahmen, der es erlaubt, sowohl qualitatives als auch quantitatives systemisches Modellieren als eine Form von mathematischem Tun aufzufassen.

Dem entsprechend gibt es im österreichischen Mathematiklehrplan für Realgymnasien auch ein Lehrplankapitel "Untersuchung vernetzter Systeme", in dem die

Förderung "vernetzten (systemischen) Denkens" explizit als Lehrziel genannt ist, das durch Beschäftigung mit qualitativen und quantitativen Systemmodellen erreicht werden soll. Allerdings zeigt sich, dass die Umsetzung dieses Lehrplankapitels in den österreichischen Mathematikschulbüchern z. T. sehr zu wünschen übrig lässt. Vor allem die Leistungsfähigkeit der spezifischen systemischen Darstellungsformen Wirkungsdiagramm und Flussdiagramm wird in den Lehrbüchern kaum gewürdigt.

Das dies auch anders möglich ist, zeigen etwa Roberts et al. (1983), Ossimitz (1990a), Koller (1995) oder in jüngerer Zeit auch im Internet downloadbare Materialien (vgl. http://www.guenther.ossimitz.at/).

Betrachtet man die vorliegenden Materialien zusammenfassend, so darf man wohl das Fazit ziehen, dass die Didaktik der Systemdynamik noch in ihren Kinderschuhen steckt. Eine Didaktik systemischen Denkens ist noch weniger weit entwickelt. Dies mag wohl daran liegen, dass systemisches Denken als Lehrziel erst seit 1990 vereinzelt in Lehrplänen auftauchte und vor allem auch daran, dass man bis heute nur sehr wenig darüber weiß, wie systemisches Denken überhaupt gefördert und entwickelt werden kann. Es gibt (auch bei internationaler Betrachtung) nur einige wenige empirische Studien über die Entwicklung systemischen Denkens bei Schülern. Über sie möchte ich in den beiden folgenden Kapiteln berichten.

4 Empirische Untersuchungen zur Entwicklung systemischen Denkens

In diesem Kapitel möchte ich mehrere empirische Untersuchungen an Schülern vorstellen, in denen (unter anderem) die Fähigkeiten zum systemischen Denken erfasst worden sind. In Abschnitt 4.1 wende ich mich zunächst der Frage zu, wie "systemisches Denken" im schulischen Kontext überhaupt empirisch gemessen werden kann. Eine besondere Würdigung finden dabei die Pionierarbeiten von Klieme/Maichle (1991, 1994) in diesem Bereich. Weiters möchte ich darlegen, dass die in 2.2 entwickelten vier Dimensionen systemischen Denkens kaum operationalisierbar und daher bei der Konstruktion praktischer empirischer Tests nur wenig hilfreich sind. Als Alternative dazu werden sieben pragmatische Aspekte systemischen Denkens vorgestellt, die gewissermaßen quer zu den vier Dimensionen liegen und die leichter direkt empirisch messbar sind.

In den Abschnitten 4.2 und 4.3 werden die beiden großen Untersuchungen von Eckhard Klieme und Ulla Maichle zum Einsatz von MODUS in Nordrhein-Westfalen besprochen. Dabei erweist sich die Modellierlogik von MODUS als durchaus nicht so einfach; aber immerhin konstatieren Klieme und Maichle bei den Schülern gewisse Fortschritte hinsichtlich einiger Parameter systemischen Denkens. Weiters werden durch diese Studien einige Detailprobleme der empirischen Methodologie (etwa das Fehlen ergänzender Interviews) deutlich.

In 4.4 wird etwas ausführlicher über die Pilotstudie *Systemdynamiksoftware im Unterricht* (Ossimitz 1994e) berichtet. In dieser Studie wurden nur sieben Schüler aus zwei Klassen untersucht und auch ergänzend über ihre Fragebogen-Antworten interviewt. Die Interviews brachten z. T. Erstaunliches an den Tag.

Meiner Hauptstudie *Entwicklung vernetzten Denkens* (Ossimitz 1996c) ist dann Kapitel 5 gewidmet.

4.1 Wie kann man systemisches Denken empirisch messen?

4.1.1 Messung systemischen Denkens bei Klieme/Maichle

Um die Entwicklung systemischen Denkens bei Schülern empirisch erfassen zu können, braucht man ein entsprechendes Messverfahren. Zunächst muss gesagt werden, dass es in der Literatur dazu nur ganz spärliche Aussagen gibt. Dies verwundert nicht, zumal es auch kaum praktische Versuche gibt, die durch (schulischen) Unterricht erreichbare Entwicklung systemischen Denkens explizit zu messen.

Vom Leben der Hilus
Der afrikanische Stamm der Hilus lebt von der Rinderzucht. Sein Einkommen hängt davon ab, wie viele Rinder er pro Jahr verkauft; je größer die Herde ist, desto mehr Tiere werden verkauft. Da es in ihrem Weidegebiet selten regnet, legen die Hilus einen Tiefwasserbrunnen an und errichten eine Bewässerungsanlage. Zufrieden stellen sie fest, dass ihre Weidegebiete mit zunehmender Bewässerung immer fruchtbarer werden, und je fruchtbarer das Weideland ist, desto größer wird die Herde. So ist die Bewässerungsanlage kräftig in Betrieb, denn die Hilus wissen: Nimmt das Futterangebot ab, dann verkleinert sich ihre Herde wieder.
Die häufige Bewässerung hat jedoch einen unvorhergesehenen Nebeneffekt: Die in dieser Region beheimatete Tse-Tse-Fliege fängt an, sich stark zu vermehren, und je feuchter die Weidegebiete sind, desto stärker vermehrt sie sich. Die Hilus sind über diese Entwicklung ziemlich erschrocken; die Tse-Tse-Fliege ist nämlich die Überträgerin der gefürchteten, zumeist tödlich verlaufenden Rinderschlafkrankheit.

Versuche, die hier beschriebenen Zusammenhänge so in einer Skizze darzustellen, dass man das Wichtigste auf einen Blick erkennt!

Abb. 41 Hilu-Szenario (nach Klieme/Maichle 1991)

Unbestreitbare Pioniere in diesem Bereich[62] sind Eckhard Klieme und Ulla Maichle vom Institut für Bildungsforschung, Bonn. In zwei großangelegten Studien *Erprobung eines Modellbildungssystems im Unterricht* (Klieme/Maichle 1991) und *Modellbildung und Simulation im Unterricht der Sekundarstufe I* (Klieme/Maichle 1994) erhielten jeweils über 200 Schüler der Jahrgangsstufen 9 und 10 in Nordrhein-Westfalen eine Unterrichtssequenz von ca. 10-20 Stunden Dauer. Der Unterricht wurde anhand von vorgegebenen Materialien ("Themenheften") des Landesinstituts für Schule und Weiterbildung in Soest (z. B. zum Thema *Wachstum* im Fach Mathematik, zum Thema *Nahrungsketten im Ökosystem Wald* im Biologieunterricht oder zum Thema *Kohlenstoffkreislauf der Erde* im Chemieunterricht) durchgeführt. In allen diesen Lehrgängen war das Modellieren und nummerische Simulation mit der Software MODUS Thema des Unterrichts.

Die an der Studie teilnehmenden Schüler erhielten vor und nach der Unterrichtseinheit einen schriftlichen Test mit jeweils einander entsprechenden Aufgaben.

Unter dem Titel "Freie Darstellungen von Systemstrukturen" erhielten die Schüler beim Vor- und Nachtest einander entsprechende Texte wie das Hilu-Szenario in

[62] Dies gilt auch bei internationaler Betrachtung über den deutschen Sprachraum hinaus.

Abb. 41.[63] Die als Text gegebene Situation sollten zunächst in einer Skizze grafisch dargestellt werden. Im Anschluss daran gaben Klieme/Maichle beim Vor- und Nachtest je vier Fragen zur "Vorhersage von qualitativem Systemverhalten" (Klieme/Maichle 1991, S. 50ff, vgl. Abb. 42). Dabei unterschieden sie zwischen "determinierten" und "nicht-determinierten" Fragen: Nicht-determinierte Fragen haben zur Antwort "Das lässt sich nicht vorhersagen". In Abb. 42 ist die erste Frage nicht-determiniert, die zweite Frage determiniert.

In der Nachfolgestudie Klieme/Maichle (1994) werden vier wichtig erscheinende Teilaspekte des komplexen Lehrzieles *systemisches Denken* explizit genannt, die auch in einer Sequenz von ca. 15 Unterrichtsstunden angestrebt werden können:

> "Den Schülern sollte zum Beispiel bewusst werden,
> - dass ein Sachverhalt stets aus **unterschiedlichen Blickwinkeln** betrachtet werden kann und dass er sich aus jedem Blickwinkel jeweils anders darstellt;
> - dass ein Ereignis normalerweise **mehr als eine Auswirkung** hat und auch,
> - dass ein Sachverhalt **mehr als eine Ursache** haben kann.
> - Sie sollten nicht zuletzt erkennen, **Systemverhalten vorherzusagen** bzw. zu erkennen, wann die Informationen zu einer solchen Vorhersage nicht ausreichen." (Klieme/Maichle 1994, S. 15)

Beantworte nun bitte die folgenden vier Fragen: verwende dazu nur die Informationen aus dem Text. Kreuze pro Frage immer nur eine Antwort an!

1. Der Ältestenrat schlägt vor, die Weidegebiete – sozusagen probeweise – für eine Weile häufiger zu bewässern als bisher. Wie wird sich diese Maßnahme auf den Rinderverkauf bei den Hilus auswirken?

☐ Die Hilus werden mehr Rinder verkaufen.
☐ Die Hilus werden weniger Rinder verkaufen.
☐ Die Hilus werden etwa gleich viele Rinder verkaufen.
☐ Das lässt sich nicht vorhersagen.

2. Eines Tages lässt sich eine Gnu-Herde in der Gegend nieder und grast für eine Weile regelmäßig auf dem Weideland der Hilus, so dass die Rinder nun weniger zu fressen haben als vorher. Wie wird sich dieses Ergebnis auf das Einkommen der Hilus auswirken?

☐ Ihr Einkommen wird höher werden.
☐ Ihr Einkommen wird sich verringern.
☐ An ihrem Einkommen wird sich nichts ändern.
☐ Das lässt sich nicht vorhersagen.

Abb. 42 Fragen zum Hilu-Szenario (nach Klieme/Maichle 1991)

[63] Insgesamt erhielt der Test neben Aufgaben zum Systemdenken auch Aufgaben zur Rechenfähigkeit, zur Fähigkeit, kartesische Diagramme zu interpretieren, Fragen zur Einstellung Computern gegenüber sowie beim Nachtest auch Fragen zum Umgang mit MODUS. Hier gehe ich nur auf die Fragen zum Systemdenken näher ein.

Insgesamt wurden in der Studie Klieme/Maichle (1994) vier verschiedene Aufgaben zum systemischen Denken gestellt (vgl. Abb. 43).

Nr.	Bezeichnung	wann?	Aufgabe
1	Hilu- Szenario (Abb. 41)	VT, NT	Text in Skizze umwandeln
2	Argumente und Gegenargumente	VT, NT	Argumentationsketten erfinden
3	Bevölkerungsmodell in MODUS	Nachtest	Interpretation des grafisch gegebenen Modells
4	abstraktes Kleinsystem DYNAMIGHT	separat	Diagnose der Steuerungsleistung

Abb. 43 Vier Aufgabentypen zum systemischen Denken in Klieme/Maichle (1994)

Der Hilu-Aufgabentyp wurde im Wesentlichen von Klieme/Maichle (1991) übernommen. Neu hinzugekommen ist der Aufgabentyp "Argumente-Gegenargumente" (siehe S. 125). Ziel dieses Aufgabentyps war es, die Fähigkeit zur Bildung von Argumentationsketten zu testen. Die dritte Aufgabe (Interpretation eines gegebenen MODUS-Modells) wurde nur beim Nachtest gegeben und konnte somit nur bedingt in eine Gesamtbeurteilung der Entwicklung vernetzten Denkens einfließen, weil ein entsprechender Vortest natürlich fehlt. In der Aufgabenstellung 4 wurde ein Teil der Schüler mit dem kleinen Black-Box-Simulationssystem DYNAMIGHT konfrontiert, bei dem die Schüler das Wachstum von zwei fiktiven Bakterienarten in einem Glasbehälter durch die Veränderung der Konzentration zweier Gase in diesem Behälter explorieren sollten. Nach der Experimentierphase von 20 min wurde verlangt, die beiden Ergebnisvariablen auf vorgegebene Zielwerte hin zu steuern.

Zusammenfassend kann man wohl sagen, dass die beiden Studien von Eckhard Klieme und Ulla Maichle Pionierleistungen auf dem Gebiet der Messung systemischen Denkens waren. Insbesondere fußen meine eigenen Ansätze (Ossimitz 1994e bzw. 1996c) ganz deutlich auf den von Klieme und Maichle geleisteten Vorarbeiten[64].

[64] Dabei war mir beim Design der Studie Ossimitz (1996c) das Konzept von Klieme/Maichle (1994) bereits bekannt. Tatsächlich liefen die Untersuchungen Ossimitz (1996c) und Klieme/Maichle (1994) beide im Schuljahr 1993/94. In Ossimitz (1994e) wurde die Hilu-Aufgabe aus Klieme/Maichle (1991) eingesetzt.

Argumente und Gegenargumente

Die Zahl der Schüler in der Albert-Einstein-Schule nimmt von Jahr zu Jahr ab. Eines Tages bittet der Direktor die Lehrer, die Schülervertreter und die Elternvertreter zu einer Sitzung mit dem Thema: **"Woran liegt es, dass immer weniger Schüler zu uns kommen, und was können wir dagegen tun?"** Der Direktor leitet die Diskussion und sammelt alle Vorschläge, Argumente und Gegenargumente und schreibt sie folgend an die Tafel (L = Lehrer, S = Schüler, E= Eltern):

(L) mehr Computer anschaffen → attraktiverer Unterricht → mehr Schüler
(damit ist gemeint: Wenn man mehr Computer anschaffen würde, dann wäre der Unterricht attraktiver, dann kämen auch mehr Schüler)

(S) Bessere Benotung → bessere Chancen bei Stellenbewerbungen → mehr Schüler

(E) Bessere Benotung → Verschlechterung des Rufs der Schule → weniger Schüler

(L) mehr Schüler → größere Klassen → unattraktiver Unterricht → weniger Schüler usw.

Dies war ein Beispiel! Jetzt kommt die eigentliche Aufgabe!

Im Rathaus des Städtchens Heidelbach findet eines Tages eine Sitzung statt. Das Thema hier ist **"Woran liegt es, dass die Verkehrssituation in Heidelbach immer chaotischer wird, und was könnte man dagegen tun?"** Versammelt sind: der Bürgermeister, der das Geld verwaltet (B), die Heidelbacher Bürgergruppe "Autofreie Stadt" (A) sowie einige Geschäftsleute (C).

Der Verkehrs-Stadtrat (V) leitet die Diskussion, sammelt alle Vorschläge, Argumente und Gegenargumente der verschiedenen Gruppen und schreibt sie – wie im Beispiel oben – an die Tafel; in Klammer schreibt er jeweils dazu, von wem das Argument kam. Welche Argumente könnten am Ende der Diskussion an der Tafel stehen? **Schreibe einige Argumente – wie im Beispiel oben – hier auf!**

-- *(ca. eine halbe A4 – Seite freier Platz)* --

Der Bürgermeister beauftragt den Verkehrsstadtrat, die Ergebnisse der Diskussion für eine Pressekonferenz in einer (!) übersichtlichen Skizze oder in einem Diagramm möglichst präsentationsreif zusammenzufassen. **Wie könnte diese Skizze bzw. dieses Diagramm aussehen?**

-- *(ca. eine halbe A4 – Seite freier Platz)* --

Abb. 44 Argumente-Gegenargumente – Testaufgabe
(Klieme/Maichle 1994, Ossimitz 1996c)

4.1.2 Messung systemischen Denkens bei Schecker et al. (1997)

In der jüngsten Studie *Physiklernen mit Modellbildungssystemen* von Horst Schecker (Bremen) und Eckhard Klieme (Bonn) wurde zur Erfassung systemischen Denkens eine sehr komplexe und aufwändige Kombination verschiedener Arten von Aufgaben eingesetzt. Ausgangspunkt ist eine matrixartige Tabelle, bestehend aus vier *Repräsentationsebenen* und zwei *Anforderungsebenen* (siehe Abb. 45). Diese Tabelle

> "...systematisiert die möglichen Aufgabenstellungen zum systemischen Denken, die sich ergeben, wenn die beiden Anforderungsebenen (Modellerstellung und -interpretation) auf den verschiedenen Repräsentationsebenen realisiert werden. Dabei sollen die einzelnen Ebenen möglichst trennscharf erfasst werden." (Schecker et al. 1997, S. 13).

Anforderungsebene / Repräsentationsebene	Modellerstellung	Modellinterpretation
qualitativ	• Sachverhalt ➔ Netz von Systemelementen	• *Netz von Systemelementen* *➔ abgeleitete Relationen*
halb-quantitativ	• Relationen zwischen Modellgrößen ➔ Wirkungsnetz	• Wirkungsnetz ➔ unmittelbare und mittelbare Einflüsse
quantitativ	• Relationen zwischen Modellgrößen Parameter ➔ Gleichungen	• Gleichungen ➔ Modellrechnungen
system-dynamisch	• Relationen zwischen Modellgrößen Parameter ➔ Simulationsmodell	• Simulationsmodell ➔ Analyse verschiedener Szenarien

Abb. 45 (aus: Schecker et al. 1997, S. 13)

Insgesamt wurden in der Studie *Physiklernen mit Modellbildungssystem* im Bereich "systemisches Denken" folgende Messinstrumente eingesetzt:

- *Abgestufte Modellerstellung und -interpretation* (AME, 45 min, V, Z, N[65])
- *Interaktive Modellentwicklung* (IME, 45 min, Z, N)
- *Freie Modellerstellung* (FME, 20 min, V, Z)
- *Schriftliche Modellinterpretation* (SMI, 20 min, V, Z, N)
- *Exploration und Steuerung eines dynamischen Systems* (ESS, 90 min, V, N)

[65] Die Minutenangabe bezieht sich auf die für den betreffenden Teil verfügbare Testzeit; V: Vortest, Z: Zwischentest, N: Nachtest.

Bei der AME erhalten die Schüler zu einem bestimmten Referenzkontext sukzessive eine Reihe von aufeinander aufbauenden Teilaufgaben zur Modellerstellung bzw. Interpretation, die alle mit Papier und Bleistift zu lösen sind. Im ersten Teilschritt müssen in einem gegebenen Text zusammenhängende Begriffe durch eine Linie verbunden werden; im zweiten Teilschritt ist aus dem Text ein Wirkungsdiagramm zu erstellen. Im dritten Teilschritt sind aus einem (nach Beendigung von Schritt 2 ausgeteilten) Wirkungsdiagramm bestimmte Interpretationsaufgaben zu lösen usw.

Der Bereich IME bezieht sich auf systemdynamische Simulation mit der Simulationssoftware STELLA. Er schließt inhaltlich und im Zeitablauf an das Instrument AME an.

Bei der FME-Aufgabenstellung erhielten die Schüler umfangreiches Informationsmaterial zur Wasserwirtschaft einer Trockenregion: Grundwasservorrat, Wasserverbrauch, Wasserpreis, Bau von Regenwasseranlagen usw. Daraus sollten sie ein Wirkungsdiagramm erstellen.

Beim Erhebungsteil SMI erhielten die Schüler jeweils ein Modell zum Themenbereich *Absatz eines Produktes* mit verschiedenen Interpretationsaufgaben vorgelegt. Beim Vortest war das Modell als Wirkungsdiagramm, beim Zwischentest in Gleichungsform und beim Nachtest als STELLA-Modell gegeben.

Das Instrument ESS bestand beim Vor- und Nachtest jeweils in der (identischen) Aufgabe, das dynamische System *Hunger in Nordafrika* (vgl. Leutner 1992) zu explorieren und steuern.

Insgesamt ist der bei Schecker und Klieme gewählte Ansatz zur Messung systemischen Denkens wesentlich komplexer und aufwändiger als in den Studien Klieme/Maichle (1991,1994) sowie bei Ossimitz (1994e,1996c). Bei diesen Studien lag die Gesamttestdauer je Schüler (Vor-, Zwischen- und Nachtest zusammengefasst) bei ca. 2 – 5 Stunden; bei der Schecker/Klieme-Studie beträgt sie jedoch nur für den Bereich "Systemisches Denken"[66] bereits achteinhalb Stunden!

4.1.3 Messung systemischen Denkens - die theoretische Perspektive

Die theoretischen Hintergrundüberlegungen zum systemischen Denken und seiner Messung waren bei den beiden Studien von Klieme und Maichle in erster Linie von dem geprägt, was die kognitionspsychologische Forschung zum komplexen

[66] Dazu kamen noch die Bereiche *Physikalische Kompetenz* sowie die *Begleitenden Instrumente* (Fragen zu computerbezogenen Einstellungen, Intelligenztest).

Problemlösen um 1990 anzubieten hatte (vgl. Dörner 1989). In der Studie Klieme/Maichle (1991) beschäftigen sich die Autoren im ersten Kapitel auf 14 Seiten recht ausführlich mit *Systemdenken und Modellbilden*. Dabei gehen sie auch detaillierter auf den Forschungsbereich *Komplexes Problemlösen* um Dörner ein. Sie weisen darauf hin, dass es in der kritischen Problemlöseforschung nicht um Erkenntnisprozesse, sondern um die Erforschung praktischen Handelns geht, wobei der Handlungskontext "eine in sich geschlossene Spielwelt" (Klieme/ Maichle 1991, S. 7) ist und überdies das System(modell) selbst nicht abgeändert werden kann[67]. Insgesamt resümieren Klieme und Maichle:

> "Die Psychologie des komplexen Problemlösens kann daher das mit Systemdenken Gemeinte nicht adäquat beschreiben, messen oder erklären. Es gibt jedoch unseres Wissens keine alternative Vorgehensweise bei dem Versuch, Teilbereiche von Systemdenken empirisch fassbar zu machen." (Klieme/Maichle 1991, S. 8)

Aus diesem eher negativen Resümee kann man wohl die (von Klieme/Maichle nicht explizit ausgesprochene) Schlussfolgerung ziehen, dass man die Entwicklung systemischen Denkens anders messen muss als mit den Methoden, wie sie die Problemlöseforschung verwendet. Wie das geschehen kann, wird bei Klieme/ Maichle (1991) mehr praktisch vorgeführt als theoretisch diskutiert.

Ein theoretischer Ansatz zur Messung systemischen Denkens könnte nun darin bestehen, die in Kapitel 2.2 gebotene Definition systemischen Denkens als Basis zu nehmen. Wir hätten es dann mit folgenden Dimensionen zu tun:

(1) Messung vernetzten Denkens
(2) Messung der Fähigkeit, in dynamischen Zeitabläufen zu denken
(3) Messung der Fähigkeit, in Modellen zu denken
(4) Messung der Fähigkeit zur praktischen Steuerung von Systemen.

Das Ansinnen, systemisches Denken nun tatsächlich entlang dieser vier Dimensionen empirisch zu messen, erweist sich jedoch als eher problematisch. In der Praxis kommen diese vier Dimensionen systemischen Denkens kaum einzeln, sondern typischerweise in sehr enger Verschränkung miteinander vor und können daher nicht so ohne weiteres isoliert gemessen werden. Am ehesten lässt sich noch die Fähigkeit zur praktischen Steuerung von Systemen abgrenzen – wie es etwa dem Paradigma des kognitionspsychologischen Zweiges "Komplexes Problemlösen" entspricht. Aber selbst in diesem Forschungszweig gibt es kontroverse Befunde, ob es eine abstrakte Fähigkeit zur Steuerung komplexer Probleme als eine isolierbare Fähigkeit überhaupt gibt.

---

[67] In der Terminologie von Watzlawick (1979, S. 99) gesprochen sind bei den Experimenten der komplexen Problemlöseforschung keine *Lösungen zweiter Ordnung* möglich.

Putz-Osterloh (1987) beschreibt in ihrer Arbeit *Gibt es Experten für komplexe Probleme?* eine Untersuchung, in der je eine Gruppe von "Experten" (sieben Professoren der Wirtschaftswissenschaften) und dreißig "Laien" (unausgewählte Studierende, die sich freiwillig für das Experiment gemeldet hatten) das *Moro*-Simulationsszenario und das ökonomische System *Schneiderwerkstatt* möglichst erfolgreich zu steuern versuchten. Die Ergebnisse waren ambivalent: Einerseits waren die Leistungen der Professoren bei beiden Systemen hinsichtlich sämtlicher Steuerungsvariabler signifikant besser als die der Studenten. Dies würde *für* die These sprechen, dass es Experten zur Steuerung komplexer Systeme gibt. Andererseits steuerten die Professoren das ökologische Moro-System genauso gut wie das ökonomische Modell der *Schneiderwerkstatt*, was darauf schließen lässt, dass es nicht unbedingt die wirtschaftswissenschaftliche Fachkompetenz ist, welche die Experten besser agieren lässt als die Laien.

Auch Dörner (1989, S. 308f) äußert sich sehr skeptisch, ob es "systemisches Denken" als eine isolierbare Fähigkeit überhaupt gibt (vgl. auch 1.2).

Wenn nun die Messung systemischer Denkfähigkeiten schon bei der pragmatischen Dimension des systemgerechten Handelns derart kritisch beurteilt wird, darf man sich von den anderen Dimensionen "vernetztes Denken", "dynamisches Denken" sowie "Denken in Modellen" keine leichtere empirische Messbarkeit erwarten. Es bleibt als Fazit, dass die in 2.2 entwickelten Dimensionen systemischen Denkens nicht sehr hilfreich sind, um zu einer Operationalisierung systemischen Denkens zu kommen.[68]

Eher Erfolg versprechend und dem empirischen Messen eher angemessen erscheint mir eine theoretische Diskussion der Operationalisierung systemischen Denkens zu sein, die sich an mehr pragmatisch orientierten Teilaspekten systemischen Denkens orientiert. Solche Teilaspekte könnten beispielsweise sein:

- (A) Identifikation relevanter Systemelemente
- (B) Vernetzungen identifizieren und beurteilen können
- (C) Erkennen von Systemgrundmustern (Archetypen)
- (D) Qualitative Systemmodelle selbst erstellen und beurteilen können
- (E) Nummerische Simulationsmodelle selbst entwickeln/untersuchen können
- (F) Zeitliche Dynamiken und Entwicklungsmöglichkeiten erkennen können
- (G) Fähigkeit zur Steuerung von black-box Simulationsmodellen

[68] Die vier Dimensionen systemischen Denkens wurden auch nicht mit der Absicht formuliert, um dann daraus ein Messverfahren zur Messung systemischen Denkens zu entwickeln. Die Definition systemischen Denkens in 2.2 hat eher den Zweck, verschiedene (in der Literatur oft recht einseitig betrachtete) Aspekte systemischen Denkens zu einem mehrdimensionalen Begriff zu integrieren.

Diese Liste stellt einen ersten Versuch dar, einer konkreten Messung eher unmittelbar zugängliche Aspekte systemischen Denkens zu spezifizieren und diese damit einer Diskussion zugänglich zu machen. Sie ist weder vollständig noch irgendwie systematisch entwickelt, sondern gibt lediglich einen gewissen Stand meiner Überlegungen zur Messung systemischen Denkens wieder.

Die einzelnen Aspekte (A) – (G) liegen größtenteils quer zu den in 2.2 diskutierten vier Dimensionen systemischen Denkens. Am ehesten kann noch Aspekt (F) der Dimension *Denken in dynamischen Zeitabläufen* und Aspekt (G) hauptsächlich der Dimension *Praktische Steuerung von Systemen* zugeordnet werden. Die Aspekte (D) und (E) haben sicherlich etwas mit dem Denken in Modellen zu tun, aber auch die anderen Dimensionen systemischen Denkens können beim qualitativen wie auch beim quantitativen systemischen Modellieren eine bedeutende Rolle spielen. Am wenigsten lassen sich die Aspekte (A), (B) und (C) einer bestimmten der vier Dimensionen systemischen Denkens zuordnen. Die Tabelle in Abb. 46 gibt einen Überblick.[69]

Dimension syst. Denkens / dazu benötigter Teilaspekt	vernetztes Denken	dynamisches Denken	Denken in Modellen	Steuerung von Systemen
(A) Identifikation von Systemelementen	ja	ja	JA	teilweise
(B) Vernetzungen identifizieren	JA	ja	ja	ja
(C) Erkennen von Systemarchetypen	JA	JA	ja	teilweise
(D) Qualitatives Modellieren	ja	teilweise	JA	teilweise
(E) Quantitatives Modellieren	teilweise	ja	JA	ja
(F) Zeitliche Dynamiken erkennen	teilweise	JA	teilweise	ja
(G) Steuerung von Simulationsmodellen	ja	teilweise	teilweise	JA

Abb. 46 Profil der vier Dimensionen systemischen Denkens

Diese Tabelle ergibt spaltenweise ein Profil, welche der genannten Teilaspekte bei den einzelnen Dimensionen systemischen Denkens relevant sind. Im Folgenden möchte ich nun näher darauf eingehen, inwieweit die Teilaspekte (A) bis (G) konkret empirisch gemessen werden können.

69 Dabei bedeutet der Eintrag "JA" eine stärkere Form der Zusammengehörigkeit als "ja".

(A) Identifikation relevanter Systemelemente

Um ein Systemmodell – egal, ob qualitativ oder quantitativ – überhaupt entwickeln zu können, muss folgende Frage schlüssig beantwortet werden: *Welche Elemente soll das Systemmodell überhaupt enthalten?* Diese Frage erscheint bei oberflächlicher Betrachtung trivialer, als sie in der Praxis oft ist. Immerhin prädeterminiert die Wahl der Modellelemente ganz wesentlich die damit möglichen systemischen Konstrukte. Vor allem bei sehr einfachen Grundmodellen ist die Wahl der Modellelemente auf das engste mit der Frage verbunden, welche Elemente (zunächst noch) *nicht* im Modell aufscheinen sollen. Ganz pointiert gesagt geht es bei der Entwicklung eines neuen Systemmodells darum, zunächst ein einzelnes "zentrales" Systemelement zu identifizieren und auszuwählen, um dann um dieses herum das Systemmodell zu entwickeln und zu erweitern. Dies gilt gleichermaßen für explizite, materialisierte Systemmodelle wie für rein kognitive Denkmodelle. Inwieweit dies einfach oder schwierig ist, hängt sehr vom Sachkontext und von der Sichtweise ab, die man darauf hat. Bei einem Kapitalverzinsungsmodell vom Typ "Sparbuch" wird es relativ einfach sein, das zu verzinsende Kapital, den Zinssatz, Einzahlungen sowie Abhebungen als die zentralen Elemente eines solchen Modells zu identifizieren.

Möchte man hingegen ein Modell über die Vermögensbildung von Privatpersonen entwickeln, dann wird es schlagartig schwieriger (und auch willkürlicher), die dazu nötigen "relevanten" Modellelemente zu nennen. Vom Blickwinkel einer Bank aus könnte man so ein Modell vielleicht um verschiedene Spar- und Anlageprodukte herum entwickeln und dem entsprechend als zentrale Modellelemente vielleicht Sparbuch, festverzinsliche Wertpapiere und Aktien unterscheiden. Aus der Sicht des "Sparers" kann im Zusammenhang mit "Vermögensbildung" vielleicht eine ganz andere Betrachtungsweise sinnvoll sein, bei der z. B. ein für ein Eigenheim aufgenommener Kredit als eine Form der Vermögensbildung angesehen wird – oder auch eine Lebensversicherung oder die Beteiligung an einem Unternehmen.[70]

So bedeutsam die Identifikation relevanter Systemelemente ist, so schwierig ist es, diese Fähigkeit zu messen. Dies hat mehrere Gründe: Erstens stellt sich dieses Problem für jeden Sachkontext neu und die Leistungen einer Versuchsperson in einem bestimmten Kontext werden vermutlich stark davon abhängen, inwieweit die betreffende Person mit diesem Bereich vertraut ist und welche Sichtweise sie darauf hat. Zweitens ist es kaum möglich, für einen bestimmten Kontext eine

---

[70] Ein ausführlich besprochenes Beispiel findet man in Ossimitz (1990a, S. 53ff), wo das System *Stadtverkehr* aus verschiedenen Blickwinkeln qualitativ modelliert wird, etwa aus der Sicht eines Autofahrers, eines Umweltschützers oder eines Benützers öffentlicher Verkehrsmittel.

Eine Talsperre versorgt eine Großstadt mit Trinkwasser. Gespeist wird die Talsperre – im Winter mehr, im Sommer weniger – durch den Zulauf verschiedener Bäche und durch das aufgefangene Regenwasser. Der Verbrauch der Großstadt bleibt von Monat zu Monat etwa gleich. Zusätzlich verliert die Talsperre Wasser durch das Versickern im Boden: Etwa 0,1 Prozent des jeweiligen Talsperreninhalts geht deswegen im Laufe eines Monats verloren.

Es soll ein Modell erstellt werden, das beschreibt, wie sich die Wassermenge von Monat zu Monat ändert.

(a) bitte gib alle Größen an, die dieses Modell enthalten muss! Schreibe jeweils dazu, ob es sich um eine Zustandsgröße (Abkürzung Z), eine Änderungsgröße (Ä), eine Konstante (K) oder eine Funktion (F) handelt!

(b) Zeichne ein Modell, das die Größen und ihre Zusammenhänge (dargestellt durch Wirkungspfeile) beschreibt! Verwende die Symbole, die Du aus der Arbeit mit MODUS kennst.

Abb. 47 Talsperrenaufgabe (Klieme/Maichle 1994, S. 69f)

objektive Skala zu konstruieren, an der die Qualität der Identifikation von Systemelementen gemessen werden kann. Drittens kann man anhand der ausgewählten Systemelementen allein kaum beurteilen, inwieweit diese Auswahl brauchbar oder nützlich ist. Dies ergibt sich erst durch die Art, wie mit diesen Elementen dann umgegangen wird, wie sie miteinander systemisch verknüpft und "benützt" werden.

Es verwundert daher nicht, dass die Dimension *Identifikation relevanter Systemelemente* in den mir bekannten Untersuchungen zur Entwicklung systemischen Denkens nur punktuell erfasst wird. Sie spielt implizit in der Argumente-Gegenargumente-Aufgabenstellung bei Klieme/Maichle (1994) und Ossimitz (1996c) eine Rolle. Auch Teil (a) der in Abb. 47 wiedergegebenen Aufgabe aus dem Nachtest bei Klieme/Maichle (1994) bezieht sich explizit auf den Aspekt "Identifikation von Systemelementen".

Dabei wird in beiden Teilaufgaben (a) und (b) des Talsperrenbeispiels eine Klassifikation der Systemelemente nach Typen gefordert, wie sie für das Modellieren mit der Simulationssoftware MODUS charakteristisch sind. Insofern verlangt schon Aufgabe (a) mehr als nur das Identifizieren von Systemelementen; sie setzt auch eine gewisse Vertrautheit mit Modellierlogik von MODUS voraus[71]. Dieses Beispiel macht deutlich, wie schwierig (bis unmöglich) es ist, die Dimension "Identifikation relevanter Systemelemente" isoliert quasi in Reinkultur zu messen. Wie immer eine entsprechende Aufgabe auch formuliert sein mag, immer wird man mehr als nur den Identifikationsaspekt allein messen.

[71] Aus diesem Grund wurde diese Aufgabe auch nur beim Nachtest nach Beendigung der zu evaluierenden Unterrichtseinheit gestellt. Näheres zur MODUS-Modellierlogik siehe 3.5.5.

(B) Vernetzungen identifizieren und beurteilen können

Diese Fähigkeit liegt im Kern der Dimension *Vernetztes Denken* von Abschnitt 2.2.1 und hängt eng mit der Fähigkeit zur Identifikation relevanter Systemelemente zusammen. Um etwa die Vernetzungen (indirekte Wirkungen, Rückkoppelungen) im Talsperrenbeispiel überhaupt erkennen und beurteilen zu können, müssen jedoch entsprechende Systemelemente festgelegt worden sein. Teil (b) des Talsperrenbeispiels bezieht sich auf diese Vernetzungsdimension. Allerdings wird auch hier zusätzlich verlangt, dass die Vernetzung in MODUS-Notation dargestellt wird. Insofern wird in Aufgabe 6 (b) mehr als nur die Fähigkeit zur Identifikation von Vernetzungen erfasst.

Dies gilt jedoch nicht nur für das Talsperrenbeispiel. Ganz allgemein braucht man zur praktischen Ermittlung von Vernetzungen wenigstens folgendes:
1. Systemelemente, die miteinander vernetzt sind;
2. ein entsprechendes Darstellungswerkzeug, um die Systemelemente und die Vernetzungen darzustellen.

Dabei ist vor allem die zweite Erfordernis in der Praxis der entscheidende Punkt, wenn es darum geht, vernetzte Situationen konkret zu beurteilen. Pointiert gesagt: *Vernetztes Denken braucht geeignete Darstellungsmittel.* Dies zeigte sich schon bei der Konstruktion der Tests in den Studien Klieme/Maichle (1991 und 1994) sowie in meinen eigenen Studien (Ossimitz 1994e und 1996c). Die Talsperrenaufgabe ist nur sinnvoll möglich, wenn eine entsprechende Darstellungstechnologie (wie z. B. die MODUS-Notation) zur Verfügung steht – also beim Nachtest. Bei den Vortests konnte eine vernetzte Situation nur als Text gegeben werden, weil andere Darstellungsformen vernetzter Strukturen nicht allgemein zur Verfügung standen. Bei der Argumente-Gegenargumente-Aufgabe (vgl. Abb. 44) wurde die einfachste Form einer Vernetzung in Form von Wirkungsketten in der Angabe quasi mitgeliefert, um dann die Fähigkeit, solche Kausalketten bilden zu können, zu testen.

Es hat sich auch auf der Ebene der Testergebnisse gezeigt, dass die Fähigkeit zur Identifikation und Beurteilung vernetzter Zusammenhänge sprunghaft anwächst, wenn entsprechende Darstellungsmittel (vor allem Wirkungsdiagramme, vgl. 4.1) zur Verfügung stehen. Wir konnten feststellen, dass bereits das bloße Sehen von zwei einfachen Wirkungsdiagrammen Schüler dazu veranlasst, das Hilu-Beispiel ganz anders in eine Grafik umzusetzen als dies Schüler ohne einen solchen Hinweis tun (vgl. S. 161ff).

Zusammenfassend bleibt festzuhalten, dass der Aspekt der Identifikation und Analyse von Vernetzungen entscheidend von den verfügbaren Darstellungsmitteln abhängt und auch nur unter Berücksichtigung der verfügbaren Darstellungsmöglichkeiten beurteilt werden kann.

(C) Erkennen von Systemgrundmustern (Archetypen)

Die Fähigkeit, systemische Grundmuster in einem bestimmten Kontext zu erkennen, ist eine Weiterführung von Fähigkeit (B) im Sinne des Verständnisses von *Systems Thinking* bei Senge (1990). Sie erfordert, wie Senge selbst einräumt, eine gewisse Erfahrung und lässt sich nicht kurzfristig erlernen. Genau genommen ist sie eine Metakompetenz, die sich aufbauend auf einem schon entwickelten Verständnis von systemischen Kreisläufen entwickeln kann. Es ist daher nicht verwunderlich, dass das Erkennen von Systemarchetypen in der systemisch orientierten Schulausbildung bislang kaum eine Rolle spielt. Dem entsprechend gibt es auch in der empirischen Begleitforschung zur Entwicklung systemischen Denkens bislang keinerlei Ansätze in diese Richtung.

Bevor man nun spekulativ die Frage erörtert, wie man die Fähigkeit, systemische Grundmuster zu identifizieren und zu beurteilen, messen kann, wäre zu klären, wie man dies überhaupt durch schulischen Unterricht vermitteln möchte. Hier liegen meines Wissens noch keine referierbaren Konzepte vor. Senge selbst vertritt in *The Fifth Discipline*, vor allem aber in *The Fifth Discipline Fieldbook* (Senge 1994) den Ansatz eines Lernens durch "Reflexion on the job", der einen deutlich anderen Charakter hat als die typisch schulische oder universitäre Ausbildung. In diesem Kontext ist (anders als in der Schule) allein durch die tägliche Praxis schon eine gewisse Sensibilität für konkrete Systemzusammenhänge sowie ein intuitives Wissen darüber gegeben, auf denen aufgebaut werden kann. Bei nüchterner Betrachtung muss man einräumen, dass im schulischen Bereich vergleichbare Voraussetzungen, was das Verständnis von Systemen angeht, meist nicht gegeben sind. Aus diesem Grund liegt Fähigkeit (C) als Metakompetenz, die schon ein gewisses Systemverständnis benötigt, heute sicherlich noch deutlich außerhalb der Reichweite schulischer Ausbildung. Am ehesten erscheint es noch möglich, einige System-Archetypen im Unterricht exemplarisch vorzuzeigen oder solche suchen und analysieren zu lassen (siehe 1.1.3, 3.1.2).

(D) Qualitative Systemmodelle selbst erstellen/beurteilen können

Qualitative Systemmodelle kann man im Wesentlichen als Text oder als Wirkungsdiagramm repräsentieren. Damit lassen sich folgende mögliche Teilkompetenzen unterscheiden:

(1) Einen systemischen Sachverhalt in Textform darstellen können.

(2) Einen als Text gegebenen systemischen Sachverhalt ("Prosamodell") verstehen und beurteilen (Schlussfolgerungen ziehen, Fragen beantworten) können.

(3) Ein Prosamodell in ein Wirkungsdiagramm (oder eine vergleichbare systemische Darstellung) übersetzen können.

(4) Einen Sachverhalt "direkt" (ohne Prosamodell als Zwischenstufe) als Wirkungsdiagramm modellieren können.

(5) Eine als Wirkungs- oder als Flussdiagramm dargestellte Situation inhaltlich beurteilen können.

Die Teilaspekte (1) bis (5) sind unterschiedlich leicht einer empirischen Überprüfung durch einen Test zugänglich. Am leichtesten lassen sich die Aspekte (2) und (3) überprüfen. Ein Beispiel dafür sind Aufgaben vom Hilu-Typ (vgl. Abb. 41). Die Aufgabenstellung entspricht Aspekt (3). Aspekt (2) wurde durch ergänzende Multiple-Choice-Fragen (vgl. Abb. 42) überprüft.

Der wesentliche Vorteil dieser Art von Aufgabenstellung, etwa im Gegensatz zu dem Talsperrenbeispiel (Abb. 47), besteht darin, dass sie keinerlei spezifische Voraussetzungen an die Vorkenntnisse der Schüler stellt und damit eine Leistungsmessung auch *vor* einem einschlägigen Unterricht ermöglicht. Würde man statt dessen ein Wirkungsdiagramm vorgeben und dazu Fragen stellen, dann würde man beim Vortest lediglich ermitteln, inwieweit die Schüler ohne Ausbildung die hinter einem Wirkungsdiagramm steckende "Technologie" zu erkennen imstande sind. Insofern ist eine seriöse Messung von Aspekt (5) bei einem Vortest kaum möglich.

Die Aspekte (1) und (4) beziehen sich – anders als die Aspekte (2) und (3) nicht auf die Übersetzung von einer Darstellung in eine andere, sondern auf den Transfer von einer mentalen Vorstellung in eine Darstellung, ohne dass der systemische Sachverhalt bereits in einer andere Darstellungsform vorliegt. Diese Eigenheit macht es sehr schwierig, diese Fähigkeit empirisch zu testen: Wie soll man die Ausgangssituation darstellen? Die Argumente-Gegenargumente-Aufgabe stellt einen Versuch dar, dieses Problem zu überwinden, indem bloß vorgestellte Zusammenhänge in einer Art Zwitter zwischen Text und Wirkungsdiagramm zu Papier gebracht werden sollen. Dennoch muss man wohl feststellen, dass es kaum überzeugende Ansätze gibt, die Aspekte (1) und (4) zu messen.

Insgesamt bleiben die Teilaspekte (2) und (3) die Einzigen, die sich im Zusammenhang mit qualitativer Systemmodellierung in einem schriftlichen Test-Retest-Design problemlos operationalisieren lassen.

(E) Nummerische Simulationsmodelle selbst entwickeln bzw. beurteilen können

Diese Kompetenz erfordert ein bestimmtes Simulationswerkzeug (Software) und kann auch nur mit Bezug auf diese Simulationssoftware vernünftig operationalisiert werden. Damit ist eine Messung dieser Fähigkeit lediglich nach einem entsprechenden Unterricht möglich. Bei einem Untersuchungsdesign mit zwei völlig gleichartigen Tests vor und nach dem zu evaluierenden Unterricht (wie etwa bei Ossimitz 1994e und Ossimitz 1996c) ist diese Dimension kaum vernünftig zu erheben.

Die Hauptfrage im Zusammenhang mit der eigenständigen Entwicklung und Beurteilung von Simulationsmodellen lautet jedoch: *Wie sehr hängen die Leistungen und Lernmöglichkeiten der Schüler davon ab, welches Softwareprodukt konkret verwendet wird?* Die bisherigen empirischen Erfahrungen haben gezeigt, dass für die Schüler der Umgang mit MODUS (Klieme/Maichle 1991 und 1994, Ossimitz 1994e) wesentlich problematischer war als mit POWERSIM[72] (Ossimitz 1996c). Sowohl hinsichtlich des Aufwandes zur Einarbeitung in das Programm als auch hinsichtlich des Verständnisses der Programmlogik wie auch in Fragen der praktischen Programmbenützung erwies sich POWERSIM als deutlich überlegen. Dieser Befund ist bemerkenswert, weil

- die in Ossimitz (1996c) verwendete Version 1.1 von POWERSIM nur auf Englisch, MODUS hingegen auf Deutsch verfügbar war;
- POWERSIM von der Funktionalität her ein wesentlich komplexeres Produkt (z. B. vektorielle Variable, verschiedenste "bells and whistles") als MODUS ist;
- POWERSIM im Gegensatz zu MODUS nicht speziell für den Schulsektor, sondern in erster Linie für industrielle Anwender entwickelt wurde.

Auch wenn dieser Vergleich zwischen MODUS und POWERSIM keine sehr breite empirische Datenbasis darstellt, so scheint die Wahl des konkreten Softwareprodukts beim Lernen systemdynamischer Modellbildung und Simulation doch einen wesentlichen Einfluss zu haben. Damit wird es aber sehr problematisch, empirisch fundierte Aussagen über die Fähigkeit, nummerische Simulationsmodelle selbst entwickeln und beurteilen können, unabhängig vom gerade gewählten Softwareprodukt machen zu wollen. Dies mag im Interesse einzelner Software-Hersteller (wie etwa Barry Richmond als Repräsentant von STELLA, siehe 2.1.5) liegen, die *Systems Thinking* gerne in einem engen Zusammenhang mit ihrer

[72] Näheres dazu in den Abschnitten 3.2 bis 3.4 – In erster Näherung kann man POWERSIM hier als stellvertretend für ähnliche Produkte wie STELLA, DYNASYS oder VENSIM ansehen.

Simulationssoftware sehen möchten. Für die empirische Forschung hingegen ist eine derartig enge Bindung an bestimmte Produkte problematisch. Die umfangreichen Forschungen von Klieme und Maichle (1991 und 1994) zu MODUS sind ein deutlicher Beleg: Zu der Zeit, als Klieme und Maichle die Ergebnisse ihrer Hauptstudie 1994 veröffentlichten, war MODUS in der schulischen Praxis bereits faktisch aus dem Rennen. Im Bundesland Baden-Württemberg wurde in der Arbeitsgruppe um Dieter Koller zu diesem Zeitpunkt bereits mit POWERSIM geliebäugelt, während in NRW Walter Hupfeld schon DYNASYS programmierte, das ab 1995 MODUS in kürzester Zeit vom Markt verdrängen sollte. Eine Umsetzung der von Klieme und Maichle gefundenen, MODUS-spezifischen Ergebnisse fand somit de facto praktisch nicht mehr statt.

Zusammenfassend muss festgestellt werden, dass die Fähigkeit zur Entwicklung und Beurteilung nummerischer Simulationsmodelle doch nur in einem engen Zusammenhang mit dem konkret verwendeten Softwareprodukt beurteilt werden kann, was das Gewinnen längerfristig gültiger, "produktübergreifender" Erkenntnisse aber sehr schwierig bis unmöglich macht. Dennoch sollte man bei jeglicher softwarebezogener empirischer Forschung möglichst produktübergreifend gültige Ergebnisse anstreben, auch wenn dies nur teilweise gelingen wird.

(F) Zeitliche Dynamiken und Entwicklungsmöglichkeiten erkennen können

Da sich zeitliche Dynamiken in Systemen in der Regel aus der Vernetzungsstruktur (eskalierende bzw. stabilisierende Rückkoppelungskreise) ergeben, steht diese Dimension in einem engen Zusammenhang mit der Fähigkeit, Vernetzungen zu erkennen und zu beurteilen. Dabei muss man zwei Ebenen von Aussagen über die Dynamik von Systemen unterscheiden:

- Qualitativ repräsentierte Systeme (Wirkungsdiagramme, Systemarchetypen) erlauben lediglich *qualitative Aussagen* darüber, wie sich das System im Laufe der Zeit entwickelt.
- Quantitativ repräsentierte Systeme (z. B. systemdynamische Simulationsmodelle) ermöglichen spezifischere *quantitative Aussagen* über den Verlauf von einzelnen Systemvariablen.

Im Zusammenhang mit *quantitativen Simulationsmodellen* konkretisiert sich die Fähigkeit, zeitliche Dynamiken zu erkennen, zunächst einmal als eine eher modelliertechnische Kompetenz. Es geht darum, ein entsprechendes nummerisches Modell zu entwickeln, verschiedene Szenarien mit der entsprechenden Software durchzurechnen, Parameter zu variieren, die Ergebnisse geeignet darzustellen (z. B. als Tabelle, Zeitplot oder auch als Phasendiagramm) und diese Darstellungen angemessen zu interpretieren. Damit ist man wieder mit dem bereits im letzten Abschnitt diskutierten Problem konfrontiert, dass die Entwicklung solcher Fähigkeiten (und damit auch deren Messung) entscheidend vom jeweils verwendeten Softwareprodukt abhängt.

Bei *qualitativen Systemmodellen* lassen sich ohne Berücksichtigung des jeweiligen Kontextes kaum allgemeine Regeln für die Systementwicklung aufstellen. Beispielsweise kann dieselbe negative Rückkoppelungskreisstruktur je nach der Dauer bis zum Wirksamwerden des Feedbacks zu stabilem, periodisch schwingendem, chaotischen oder sogar zu einem "overshoot-and-collapse"-Verhalten führen (siehe Abb. 14; vgl. auch Ossimitz 1990, S. 110ff). Auch positive Rückkoppelungskreise können im Prinzip in zwei Richtungen eskalieren. So kann sich der in Abb. 48 modellierte eskalierende Rückkoppelungskreis zwischen der Attraktivität eines Standortes für Geschäfte und der Kundenfrequenz in zwei Richtungen entwickeln: entweder als expansive Spirale der Art mehr Attraktivität → mehr Kunden → mehr Attraktivität oder als abwärtsgerichteter Kreislauf: weniger Attraktivität → weniger Kunden → weniger Attraktivität.

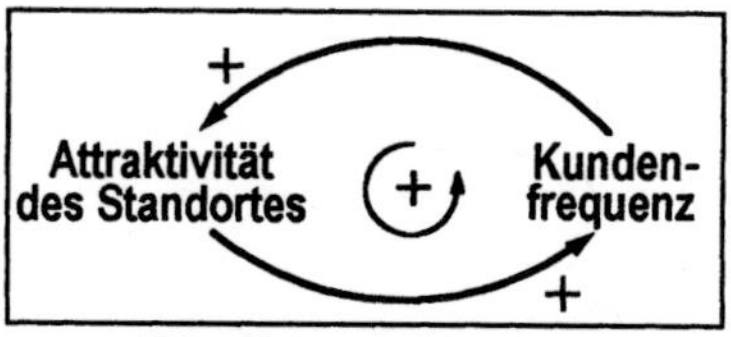

Abb. 48 Attraktivität eines Geschäftsstandortes

In den bisherigen Untersuchungen zur Entwicklung systemischen Denkens wurde die Fähigkeit zur Beurteilung zeitlicher Dynamiken nur ansatzweise in den Ergänzungsfragen zu den Aufgaben des Hilu-Typs gemessen (vgl. Abb. 42). Wie sich in den ergänzenden Interviews der Studie Ossimitz (1994e) gezeigt hat, ist dabei die Beurteilung des Antwortverhaltens der Schüler nicht so einfach, wie es zunächst den Anschein hat. Auch vollkommen falsch erscheinende Antworten können einer plausiblen Vorstellung über das System entsprechen (näheres siehe S. 172ff).

(G) Fähigkeit zur Steuerung von black-box Simulationsmodellen

Die Fähigkeit zur Steuerung von black-box Simulationsmodellen wurde in der Forschung zum "Komplexen Problemlösen" (Dörner 1978, 1983, 1989, Funke 1984, 1985) ausführlich untersucht. Sie unterscheidet sich von den bisher diskutierten Dimensionen zunächst einmal ganz entscheidend dadurch, dass die innere Struktur des zu steuernden Systems unbekannt und auch nicht direkt zugänglich ist. Außerhalb der Problemlöseforschung tritt diese Dimension bei einem bestimmten Typus von Simulationsspielen (wie SimCity oder eine ganze Reihe von ähnlichen Handels-, Wirtschafts- und Siedlungssimulationsspielen) auf, während sie in der schulischen Ausbildung praktisch keine Rolle spielt.

Im Zusammenhang mit der Messung systemischen Denkens wurde diese Dimension in den Studien Klieme/Maichle (1994; Kleinsystem DYNAMIGHT, siehe 4.1.1) und vor allem in Schecker et. al. (1997) berücksichtigt. Eines der Messinstrumente zur Beurteilung des systemischen Denkens in der letztgenannten Studie war die "Exploration und Steuerung eines dynamischen Systems" (Schecker et al. 1997, S. 39). Konkret wurden hier bei der Eingangserhebung und bei der Abschlusserhebung die Leistungen der Schüler beim Steuern des Simulationsszenarios *Hunger in Nordafrika* (Leutner 1992) gemessen.

4.1.4 Zusammenfassung: Methoden zur Messung systemischen Denkens

In empirischen Untersuchungen wurden bislang folgende Methoden zur Messung systemischen Denkens eingesetzt:

(1) Steuerung von Simulationsszenarien am Computer
(2) Breitenerhebung mit schriftlichen Testaufgaben (Klieme/Maichle 1991, 1994; Ossimitz 1996c)
(3) Schriftliche Testaufgaben + ergänzende Interviews (Ossimitz 1994e)
(4) Kombination verschiedener Methoden (Schecker et. al. 1997)

Methode (1) ist der Ansatz der kognitionspsychologischen Forschung zum komplexen Problemlösen. Im Mittelpunkt steht das Steuerungsverhalten von Versuchspersonen an einem eigens für diesen Zweck konstruierten Simulationssystem. Je nach Art des simulierten Szenarios reicht die Spannweite der möglichen Interaktionen mit dem System von einer Auswahl an verschiedenen Knopfdrücken bis hin zu zur Möglichkeit, dass Fragen der Art "Wie viele Ausbildungsplätze gibt es in den verschiedenen Branchen in Lohhausen? Welche Berufswünsche haben Jugendliche?" (Dörner 1989, S. 41) an den Versuchsleiter gestellt werden konnten.

In den Studien zur Entwicklung systemischen Denkens bei Schülern spielt diese Methode nur am Rande eine Rolle: das Simulationssystem *Hunger in Nordafrika* in Schecker et al. (1997, S. 22) oder das Minisystem DYNAMIGHT bei Klieme/ Maichle (1994).

Methode (2) ist das wichtigste Verfahren bei den bisherigen Untersuchungen zum systemischen Denken bei Schülern. Das Grundkonzept besteht darin, allen Schülern vor und nach der Unterrichtseinheit je einen Test mit vergleichbaren Aufgabenstellungen vorzulegen. Die Aufgaben sind durchwegs mit Papier und Bleistift (also ohne Computerhilfe oder sonstige spezielle Hilfsmittel) lösbar. Der Zeitrahmen für alle Testaufgaben liegt bei einer oder zwei Schulstunden.

Aufgaben vom Typ des Hilu-Szenarios (Abb. 41) wurden bereits in der ersten Studie von Klieme/Maichle (1991) gestellt und in z. T. überarbeiteter Form auch in den Folgestudien bei Klieme/Maichle (1994) und Ossimitz (1994e und 1996c) eingesetzt. Der Argumente-Gegenargumente-Aufgabentyp (Abb. 44) wurde von Klieme/Maichle (1994) erstmals eingesetzt und unverändert von Ossimitz (1996c) übernommen. Ergänzend dazu enthielten die Studien von Klieme/Maichle weitere Aufgaben bzw. Fragen, die sich auf Bereiche außerhalb des hier diskutierten Rahmens bezogen (etwa zum Sachrechnen, zum Interpretieren von Grafiken oder zur Bedienung von MODUS).

Methode (3), eine schriftliche Befragung inklusive ergänzender Interviews, wurde nur in der Pilotstudie Ossimitz (1994e) konsequent eingesetzt, was dort wegen der geringen Zahl von insgesamt nur sieben untersuchten Schülern auch relativ leicht war. Die Interviews brachten wesentliche Aufschlüsse über die Argumentationshintergründe der Schüler bei der Beantwortung der ergänzenden Fragen zum Hilu-Szenario. Insbesondere zeigten die Interviews, dass einfache "richtig-falsch"-Bewertungen der angekreuzten Antworten ohne Berücksichtigung dessen, was sich die Schüler dabei gedacht haben, höchst problematisch sind (vgl. S. 172).

4.2 Die Studie *Erprobung eines Modellbildungssystems*

Die Pilotstudie *Erprobung eines Modellbildungssystems im Unterricht* wurde vom Landesinstitut für Schule und Weiterbildung (LSW) in Soest (Nordrhein-Westfalen) in Auftrag gegeben. Ziel dieser Studie war es, erste Erfahrungen im praktischen Einsatz der Simulationssoftware MODUS zu sammeln, die ebenfalls im Auftrag des LSW von einer Gruppe um Werner Walser und Joachim Wedekind am Deutschen Institut für Fernstudien (DIFF) in Tübingen entwickelt worden war (siehe z. B. Walser 1992).

An der Untersuchung nahmen (beim Vortest) 212 Schüler in 10 Klassen (Gymnasien, Gesamtschulen und Realschulen) teil. In der Erhebung nach der Unterrichtsdurchführung konnten noch 165 Schüler in 8 Klassen der Jahrgangsstufen 9 und 10 erfasst werden. Die Schüler erhielten in einem der Fächer Biologie, Sozialkunde, Chemie oder Mathematik eine Unterrichtseinheit in der Dauer von ca. 13 Stunden. Die Grundlage für den Unterricht war ein am LSW für jedes Fach speziell entwickeltes Themenheft, etwa in Mathematik zum Thema *Wachstum* (Winkelmann 1992a), in Biologie zum Thema *Lebensgemeinschaft Wald* (Landesinstitut für Schule und Weiterbildung 1992), im Fach Sozialkunde das Heft *Wirtschaftskapitän* (Stieglitz et al. 1991) und in Chemie zum Thema *Kohlenstoffkreislauf.* Die Unterrichtsziele charakterisieren Klieme/Maichle (1991, S. 18) folgend:

"Die Schüler sollten:

- fachbezogenes Wissen über ein konkretes System erwerben (z. B. über den Kohlenstoffkreislauf, über Nahrungsketten, über einen Wirtschaftskreislauf),
- selbständig Modelle über reale Zusammenhänge bilden, die Modelldarstellung durch Simulation auf Übereinstimmung mit den realen Gegebenheiten überprüfen und nötigenfalls revidieren können,
- in die Lage versetzt werden, selbständig und entdeckend zu lernen und dabei miteinander zu kooperieren,
- lernen, vernetzt, d. h. in Systemen zu denken (einzelne Systemkomponenten erkennen und ihre Wirkungszusammenhänge erfassen können, unterschiedliche Systemstrukturen unterscheiden und die Effekte von Eingriffen in ein definiertes System abschätzen können) sowie
- motiviert werden, auch in ihrem alltäglichen Handeln vernetzten Zusammenhängen – z. B. ökologischer oder ökonomischer Art – Rechnung zu tragen."

Die Schüler wurden einem schriftlichen Vortest (vor der Unterrichtssequenz) und einem entsprechenden Nachtest nach der Unterrichtssequenz unterzogen. Dabei wurden beim Vortest neben Aufgaben zum Systemdenken (auf die ich im weiteren schwerpunktmäßig eingehen möchte) auch noch Fragen zur Vertrautheit mit elementaren Systembegriffen; zur Fähigkeit im Umgang mit mathematischen Begriffen, Größen und Relationen; zur Fähigkeit, Diagramme zu interpretieren sowie zur Einstellung Computern gegenüber gestellt. Beim Nachtest wurden zusätzlich Fragen zur Modellierung mit MODUS gestellt.

Neben den Schülerbefragungen wurden auch die Lehrer vor und nach der Unterrichtseinheit befragt. Außerdem mussten die Lehrer für jede Stunde ein standardisiertes Protokoll ausfüllen, das eine Rekonstruktion des Unterrichts hinsichtlich des behandelten Stoffes, der Art der Unterrichtsgestaltung (z. B. Arbeit mit dem Computer) und auch der Nutzung des jeweiligen Themenheftes ermöglichte.

Hinsichtlich der Art der Unterrichtsdurchführung gab es in den einzelnen Klassen markante Unterschiede, die z. T. schon in der verfügbaren Rechnerausstattung begründet lagen: Die Anzahl der Rechner pro Klasse schwankte zwischen neun Rechnern für 18 Schüler und einem(!) Gerät für 24 Schüler – wobei in den meisten

Klassen sich mehr als 5 Schüler einen Rechner teilen mussten. Klieme/Maichle (1991, S. 35) geben an, dass die fiktive Arbeitszeit am Rechner pro Schüler für die gesamte Unterrichtseinheit zwischen 5 und 220 Minuten liegt[73]. Dem entsprechend stark divergierten die Fähigkeiten der Schüler, mit MODUS selbständig umzugehen. Speziell in Klassen mir schlechter Rechnerausstattung wurde die Arbeit am Computer fast zwangsläufig von den "Computer-Freaks" dominiert.

Bei der Bewertung der Unterrichtsziele nach Ihrer Wichtigkeit vor dem Unterricht und der Einschätzung, bis zu welchem Grad diese Ziele nach Meinung der Lehrer verwirklicht werden konnten, ergaben sich bemerkenswerte Diskrepanzen: Während in der Wunschvorstellung der Lehrer vor dem Unterricht die Lehrziele *Erkennen von Wirkungszusammenhängen im Alltag und entsprechendes Handeln* (Rang 1) sowie *Denken in Systemen* und *Entdeckendes Lernen* (geteilter Rang 2) ganz vorne und *Erwerb von fachbezogenem Wissen* (Rang 6 von 7) eher hinten angesiedelt waren, war die Einschätzung der Verwirklichung dieser Ziele nach dem Unterricht durch die Lehrer ziemlich konträr dazu: Ganz vorne rangierten *Erwerb von fachlichem Wissen* sowie *Kooperationsfähigkeit*, während *Entdeckendes Lernen* sowie *Denken in Systemen* auf den Plätzen 6 bzw. 7 bei den unterdurchschnittlich erreichten Zielen lagen. Das Gesamturteil von Klieme und Maichle ist ambivalent:

> "Umfassendere Kompetenzen, wie z. B. die Fähigkeit zum Systemdenken oder zur Modellbildung, sind nach Meinung der Lehrer dagegen kaum vermittelt worden. Allerdings wird eine gewisse Zuversicht geäußert, dass der Unterricht positive Auswirkungen auf das zukünftige Verhalten der Schüler haben werde." (Klieme/Maichle 1991, S. 40)

Trotz der sehr heterogenen äußeren Bedingungen äußerten sich die Lehrer hinsichtlich der Motivation der Schüler ziemlich einheitlich: "Der Computer wurde ... als das motivationssteigernde Element des Unterrichts beurteilt" (Klieme/Maichle 1991, S. 39). Dies ist umso bemerkenswerter, als die Rechnerausstattung keineswegs optimal war und auch die Software MODUS bei diesem Pilotprojekt in einer noch nicht ausgereiften Betaversion eingesetzt wurde, bei der noch nicht alle Features einwandfrei funktionierten und auch die Hilfefunktion noch nicht implementiert war.

Bei der Beurteilung der Leistungen der Schüler zum Modellbilden zeigte sich, dass die meisten Schüler beträchtliche Schwierigkeiten mit der Modellierlogik von MODUS hatten:

> "Eine zentrale Fehlvorstellung der Schüler besteht darin, dass sie ein materielles Konzept von "Wirkung" hatten, ein Konzept, bei dem Wirkungszusammenhänge als Material- oder Energieflüsse gesehen werden und nicht als abstrakt-mathematische Relationen zwischen

[73] Dabei wurde die Arbeitszeit am Rechner durch die Zahl der Schüler an einem Rechner geteilt.

Variablen, wie es dem Modelldenken mit MODUS angemessen wäre." (Klieme/Maichle 1991, S. 83).

Klieme/Maichle (1991) haben beim Nachtest die Aufgabe gestellt, ein einfaches Kontomodell mit einer monatlichen Einzahlung (Gehalt) und einer Abbuchung pro Monat (für Miete) samt einer Haben-Verzinsung als MODUS-Modell darzustellen. Eine vollständig korrekte Lösung schaffte nur eine der 165 befragten Personen, während die Hälfte der Schüler nicht einmal einen Versuch machten, diesen Sachverhalt in der MODUS-Logik darzustellen (was explizit verlangt war). Von der anderen Hälfte waren bei 70% bereits syntaktische Regeln von MODUS verletzt. Bei der Bewertung dieser Ergebnisse wird man wohl auch die z. T. katastrophale Rechnerausstattung berücksichtigen müssen, die wohl nur einem kleinen Teil der Schüler erlaubt hat, tatsächlich selbständig mit MODUS zu arbeiten.

Klieme/Maichle (1991, S. 82) meinen, dass dieses Problem mit der MODUS-Modellierlogik nicht einfach durch intensiveres Einüben beseitigt werden könne:

> "Die Schwierigkeiten eines Großteils der Schüler scheinen uns vielmehr auf Fehlvorstellungen grundsätzlicher Natur über dynamische Systeme zu beruhen. So ist es für Schüler nicht selbstverständlich, dass z. B. von einem Ereignis mehr als eine Wirkung ausgehen kann, und die Vorstellung, dass auf eine Größe zwei oder mehr Einflüsse einwirken können, scheint mit noch größeren Schwierigkeiten verbunden; die Einsicht in den zuletzt genannten Sachverhalt ist jedoch eine der Voraussetzungen dafür, dass die Rückwirkung einer Größe auf ihre Ursache überhaupt erfasst und verstanden werden kann. Vor diesem Hintergrund überrascht es nicht, dass der Umgang mit Rückkoppelungssystemen den meisten Schülern Schwierigkeiten bereitete." Klieme/Maichle (1991, S. 82)

Dieser Befund wird sehr plausibel, wenn man die spezifische Modellierlogik von MODUS bei einem einfachen Bevölkerungsmodell in Abb. 40 auf S. 119 betrachtet: Im Flussdiagramm (unten) ist unmittelbar klar, dass Geburten und Sterbefälle zwei unterschiedliche Einflüsse auf die Bevölkerung sind; im MODUS-Diagramm hingegen gibt es nur eine Änderungsgröße Bev_Änd und nur einen Wirkungspfeil von Bev_Änd hin zur Bevölkerung.

Im Gegensatz zu Klieme und Maichle denke ich nicht, dass die Schüler hauptsächlich an "Fehlvorstellungen grundsätzlicher Natur über dynamische Systeme" litten, sondern dass sie in erster Linie Fehlvorstellungen über die eigenwillige Modellierlogik von MODUS hatten[74].

---

[74] Man muss allerdings einräumen, dass sich die Autoren hier wohl etwas in Argumentationsnotstand befanden. Auf der DOS-Plattform war MODUS damals das einzige verfügbare grafisch orientierte Modellbildungssystem. Dazu kommt noch, dass es sich bei MODUS um ein ehrgeiziges Prestigeprojekt des LSW Soest handelte, so dass eine massive Kritik an MODUS wohl tabu war.

An dieser Stelle drängt sich folgende grundsätzliche Frage auf: Beherrschen wir unsere Denkwerkzeuge oder beherrschen unsere Denkwerkzeuge uns? Die Ergebnisse von Klieme und Maichle lassen mich den Schluss ziehen, dass Denklogik und Modellierlogik in einer Wechselbeziehung zueinander stehen: Wenn man ein bestimmtes Modellierwerkzeug wie MODUS verwendet, dann ist man auch gezwungen, so zu denken, wie es dieses Werkzeug nahelegt. Dies wird auch durch das Bonmot "Wenn man nur einen Hammer hat, sieht man die ganze Welt als Nagel" treffend zum Ausdruck gebracht. Wenn man von den Schülern erwartet, sie müssten die Logik von MODUS beherrschen, dann wird ihnen damit gleichzeitig zugemutet, dass ihre Art des systemischen Denkens gemäß der in MODUS erforderlichen Logik erfolgen solle. Man kann diesen Zusammenhang auch etwas neutraler formulieren: *Denklogik und Modellierlogik müssen zusammenpassen.*

Die *Leistungen der Schüler zum Systemdenken* fassen Klieme und Maichle in ihrer Studie von 1991 folgend zusammen:

> "Den Lehrern schienen diese grundsätzlichen Verständnisschwierigkeiten ihrer Schüler in Bezug auf MODUS und in Bezug auf dynamische Systeme generell nicht entgangen zu sein; wie ihrem abschließenden Urteil zu entnehmen ist, waren sie nicht überzeugt, globalere Lehrziele, wie die Fähigkeit zum systemischen Denken oder zur Modellbildung – jene Lehrziele übrigens, die sie vor Beginn des Unterrichts als besonders wichtig eingeschätzt hatten – verwirklicht zu haben. Dieser pessimistischen Einschätzung zum Trotz weisen einige Befunde darauf hin, dass die Schüler ihre Fähigkeit, Systemstrukturen zu erkennen und darzustellen sowie qualitatives Systemverhalten vorherzusagen, verbessern konnten. So dominieren bei der freien Darstellung von Wirkungszusammenhängen vor Beginn des Unterrichts realitätsgetreue Abbildungen und "Nacherzählungen" der Geschichten, Darstellungsformen also, die keine systemischen Aspekte repräsentieren; immerhin zwei Drittel der Schüler verwendete eine solche, an der Textoberfläche orientierte Darstellungsweise. Im Nachtest sank dieser Anteil auf etwa 40 Prozent ab, während der Anteil korrekter Diagrammdarstellungen, in denen Variablen- bzw. Größenbezeichnungen netzförmig miteinander verknüpft sind, von zwei auf zehn Prozent anstieg. Nach Abschluss der Unterrichtseinheit konnten die Schüler außerdem qualitative Auswirkungen von Systemeingriffen signifikant besser vorhersagen als zuvor." (Klieme/Maichle 1991, S. 83)

Klieme und Maichle äußern sich anschließend skeptisch darüber, inwieweit diese Fortschritte auch tatsächlich aus der Beschäftigung mit MODUS resultieren, und vermuten, dass der "Bereich des 'Systemdenkens' statt dessen wesentlich durch intellektuelle Grundfähigkeiten determiniert" (Klieme/Maichle 1991, S. 83) und "die Fähigkeit der Schüler zum Systemdenken kontextabhängig" (Klieme/Maichle 1991, S. 84) sei. Damit haben sie sich auf die bereits von Dörner (1989, S. 306ff, vgl. 1.2) vertretene Position zurückgezogen, der meint, dass es systemisches Denken als solches gar nicht gäbe. Dieses Argument erscheint mir in gewisser Hinsicht trivialerweise erfüllt zu sein: Auch die Frage "Kann ein Computer rechnen?" lässt sich nur dann positiv beantworten, wenn man einen bestimmten Kontext

(=Software) mit ins Kalkül zieht. Das Gesamtresümee, das Klieme und Maichle zur Studie *Erprobung eines Modellbildungssystems* ziehen, bleibt ambivalent:

> "Inwieweit es möglich ist, die globale Fähigkeit zum systemischen Denken im Unterricht zu fördern, konnte im Rahmen dieser Pilotstudie nicht geklärt werden. Überzeugende Lernergebnisse in den einzelnen Klassen lassen jedoch vermuten, dass bei entsprechender didaktisch-methodischer Aufbereitung des Unterrichts und bei geeigneten äußeren Lernbedingungen auch schon Schülern dieser Altersgruppe Grundprinzipien der Systemdynamik und ein adäquateres Umgehen mit Systemdynamik-Modellen in bestimmten Kontexten vermittelt werden können. Bedenkt man, welche Bedeutung diese Formen des Denkens bereits heute in vielen Lebensbereichen zukommt und wie sehr sich diese Bedeutung angesichts einer immer komplexer werdenden Umwelt noch verstärken wird, dann wird deutlich, dass der zur Erreichung dieses Ziels zweifellos hohe Aufwand an Zeit, Arbeit und Engagement eine sinnvolle Investition für die Zukunft ist." (Klieme/Maichle 1991, S. 85)

4.3 Die Studie *Modellbildung und Simulation im Unterricht der Sekundarstufe I*

4.3.1 Ziele und Design der Untersuchung

Die Hauptstudie von Klieme/Maichle (1994) mit dem Titel *Modellbildung und Simulation im Unterricht der Sekundarstufe I* wurde im Schuljahr 1992/93 mit 21 Klassen der Jahrgangsstufen 9 und 10 durchgeführt. Die Kerngruppe bestand aus 5 Realschulklassen und 6 Gymnasialklassen mit insgesamt 238 Schülern. (vgl. Tab. 4.1 in Klieme/Maichle 1994, S. 27). Die Schülerzahl lag in den Realschulklassen zwischen 12 und 21, in den Gymnasialklassen zwischen 23 und 28. Das Design des Unterrichts wie auch der empirischen Begleitforschung war sehr ähnlich dem Konzept von Klieme/Maichle (1991).

Etwa die Hälfte der Klassen beschäftigte sich mit dem Themenheft *Lebensgemeinschaft Wald*, die andere mit dem Themenheft *Wirtschaftskapitän* vom LSW Soest. Die Zahl der unterrichteten Stunden schwankte bei einem Richtwert von 20 Stunden zwischen 8 und 22 Stunden (Ø ca. 16,4 Stunden[75]). Die Rechnerausstattung war bereits deutlich besser als bei der Pilotstudie: Sie lag zwischen 1,2 und vier Schülern pro Rechner, wobei nur in drei Klassen sich mehr als zwei Schüler um einen Rechner scharen mussten. Allerdings haben Klieme und Maichle als Problem vermerkt, dass in der Hälfte der Klassen die Rechner über keine Festplatten verfügten und dem entsprechend das Starten von MODUS von 360 KB Diskettenlaufwerken aus mitunter erhebliche Probleme beim Betrieb der Software

[75] Klieme/Maichle (1994, S. 27) begründen, dass Klassenveranstaltungen, Klassenfahrten oder auch Betriebspraktika (in den Realschulen) "zu Unterbrechungen des Unterrichtsablaufs führten oder ein vorzeitiges Ende erzwangen".

brachten[76]. Diese z. T. ernüchternden Rahmenbedingungen sehen die Autoren jedoch in gewisser Weise als im Einklang mit den Intentionen der Studie stehend:

> "Es handelt sich hier nicht um eine experimentelle Untersuchung, aus der allgemeine Aussagen über die Wirkung von Unterricht mit Modellbildungssystemen abgeleitet werden können, sondern um die Dokumentation und Analyse einer schulpraktischen Erprobung." (Klieme/Maichle 1994, S. 28)

Die Software MODUS hatte mittlerweile gegenüber der Version der Pilotstudie den letzten Feinschliff erhalten. Auch das Design der Erhebung war weiter entwickelt worden: In der Studie Klieme/Maichle (1994) wurde z. B. erstmals die Argumente-Gegenargumente-Aufgabe (Abb. 44) gestellt.

Die *Lernziele beim Einsatz von MODUS* beschreiben Klieme/Maichle (1994, S. 10) folgend:

> "Die Schüler sollten
> - selbständig Modelle über reale Situationen bilden, diese Modelle durch Simulation auf Übereinstimmung mit den realen Gegebenheiten überprüfen und so die Bedeutung und die **Grenzen der Modellbildung** erkennen,
> - lernen, in **Systemen (systemisch)** zu denken,
> - im computergestützten Projektunterricht die Fähigkeit entfalten, **entdeckend zu lernen**, miteinander zu **kooperieren** und sich **argumentativ auszutauschen**,
> - nicht zuletzt ihr Wissen und ihr Verständnis für Zusammenhänge im jeweiligen Fachgebiet erweitern (**Fachwissen**). " (Klieme/Maichle 1994, S. 10)

Im Zusammenhang mit der Dimension *Systemisches Denken* verweisen Klieme und Maichle wie schon in ihrer ersten Studie auf die Forschungsarbeiten zum komplexen Problemlösen um Dörner (1989, 1983) und meinen, dass die Ergebnisse in diesem Forschungsfeld "vielfältig und zum Teil widersprüchlich" (Klieme/ Maichle 1994, S. 14) seien. Insbesondere meinen Sie, dass es

> "... in der Wissenschaft kein allgemein verbindliches Konzept des 'systemischen Denkens' gibt, d. h. man weiß im Grunde weder genau, was systemisches Denken ist, noch wie man es erfassen oder messen soll. Damit ist auch offen, wie man es trainieren kann – bzw. ob es sich überhaupt trainieren lässt." (Klieme/Maichle 1994, S. 13).

Als Konsequenz dieses Befundes wird in der Studie Klieme/Maichle 1994 der praktisch erreichbare Anspruch hinsichtlich der Dimension "systemisches Denken" bescheidener und meines Erachtens auch realistischer als in der Pilotstudie von 1991 eingeschätzt:

---

[76] Man muss sich dazu bewusst machen, dass MODUS nicht nur ein Modellbildungssystem enthielt, sondern unter MS-DOS auch eine Art grafische Mini-Windows-Benutzeroberfläche mit Fenstertechnik, Rollbalken und Mausbedienung emulierte!

> "Es war uns und den beteiligten Fachdidaktikern und Lehrern von Anfang an klar, dass das globale Ziel einer Förderung des systemischen Denkens in einer einzelnen, relativ kurzen Unterrichtseinheit kaum erreichbar ist. Dennoch wurde angestrebt, wenigstens Teilaspekte dieses sehr komplexen Lehrzieles zu verwirklichen." (Klieme/Maichle 1994, S. 15)

4.3.2 Wesentliche Resultate

Von den vielfältigen Erfahrungen der Studie Klieme/Maichle (1994) möchte ich nur diejenigen zur Entwicklung systemischen Denkens ausführlicher referieren und kommentieren. Zunächst jedoch ein Überblick über die sonstigen Resultate:

Die Arbeit mit MODUS wurde von den Lehrern eher als mühsam bezeichnet, was sich durch die z. T. mangelhafte Hardwareausstattung noch verschärfte. Es wurde von den Lehrern auch kritisiert, dass die Einführung in MODUS relativ viel Zeit und Aufmerksamkeit verbraucht. Ein Lehrer eines Biologiekurses schrieb in seinem Abschlussbericht:

> "Pointiert gesagt: MODUS lenkt von der Sache ab. Das 'Werkzeug' MODUS diente dem Schüler nicht als Werkzeug zur Bearbeitung bestimmter ökologischer Probleme und Sachzusammenhänge, sondern es war selbst das Thema. Das Medium war die Botschaft. Für viele Schüler war MODUS nur ein neues Computerspiel. ... Einerseits verführte die Komplexität des Programmes zum Spielen, andererseits hatte diese Komplexität zur Folge, dass die Schüler mehr mit den Programmproblemen als mit den Sachproblemen kämpfen mussten. ... Diese Umstände bewirkten, dass die inhaltliche Seite des Unterrichts bei der Erprobung von MODUS eindeutig zu kurz gekommen ist." (nach Klieme/Maichle 1994, S. 34)

Dieser Befund, dass das Modellbildungswerkzeug selbst zum Thema des Unterrichts wird, ist keineswegs MODUS-spezifisch. Auch beim Einsatz eines anderen Simulationswerkzeuges ist stets der Aufwand zum Erlernen dieses Werkzeuges einzukalkulieren. Allerdings zeigt ein direkter Vergleich von MODUS mit anderen Systemdynamiksoftwareprodukten wie STELLA (für Apple Macintosh) oder DYNASYS (für Windows), dass sowohl die Modellier- als auch die Bedienungstechnologie der beiden letztgenannten Werkzeuge deutlich einfacher und intuitiver zu verstehen sind als bei MODUS[77]. Aber auch dann bleibt eine gewisse Einarbeitungszeit notwendig und es kann passieren, dass Lernende wie auch Lehrende der Faszination des Werkzeuges erliegen und die Software in den Mittelpunkt der Aufmerksamkeit rückt. Es erscheint mir daher wichtig, bei systemorientierten Unterrichtsvorhaben immer folgende Alternativen im Auge zu haben:

---

[77] Aus Fortbildungsveranstaltungen kann ich berichten, dass die Lehrer rückblickend meinten, drei Halbtage Dauer für eine Einführung in MODUS seien zu knapp bemessen. Bei Fortbildungen mit der Software POWERSIM hingegen konnten die Lehrer bereits nach zwei Halbtagen Einführung mit eigenständigem Modellieren beginnen.

- Eine *rein qualitative Systemmodellierung*, bei der überhaupt keine Simulationssoftware eingesetzt, sondern nur mit Wirkungsdiagrammen und ähnlichen qualitativen Werkzeugen gearbeitet wird;
- Eine *quantitative Simulation mit einem Tabellenkalkulationsprogramm*. Diese Alternative ist vor allem dann interessant, wenn die Bedienung eines Tabellenkalkulationsprogrammes den Schülern bereits vertraut ist;
- *Systemdynamische Modellbildung mit einer speziellen Simulationssoftware.* Dabei ist heute am ehesten DYNASYS als einfache, sehr intuitiv bedienbare Software mit der Modellierlogik der Forrester'schen Flussdiagrammnotation das Produkt der Wahl.

Zum Unterrichtsgeschehen beobachteten Klieme/Maichle (1994, z. T. anders als bei der Pilotstudie 1991), dass Mädchen ebenso aktiv am Computer arbeiteten, dass in der Gruppenarbeit nicht die "Computer-Freaks" dominierten und die Schüler sehr wohl in der Lage waren, zwischen den Unterrichtsinhalten und der Arbeit mit MODUS einen Bezug herzustellen. Auch das Verständnis der Unterrichtsinhalte und die aktive Bereitschaft, mit MODUS zu arbeiten, wurde von den Lehrenden durchaus positiv beurteilt. Allerdings nahm dieses Interesse im Laufe der Zeit deutlich ab: Es zeigte sich nach Meinung von Klieme/Maichle (1994, S. 35) eine Art Sättigungseffekt, wie man ihn auch bei anderen Feldstudien zu neuen Technologien beobachten kann. Das Kooperationsverhalten der Schüler sowie ihre Art, Argumente auszutauschen, wurde von den Lehrern sowohl im Gesamtrückblick als auch in der Dokumentation der einzelnen Unterrichtsstunden als positiv bewertet.

Hinsichtlich der *Entwicklung systemischen Denkens* setzten Klieme und Maichle in der Studie von 1994 erstmals die Argumente-Gegenargumente-Aufgabe bei Vor- und Nachtest ein. Allerdings haben die Autoren diese Aufgabe in recht eigenartiger Weise ausgewertet. Sie schreiben:

> "Die Auswertung der Daten ergab, dass mehr als vier Fünftel der Schüler bereits vor Unterrichtsbeginn in der Lage waren, Probleme wenigstens aus drei unterschiedlichen Perspektiven zu beleuchten. ... Die mehrwöchige Beschäftigung mit MODUS hatte auf diesen Aspekt des systemischen Denkens keinerlei Wirkung: Die Ergebnisse der Vor- und Nachbefragung unterschieden sich praktisch nicht. Möglicherweise ist dies auf den hier aufgetretenen "Deckeneffekt" zurückzuführen: Aufgrund der Tatsache, dass mehr als vier Fünftel der Schüler bereits zu Beginn die maximal mögliche Leistung erbrachten, ist zum einen zu befürchten, dass die Differenzierungsfähigkeit des Maßes im oberen Leistungsbereich nicht mehr ausreichte (möglicherweise hätte ein Schüler mehr als die maximal vorgesehenen drei Standpunkte einnehmen können), zum anderen waren dadurch der Möglichkeit der Leistungssteigerung bei den Schülern von vornherein enge Grenzen gesetzt". (Klieme/Maichle 1994, S. 55)

Wieso hier Klieme und Maichle die Nennung von drei unterschiedliche Perspektiven bereits als "maximal mögliche Leistung" bewerteten und damit (fast zwangsläufig) einen massiven Deckeneffekt herbeiführten, bleibt mir unerklärlich. Aus der Formulierung der Angabe (vgl. Abb. 44) lässt sich dies nicht herauslesen. Es werden zwar im Text drei Personengruppen (Lehrer, Schüler, Eltern bzw. Bürgermeister, Bürgergruppe, Geschäftsleute) genannt und es kommen im Beispiel auch drei Argumentationsketten vor, aber de facto haben die Schüler die Aufgabe keineswegs so interpretiert, dass drei verschiedene Antworten bereits das Maximum sind, das man erreichen kann. Diese Aufgabe wurde wortident auch in der Studie Ossimitz (1996c) gestellt. Dabei haben die Schüler bereits beim Vortest bis zu zehn verschiedene Argumentationsketten genannt.

Die *zweite Aufgabenstellung zum Systemdenken* bezieht sich auf die "Was wäre, wenn... ?" Fragen zu den Hilu- bzw. Mori-Szenarien (vgl. Abb. 42). Ähnlich wie bei der Pilotstudie Klieme/Maichle (1991) gaben beim Vortest lediglich 13% der Befragten bei den "nicht-determinierten" Fragen die von den Autoren intendierte Antwort: "Dies lässt sich nicht vorhersagen". Die Autoren erklären dies so, dass etwa die Hälfte der Schüler vermutlich Zusatzannahmen getroffen haben, die "ihren Vorstellungen über die angesprochenen Sachverhalte entstammen" (Klieme/Maichle 1994, S. 58).[78] Für ein weiteres Drittel der Schüler diagnostizieren Klieme und Maichle eine spezielle Zusatzannahme:

> "Diese Schüler nehmen gleich starke Wirkungen der beiden gegenläufigen Effekte an und gelangen auf diese Weise zum Schluss, dass beide Effekte einander aufheben, so dass letztendlich keinerlei Wirkung zu verzeichnen ist. Auch diese Art von Zusatzannahme verwandelt eine nichtdeterminierte Situation in eine determinierte." (Klieme/Maichle 1994, S. 58)

Klieme und Maichle sehen hier einen Zusammenhang mit dem, was Gomez/Probst (1987) als *Denkfehler Nr. 4 beim Problemlösen in komplexen Situationen* bezeichnet haben (vgl. Kap. 1.2.2):

> "Die Annahme bzw. der Glaube daran, dass jedwedes Systemverhalten grundsätzlich vorhersagbar und dass Nicht-Vorhersagbarkeit lediglich eine Frage unzureichender Information sei." (Klieme/Maichle 1994, S. 58).

Beim Nachtest waren die Prozentsätze der richtigen Antworten sowohl bei den determinierten als auch bei den nicht-determinierten Fragen geringfügig besser. Bei den determinierten Fragen waren 80% der Antworten richtig, bei den nicht-determinierten 15%. Ob dies allerdings etwas mit dem MODUS-Unterricht zu tun hat, bezweifeln die Autoren: Bei Vergleichsklassen, die dieselben Tests ohne MODUS-Unterricht dazwischen in etwa demselben Abstand erhielten wie die Ve-

---

[78] Welche Vorstellungen dies sein können, wird in 3.4 ausführlich besprochen.

rsuchsklassen, stieg der Anteil der richtigen Antworten – bei gleichem Leistungsniveau wie beim Vortest – bei den determinierten Fragen auf 86% und bei den nicht-determinierten Fragen sogar auf 25%, was auf einen deutlichen Test-Retest-Effekt schließen lässt.

Als einzigen "Fortschritt" vermelden Klieme und Maichle, dass die Schüler der Versuchsklassen bei den nicht-determinierten Systemfragen beim Nachtest wesentlich häufiger beide gegenläufigen Effekte erkannten und dann folgerten, dass diese einander aufheben würden.

> "Ein Teil der Schüler hat mithin einen Schritt in die richtige Richtung getan, die Ebene eines adäquaten Umgangs mit Intransparenz ist jedoch auch bei ihnen noch nicht erreicht. Diese Entwicklung war bei den Vergleichsschülern nicht zu beobachten." (Klieme/Maichle 1994, S. 59)

Geschlechtsspezifisch ergaben sich keine signifikanten Unterschiede, lediglich hinsichtlich der Variable "Alter" schnitten die Schüler der 10. Klassen signifikant besser ab als die Neuntklässler.

Die dritte Teilaufgabe umfasste die Interpretation der Systemdynamik eines elementaren Bevölkerungsmodells in MODUS (Abb. 49).

Etwa 50% – 60% der Schüler konnten gewisse formale Merkmale des Modells erkennen: Etwa, dass es eine Rückkoppelung enthielt und dass sich so das Bevölkerungswachstum im Laufe der Zeit ändern kann, wenn auch Geburten- und Sterberaten gleich bleiben.

Auf der Ebene der inhaltlichen Interpretation dieses Modells waren die Ergebnisse uneinheitlich: Drei Viertel aller Schüler konnten korrekt angeben, dass das Bevölkerungswachstum Null wird, wenn Geburten- und Sterberate gleich hoch sind. Nur mehr ein Drittel aller getesteten Schüler erkannte, dass eine Verdoppelung der Bevölkerungszahl auch das Bevölkerungswachstum verdoppelt. Dies mag wohl wiederum mit der besonderen Modellierlogik von MODUS zusammenhängen: Die Modellgröße Bevölk_wachstum ist eine ziemlich abstrakte Differenz von der Geburtenzahl pro Zeiteinheit abzüglich der Zahl der Sterbefälle pro Zeiteinheit. Ein analoges Flussdiagrammmodell würde hingegen die Geburtenzahl und die Sterbefälle als separate, explizite Modellgrößen enthalten (vgl. Abb.33).

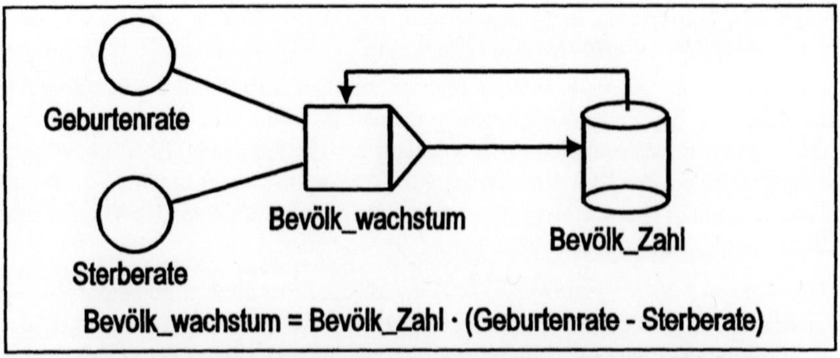

Abb. 49 Modell "Bevölkerungswachstum" (nach Klieme/Maichle 1994, S. 60)

Bei einigen Fragen hatte es den Anschein, als würden die Schüler Vorwissen aus der Alltagserfahrung in die Modellsituation transferieren, das im Modell gar nicht implementiert ist.

> "Lediglich 42 Prozent stimmten der Aussage zu, unserem Modell zufolge könnte die Bevölkerung grenzenlos wachsen und nur 29 Prozent sahen ein, dass dieses Modell (mit konstanter Sterberate!) die Auswirkungen einer Epidemie nicht simulieren kann." (Klieme/Maichle 1994, S. 60)

Zwei von drei Schülern erkannten jedoch, dass obiges Modell (bei ausreichend hoher Geburtenrate) zu einem exponentiellen Bevölkerungswachstum führt; nur ca. 20% wählten aus mehreren grafisch angebotenen Wachstumsverläufen eine lineare Funktion.

In der *vierten Aufgabenstellung zum systemischen Denken* versuchten Klieme und Maichle, eine Verbindung ihrer neu entwickelten Werkzeuge mit dem kognitionspsychologischen Forschungszweig "Komplexes Problemlösen" (vgl. Dörner 1989) herzustellen. Dazu wurde das Simulationssystem DYNAMIGHT verwendet, bei dem Schüler zwei Zustandsgrößen in einem geschlossenen Minisystem möglichst erfolgreich durch Variation zweier Eingabevariabler auf vorgegebene Zielwerte hin steuern mussten[79].

> "Die Auswertung zeigte, dass zwei unserer Aufgabentypen tatsächlich so etwas wie 'komplexes Problemlösen' sensu Dörner erfassen, nämlich
> – "Argumente- und Gegenargumente – hier allerdings nur der Vernetzungsindex – und

[79] Diese Untersuchung wurde nur an einem kleineren Teil der Schüler in Einzelexperimenten (wie im Forschungsbereich "Komplexes Problemlösen" üblich) durchgeführt.

- die Interpretation der Systemdynamik des MODUS-Modells zum Bevölkerungswachstum." (Klieme/Maichle 1994, S. 62)

Die Leistung bei diesen beiden Aufgabenstellungen korrelierte damit, wie gut in DYNAMIGHT die Zielgrößen erreicht werden konnten. Interessanterweise war diese Steuerungsleistung jedoch unabhängig von der Fähigkeit, die internen Relationen zwischen den Systemvariablen von DYNAMIGHT zu erkennen. Die zweitere Fähigkeit hängt eher mit dem zusammen, was Klieme/Maichle (1994) unter dem Titel "Fähigkeit zur Modellbildung" gemessen haben.

Unter dieser *Fähigkeit zur Modellbildung* subsumieren die Autoren einerseits die Aufgabe, das Hilu-Szenario durch eine Skizze bzw. ein Diagramm darzustellen sowie andererseits eine Modellbildung mit MODUS-Symbolen (Talsperren-Beispiel, vgl. Abb. 47). Die Ergebnisse dieser Aufgabe waren in den Biologieklassen wesentlich besser als in den Wirtschaftsklassen. So haben fast 60% der Schüler aus Biologieklassen wenigstens eine Rückkoppelung (welcher Art auch immer) eingebaut, während es in den Wirtschaftsklassen nur 15% und in den Vergleichsklassen gar nur 4% der Schüler waren. Erklärungen dafür kann ich dem Projektbericht von Klieme und Maichle keine entnehmen, aber es ist zu vermuten, dass dies an der unterschiedlichen Konzeption der verwendeten Lehrmaterialien *Wirtschaftskapitän* (Stieglitz et al.1991) bzw. *Lebensgemeinschaft Wald* liegt[80].

Auch ein abstraktes Wirkungsverständnis – im Sinne der MODUS-Logik – demonstrierten 65% der Biologieschüler gegenüber 53% der Wirtschaftsschüler. Klieme und Maichle ziehen zur Arbeit mit MODUS folgendes Fazit:

> "Die Arbeit mit MODUS trainiert die Schüler, die Bedeutung von Änderungsgrößen und Raten zu erkennen und diese explizit in ein Modell einzubauen. Außerdem wird das Verständnis für Systemstrukturen, z. B. für Rückkoppelungen und abstrakte Wirkungsrelationen, durch MODUS gefördert." (Klieme/Maichle 1994, S. 72).

Inwieweit durch die Beschäftigung mit MODUS auch andere Aspekte systemischen Denkens entwickelt wurden, konnte die Studie Klieme/Maichle (1994) nicht schlüssig belegen. Ein wesentlicher methodischer Grund dafür scheint mir in der Beschränkung auf eine schriftliche Fragebogenerhebung zu liegen. Die im folgenden Abschnitt beschriebene Pilotstudie *Simulationssoftware im Unterricht* (Ossimitz 1994e) gibt einige Aufschlüsse über die Grenzen der Messung systemischen Denkens durch Fragebogen.

---

80 Das ca. 150 Seiten umfassende Heft *Wirtschaftskapitän* konzentriert sich schwerpunktmäßig auf wirtschaftsbezogene Hintergrundinformationen und die Modellierung mit MODUS. Der Umgang mit Wirkungsdiagrammen wird nicht besonders eingeübt.

4.4 Das Projekt *Simulationssoftware im Unterricht*

Das Projekt *Simulationssoftware im Unterricht* (Ossimitz 1994e) war eine kleine Pilotstudie, bei der ich erstmals versuchte, die Entwicklung systemischen Denkens bei Schülern im Alter von 15 bis 17 Jahren zu messen. Grundlage dafür war eine Einschulung von drei freiwilligen Kärntner Lehrern in die Didaktik der Systemdynamik und in das Softwareprogramm MODUS. Diese Lehrer unterrichteten nach einer dreitägigen Einschulung eine von ihnen selbst zusammengestellte Unterrichtseinheit von ca. 10 Stunden. Der Unterricht fand in zwei Klassen der elften Schulstufe (einmal im Fach Mathematik und einmal im Wahlpflichtfach Informatik) und einer Klasse der neunten Schulstufe (im Fach Informatik) an verschiedenen Gymnasien statt. Die Schülerzahlen waren klein (10-15 Schüler); alle Schulen verfügten über eine ausreichende Rechnerausstattung.

4.4.1 Erfahrungen aus der Lehrereinschulung

Die Lehrereinschulung fand an drei Nachmittagen zu je 4 Stunden (mit 2-wöchigem Abstand) an der Universität Klagenfurt statt. Am ersten Nachmittag ging es vor allem um eine Einführung in die Grundideen des systemischen Denkens sowie um eine Erläuterung der wesentlichen Darstellungsformen der Systemdynamik, und zwar von

- Wirkungsdiagrammen, auch Bewertung von Kanten (+,-) sowie Identifikation von Kreisläufen (Rückkoppelungen);
- Strukturdiagramme (Flussdiagramme) in der Notationsform von MODUS.

Beim zweiten Einführungsnachmittag wurde schwerpunktmäßig die Modellierung und Simulation in MODUS anhand einer von mir vorbereiteten Modellsequenz zum Thema "Straßenverkehr" geübt. Dieses Modell wurde zwischen dem zweiten und dritten Termin von den Lehrern weiter entwickelt und die Ergebnisse beim dritten Einführungsnachmittag besprochen.

Insgesamt erschien den Lehrern die Gestaltung der Einführungsphase gelungen, aber als zu kurz, um mit der doch etwas gewöhnungsbedürftigen und in manchen Details etwas tückischen Software MODUS zurechtzukommen. Die lange "Trockenphase" ohne Simulationssoftware (MODUS wurde erst nach dem zweiten Nachmittag den Lehrern mitgegeben) wurde zwar zunächst kritisiert, aber in den abschließenden Berichten als sinnvoll empfunden. Ein Lehrer meinte in seinem Abschlussbericht:

> "Zuerst war ich der Meinung, dass diese theoretische Einführung, beim ersten Termin, zu lange und auch zu theoretisch war. Es fehlte das praktische Arbeiten mit dem

Anwenderprogramm, das heißt, die praktische Umsetzung der einzelnen Modelle mit dem Computer.

Beim zweiten Termin, bei dem wir uns das erste Mal mit dem Computerprogramm MODUS beschäftigten, bemerkte ich allerdings, dass die ausführliche Einführung, der Umgang mit den verschiedenen Fachausdrücken, sehr wichtig ist. Rückblickend kann festgestellt werden, dass die theoretische Einführung auf keinen Fall zu lange war, sondern ohne weiteres noch etwas ausgedehnt werden könnte. Vor allem das Modellieren und der Umgang mit den einzelnen Darstellungsformen ist beim Arbeiten am Computer von sehr großer Bedeutung."

Ein anderer Lehrer sah einen höheren Einführungsbedarf in MODUS:

"Ich finde, dass es in drei Nachmittagen sehr schwer möglich ist, MODUS mitsamt seinem theoretischen Hintergrund zu vermitteln. Dies könnte meiner Meinung nach viel eher in Form eines einwöchigen Seminars erfolgen. Man würde dadurch dem Programm eher gerecht."

4.4.2 Die Unterrichtsdurchführung aus der Sicht der Lehrer

In allen drei beteiligten Klassen war die Zeit für das MODUS-Projekt (7, 10 bzw. 12 Stunden) relativ knapp bemessen. Dennoch versuchten alle Lehrer, auch Wirkungsdiagramme zu behandeln. Ansonsten unterschieden sich die drei Unterrichtsprojekte doch deutlich:

- Ein Lehrer hatte das Ziel, seinen Schülern eine neue Denkweise zur Betrachtung komplexer und dynamischer Systeme zu vermitteln; inhaltlich wurde angestrebt, ausgehend von einfachsten Grundmodellen (z. B. Kapitalverzinsung) bis zu einem einfachen Räuber-Beute-Modell zu gelangen.
- Ein Lehrer setzte sich folgendes Ziel:

  "Die Schüler sollten MODUS als eine Möglichkeit kennen lernen, bestimmte vernetzte Systeme zu analysieren und damit auch besser zu verstehen. Vor allem sollten sie aber mit vernetztem Denken vertraut gemacht werden und lernen, der Versuchung zu grober Vereinfachung zu widerstehen".
- Ein Lehrer hatte das Ziel, recht unmittelbar ein konkretes und etwas komplexeres physikalisches Modell (freier Fall mit variablem Luftwiderstand) gemeinsam mit den Schülern zu entwickeln.

In allen drei Projektdurchführungen verbrachten die Schüler ca. 6 Unterrichtsstunden vor dem Gerät im EDV-Raum. Dies war in einem Fall über 80% der gesamten für das Projekt aufgewendeten Unterrichtszeit, in den anderen Fällen ca. die Hälfte der gesamten Unterrichtszeit.

Die Erfahrungen mit MODUS waren aus der Sicht der Lehrer und der Schüler ambivalent, aus Sicht der Projektleitung jedoch eher negativ. Bereits bei der ersten Vorstellung von MODUS im Rahmen der Einführungsnachmittage wurde nicht unbeträchtliche Zeit darauf verwendet, die Lehrer mit den Schwächen und Tücken des Programmes (insbesondere im eingebauten Dateimanager sowie beim Aufbau von Ausgabefenstern) vertraut zu machen, die ohne entsprechendes Know-how sehr lästig werden können. Die Lehrer waren jedoch in der Einführung auf diese (aufgrund der Erfahrungen in der Pilotstudie Klieme/Maichle (1991) schon absehbaren) Schwierigkeiten vorbereitet worden, was in ihren Abschlussberichten auch als positiv und notwendig hervorgehoben wird.

Im praktischen Unterrichtseinsatz erwies sich MODUS als problematisch: In zwei der drei Klassen lief die Software trotz großer Bemühungen nicht im Netzwerk, sondern musste von Disketten aus gestartet werden. Die vom Windows-Standard etwas abweichende Maus- und Fenstertechnik verwirrte z. T. die Schüler[81] und viele Features des Programmes wurden als ziemlich umständlich und gewöhnungsbedürftig empfunden. Am meisten störte jedoch, dass MODUS keine Möglichkeit zum Ausdrucken von Strukturdiagrammen bot. So mussten die Schüler ihre grafisch erstellten Diagramme zu Dokumentationszwecken mühsam vom Bildschirm händisch abzeichnen. Umwege über Screenshot-Programme wären hier für den schulischen Einsatz zu aufwändig gewesen.

4.4.3 Systemisches Denken lernen aus der Sicht der Lehrer

Die Lehrer äußerten sich in ihrem Abschlussbericht zur Frage: "Was habe ich im Hinblick auf vernetztes Denken an bleibenden Erfahrungen gewonnen?" in recht ermutigender Weise. Ein Teilnehmer schreibt:

> "Für mich war vom Anfang an der Aspekt des vernetzten Denkens der Hauptgrund, mich auf dieses Projekt einzulassen. Ich glaube, das Erstellen von Wirkungsdiagrammen wird mir auch dann noch zur Veranschaulichung komplexerer Zusammenhänge dienen, wenn ich MODUS bereits vergessen habe. Gerade für Schüler ist es in einer als immer komplexer erkannten Welt sehr wichtig, ein Instrument in die Hand zu bekommen, um "gordische Knoten" verstehbarer zu machen und Alternativen zu "eindimensionalen" Lösungen zu finden.
>
> Es wurde mir auch viel bewusster, dass jedes "System" bereits eine grobe Vereinfachung der Realität darstellt und dass mit zunehmender Komplexität auch verstärkt Schwierigkeiten auftreten, sich auf ein gemeinsames Modell zu einigen."

[81] So meinte etwa eine Schülerin im Abschlussinterview, dass in MODUS die "Maus nicht funktioniert", weil die MODUS-spezifischen Pull-Down-Menüs anders als in Windows nach dem Loslassen der Maustaste sofort wieder verschwinden.

Ein anderer Projektlehrer wies auf einen interessanten Zusammenhang zwischen Denkform und Unterrichtsform hin. Er meinte, dass vernetztes Denken mit einem entsprechend "vernetzten" Unterricht korrespondieren müsste:

> "Diese erste Eigentätigkeit in Sachen vernetztes Denken regte sehr zum Nachdenken über die Struktur des klassischen Unterrichts in unseren Schulen an. Das Übergewicht, genaugenommen das fast ausschließliche Angebot linearen Denkens wurde mir bewusst; das trifft ganz besonders auf den Mathematikunterricht zu. Nicht einmal eine organisatorische Vernetzung der einzelnen Unterrichtsfächer findet statt. Die Organisationsformen – Frontalunterricht in streng voneinander getrennten Fächern versus fächerübergreifende Projekte – und die unterschiedlichen Denkansätze stehen offensichtlich in starker Wechselwirkung miteinander."

Bei den hier wiedergegebenen Lehrermeinungen handelt es sich durchaus um eigenständige Gedanken und nicht bloß um Wiederholungen von Ideen aus den Einführungskursen. In den Einführungsnachmittagen wurde die Vermittlung praktischer technischer Kenntnisse (Erstellen von Wirkungsdiagrammen, Identifikation von Rückkoppelungskreisen, Erstellen von Flussdiagrammen; Bedienung von MODUS usw.) in den Mittelpunkt gestellt. Dennoch hat schon diese relativ oberflächliche Vermittlung zumindest zwei der drei eingeschulten Lehrer doch grundsätzlich neue Perspektiven des Denkens und des Unterrichtens (bis hin zu Fragen der Unterrichtsorganisation) eröffnet. Dabei scheint mir rückblickend die Möglichkeit, den Computer als Modellbildungs- und Simulationswerkzeug einzusetzen, als eine Art Katalysator gewirkt zu haben, auch wenn die Software MODUS sich keineswegs als optimale Simulationssoftware für den Praxiseinsatz in der Schule erwies.

Auch hinsichtlich der Leistungen der Schüler zum systemischen Denken äußerten sich die Lehrer in ihrem Abschlussbericht durchaus positiv. Einer der Lehrer schrieb in seinem Abschlussbericht, gestützt auf die persönlichen Abschlussberichte aller seiner Schüler zum Projekt:

> "Für mich war überraschend, wie positiv sich die Schüler zu den Grundideen des vernetzten Denkens äußerten und wie aufgeschlossen sie für Anregungen in diesem Bereich waren. Sie sahen die Beschäftigung mit vernetzten Systemen als eine Bereicherung des üblichen Informatikunterrichts und als etwas, das ihnen auch nach Ende des Projektes ein Hilfe bei der Auseinandersetzung mit komplexen Sachverhalten sein könnte. Auch in ihren Abschlussberichten äußerten sich die Schüler in diesem Sinne."

Ein zweiter Lehrer gibt ein ähnlich positives Gesamturteil ab:

> "Nach diesem kurzen Experiment steht für mich fest, dass es problemlos möglich ist, das vernetzte Denken im Unterricht zu fördern. Überraschend war und ist für mich die Tatsache, dass es gerade in Mathematik auch so leicht verwirklichbar scheint."

4.4.4 Begleitende Tests und Interviews der Schüler

Die begleitenden Tests waren an die von Klieme und Maichle (1991) entwickelte Methodik angelehnt: Die Schüler erhielten einen Vor- und Nachtest, der den Lehrern nicht bekannt war. Konkret wurden die Aufgaben "Der Stamm der Hilus" (vgl. Abb. 41) bzw. "Firma Zander & Co" in einer gegenüber Klieme/Maichle (1991) leicht überarbeiteten Fassung übernommen. Zusätzlich wurden die Schüler unmittelbar nach dem schriftlichen Test über die Aufgaben interviewt, um nähere Informationen über ihre Denk- und Motivationshintergründe beim Beantworten der Fragen zu bekommen. Dieses kombinierte Erhebungskonzept bewährte sich (gegenüber einer reinen Fragebogen- oder Interviewtechnik) sehr.

Die Tests und Interviews konnten bei zwei der drei teilnehmenden Lehrer parallel zum laufenden Unterricht an drei Schülern durchgeführt werden (vgl. Abb. 50). Die Schüler wurden von den Lehrern nominiert[82]. Es waren ein Pre-Test und ein Post-Test vorgesehen; in einer Schule wurde auch ein Zwischentest durchgeführt. In der anderen Klasse erübrigte sich der Zwischentest, da das gesamte Projekt nur sieben Stunden dauerte und das erste Interview versehentlich erst nach der ersten Unterrichtsstunde durchgeführt wurde – was (ungeplant) höchst interessante Ergebnisse brachte.

Datum	Test	getestete Schüler	Anmerkungen
5. Klasse (neunte Schulstufe) Gymnasium, Fach: Informatik			
19.11.93	Pre-Test + Interview	Andrea, Eva, Wolfgang (alle 15 J.)	(bereits 1 Stunde Unterricht)
17.12.93	Post-Test + Interview	Andrea, Eva, Wolfgang	(nach 7 Stunden Unterricht)
7. Klasse (elfte Schulstufe) naturwissenschaftliches Gymnasium, Fach: Mathematik			
4.11.93	Pre-Test + Interview	Christina, Elisabeth, Gerda (alle 17 J.)	
23.11.93	Zwischen-Test + Interview	Benjamin (18J), Elisabeth, Gerda	Benjamin machte Pre-Test
18.12.93	Post-Test + Interview	Benjamin, Christina, Elisabeth, Gerda	

Abb. 50 Untersuchungsdesign (aus Ossimitz 1994e, S. 5-2)

82 Die Lehrer erhielten die Auflage, Schüler verschiedener Leistungsstufen, von denen jedoch eine gewisse Kooperationsbereitschaft bei den Interviews zu erwarten war, auszuwählen. Dieses Auswahlverfahren ist zwar bei weitem nicht repräsentativ, aber das hätte wohl auch eine Zufallsauswahl von drei Schülern nicht sein können. Jedenfalls waren die Schüler mit großem Engagement bei der Sache.

4.4.5 Zeichenaufgabe - Vortest

Die Schüler erhielten zu dem in Abb. 41 gegebenen Hilu-Text zunächst folgende Aufgabe:

> "Versuche, die hier beschriebenen Zusammenhänge so in einer Skizze darzustellen, dass man das Wichtigste auf einen Blick erkennt!"

Für diese Aufgabe hatten die Schüler beliebig viel Zeit; sie brauchten ca.fünf bis fünfzehn Minuten dafür. Danach beantworteten die Schüler die Multiple-Choice-Fragen, wobei ihnen bei der Beantwortung das Diagramm schon zur Verfügung stand. Unmittelbar danach wurde über die Antworten der Schüler ein gemeinsames Interview von ca. einer Stunde geführt.

Insgesamt muss gesagt werden, dass sich die Testaufgabe für beide Gruppen als relativ leicht lösbar erwies. Ich persönlich war davon zunächst etwas überrascht. Dies mag daran liegen, dass in dem als Text vorgelegten Szenario keinerlei Rückkoppelungskreisläufe, sondern nur indirekte Wirkungen vorkommen.

Von den Testschülerinnen der 11. Schulstufe zeichneten Christina (Abb. 51) und Elisabeth (Abb. 52) jeweils eine Art Wirkungsdiagramm mit Bildsymbolen; Gerda (Abb. 53) versuchte, die Situation in einem Funktionsgraphen mit mehreren Kurven darzustellen.

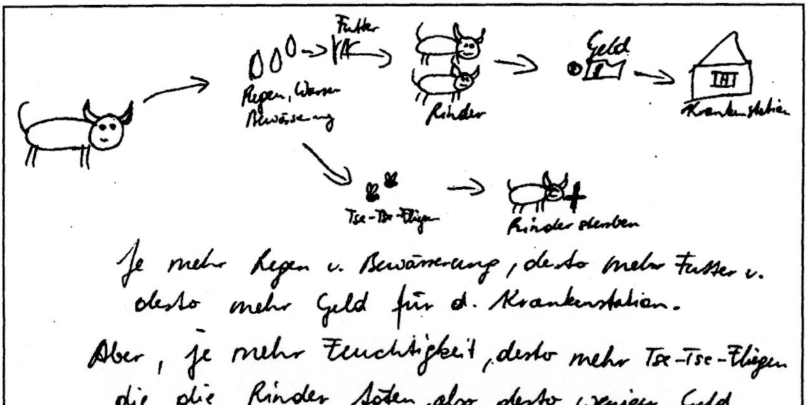

Abb. 51: Hilu-Zeichnung Vortest (11. Schulstufe): Christina

Abb. 52 Hilu-Zeichnung Vortest (11. Schulstufe): Elisabeth

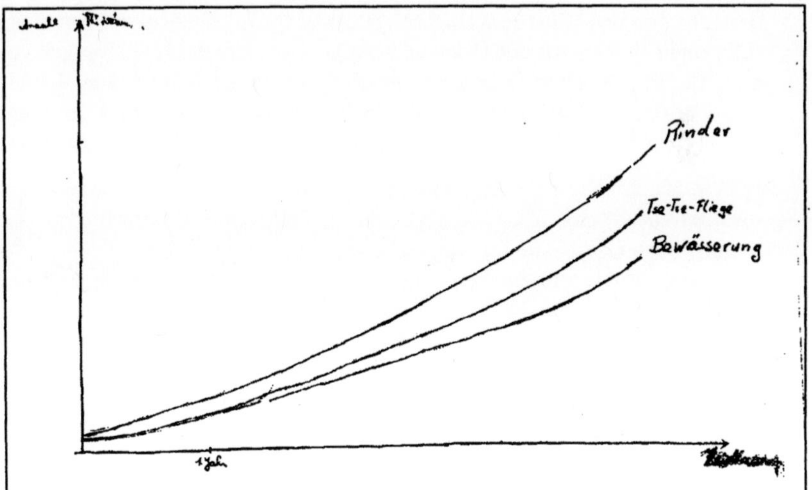

Abb. 53 Hilu-Zeichnung Vortest (11. Schulstufe): Gerda

Das anschließende Interview machte deutlich, dass Gerda von Anfang an auf die Form eines kartesischen Diagrammes fixiert war und darüber hinaus auch noch alle Zusammenhänge in einem Diagramm unterbringen wollte. Ihren ersten Versuch, die Bewässerung (Abszisse) gegen die Anzahl der Rinder (Ordinate) aufzutragen, verwarf sie wieder, weil sie erkannte, dass sie dann andere Systemelemente (wie die Tse-Tse-Fliege) nicht mehr im Diagramm unterbringen konnte. Die Lösung, die Achsen mit "Zeit" und "Anzahl" zu skalieren, erscheint mir unter den Rahmenbedingungen, die sie sich selbst gesetzt hat, doch recht elegant und vermutlich die Bestmögliche zu sein. Es ist auch bemerkenswert, dass es Gerda überhaupt ein Anliegen war, die Achsen ihres Diagramms mit sinntragenden Bezeichnungen zu versehen.

An den Diagrammen von Christina bzw. Elisabeth sind folgende Aspekte bemerkenswert:

- Die Modellelemente werden durch Bildsymbole, z. T. unterstützt durch Worte, dargestellt.
- Die Auswirkungen von mehr Weideland sind "mehr Rinder"; die Tse-Tse-Fliege bewirkt jedoch nicht "weniger Rinder", sondern den "Tod von Rindern". Den Darstellungen liegt noch nicht das Konzept "Anzahl der Rinder" – oder allgemeiner gesprochen: *kein* Konzept von quantitativen Bestandsgrößen – zu Grunde.
- Die von Christina und Elisabeth gezeichneten Wirkungspfeile bedeuten keine funktionalen Zusammenhänge, sondern eher kausale Wirkungsbeziehungen. Der Pfeil von den Hilus zum Brunnen bedeutet für Elisabeth nicht, dass mehr Hilus mehr Wasser aus den Brunnen brauchen, sondern dass der Brunnen von den Hilus gegraben worden ist, wie sie im Interview explizit erklärte. Analog stellt Christina an den Ausgangspunkt ihrer Bildgeschichte ein Rind, um damit das Wachstum der Rinder (weiter rechts finden wir zwei Rinder) anzudeuten.

Betrachtet man die Vortest(!)-Zeichnungen der drei Testschüler aus der neunten Schulstufe (Abb.54, 55, 56), so springt sofort ein eklatanter Unterschied zu den Zeichnungen Abb. 51 bis 53 ins Auge. Hier zeichneten alle drei Schüler wie von Zauberhand geführt lupenreine Wirkungsdiagramme! Eine unbeabsichtigte Panne im Untersuchungsdesign erklärt dieses spektakuläre Resultat: Der Lehrer der betreffenden Klasse hatte überraschend die Möglichkeit, das Projekt eine Stunde früher als geplant zu starten und tat dies (zunächst ohne mein Wissen) dann auch. So kam es, dass die Schüler schon genau eine Unterrichtsstunde hinter sich hatten, als sie zum "Vor-Test" kamen. Die Inhalte dieser Stunde wurden vom Klassenlehrer genau dokumentiert:

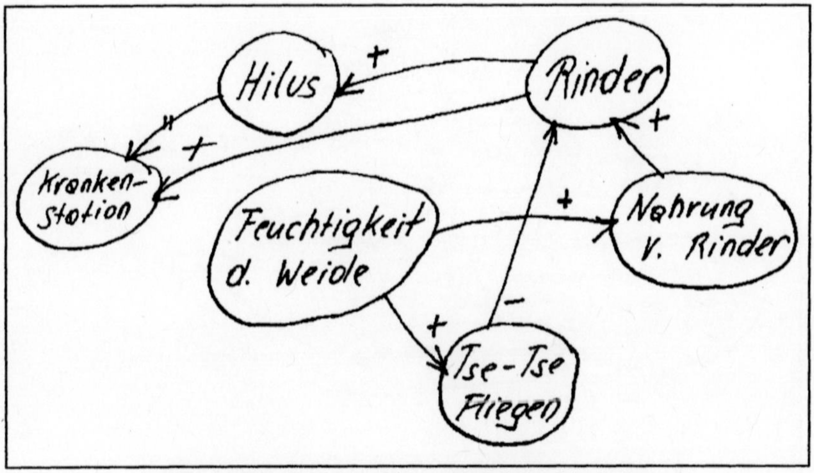

Abb. 54 Hilu-Zeichnung Vortest (9. Schulstufe): Andrea

"1. Stunde: Einführung in das Thema vernetzte Systeme. Erklärung der Begriffe System, Systemelemente und funktionale Beziehungen zwischen den Elementen. Weiters wurden die einzelnen Beschreibungsformen, die verbale Beschreibung und Ursache-Wirkungs-Diagramme erläutert. Dies wurde an drei Beispielen durchgeführt. Die verbale Beschreibung mit Hilfe der Räuber-Beute-Systeme, die Ursache-Wirkungs-Diagramme durch die Beispiele der Kapitalverzinsung und Absatz einer Ware."

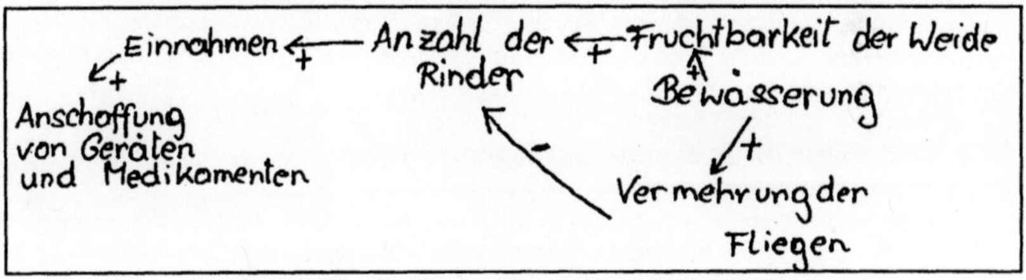

Abb. 55 Hilu-Zeichnung Vortest (9. Schulstufe): Eva

Diese Vorbereitung reichte aus, dass alle drei Schüler im Vortest spontan und ohne zu zögern innerhalb von wenigen Minuten die verbal gegebene Hilu-Situation in Wirkungsdiagrammform darstellten. Dies erscheint mir bemerkenswert, weil die Schüler nur zwei Beispiele von ganz einfachen Wirkungsdia-

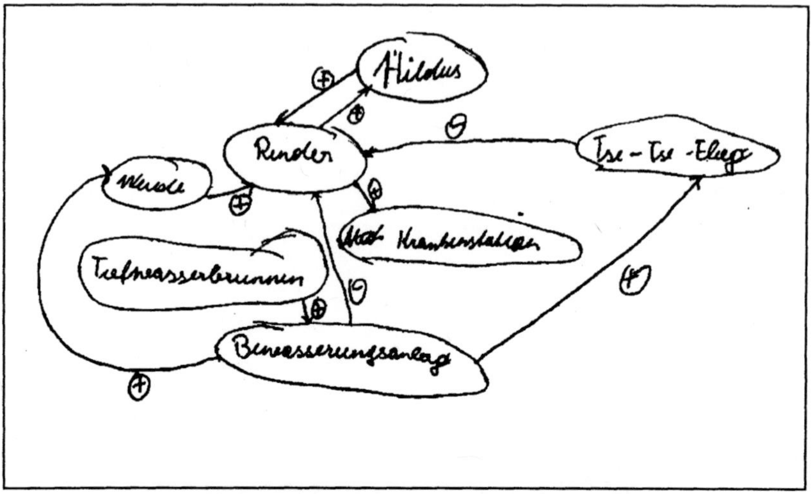

Abb. 56 Hilu-Zeichnung Vortest (9.Schulstufe): Wolfgang

grammen im Unterricht kennen gelernt hatten[83] und noch keine Übung im Umgang mit der Darstellung komplizierterer Situationen hatten. Wolfgang (W), Eva (E) und Andrea (A) kommentierten ihre Diagramme im anschließenden Interview folgend (I: Interviewer):

I: Vielleicht fängst du an, Wolfgang, kurz zu erklären, was bei deiner Zeichnung da zu sehen ist.

W: Ja, also der Kreislauf der einzelnen Faktoren: also durch z. B. die Bewässerungsanlage wird die Weide fruchtbarer und dadurch werden also mehr Rinder – ; aber durch die Bewässerungsanlage verbreitet sich die Tse-Tse-Fliege, da werden wieder die Rinder weniger; und durch die Rinder wird auch die Krankenstation –, und ein Tiefwasserbrunnen wirkt sich auch positiv auf die Bewässerungsanlagen aus. Und die Tse-Tse-Fliege wirkt sich negativ auf die Rinder aus.

I: OK, wie war es bei dir, Eva, was hast du gezeichnet?

E: Durch die Bewässerung nimmt die Fruchtbarkeit von den Weiden zu und auch die Anzahl der Rinder; der Nebeneffekt von der Bewässerung ist eben, dass auch die Vermehrung der Tse-Tse-Fliege zunimmt – und sie verbreitet die Schlafkrankheit und so eben vermindert sie die Anzahl der Rinder; und je höher die Anzahl der Rinder ist, desto mehr haben sie Einnahmen und desto mehr Geräte können sie anschaffen für die Krankenstation.

I: Mhm. Bei dir Andrea?

A: Also – die Feuchtigkeit der Weide wirkt sich positiv auf die Nahrung der Rinder aus, aber negativ auf die – also auch positiv auf die Verbreitung der Tse-Tse-Fliege. Das hat zur

[83] Konkret zeigte der Lehrer genau zwei einfache Wirkungsdiagramme mit jeweils drei Elementen: das in Abb. 16 (C) abgebildete Modell des Absatzes einer Ware sowie einen eskalierenden Kapitalverzinsungskreislauf mit den Elementen Kapital, Zinsen und Zinssatz.

Folge, dass der Bestand der Rinder dann zurückgeht und wenn sie weniger Rinder haben, dann haben sie weniger Einnahmen für die Krankenstation.

Alle drei Schüler haben im Gegensatz zu den Schülerinnen der anderen Klasse "richtige" Wirkungsdiagramme mit verstärkenden bzw. dämpfenden Wirkungspfeilen gezeichnet. Sie verwenden auch übereinstimmend das Konzept "Anzahl der Rinder" und nicht "mehr Rinder" bzw. "Tod von Rindern", wie dies bei Elisabeth und Christina der Fall war. Es lag bei diesen Schüler bereits ein Konzept einer quantitativen Bestandsgröße vor! Dies kommt auch in den Interviews zum Ausdruck: Wolfgang spricht von mehr Rindern und weniger Rindern (durch die Tse-Tse-Fliege), Eva verwendet überhaupt explizit den Begriff "Anzahl der Rinder" in ihrem Diagramm; Andrea spricht in ihrer Erläuterung vom "Bestand der Rinder".

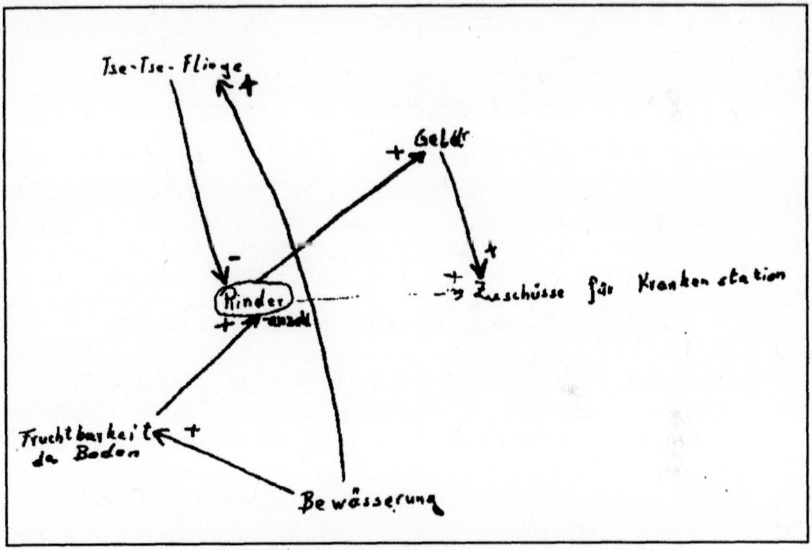

Abb. 57: Hilu-Zeichnung Zwischentest (11. Schulstufe): Gerda

Bemerkenswert ist auch, dass Wolfgang und Andrea nach bereits einer Unterrichtsstunde versuchten, den entsprechenden Fachjargon "wirkt sich positiv (bzw. negativ) aus" zu verwenden. Bei Wolfgang merkt man im Interview recht deutlich, dass er mit der sprachlichen Formulierung (noch) Schwierigkeiten hatte, mit diesem Vokabular umzugehen. Dennoch war es für ihn ein Anliegen, es zumindest so zu versuchen.

4.4.6 Zwischentest in der elften Schulstufe

Nach ca. 3 Unterrichtsstunden über Wirkungsdiagramme und qualitative systemdynamische Modellierung wurden die Schülerinnen der 11. Schulstufe nochmals mit dem eingangs gestellten Fragebogen konfrontiert. Sie wurden gebeten, eventuell eine neue, bessere Zeichnung der Situation anzufertigen und auch ihre

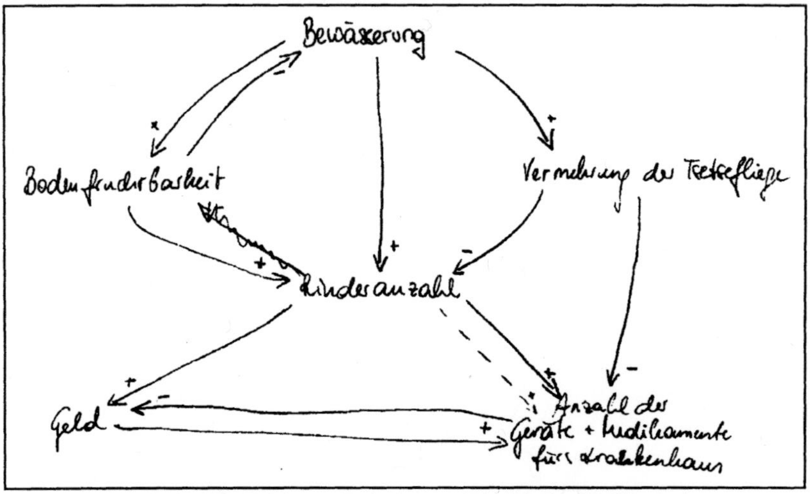

Abb. 58 Hilu-Zeichnung Zwischentest (11. Schulstufe): Elisabeth

Antworten auf die Fragen zu checken. Für die erkrankte Christina füllte ersatzweise Benjamin (zum ersten Mal) den Fragebogen aus. Gerda und Elisabeth zeichneten zwei Wirkungsdiagramme (Abb. 57 und 58), die bereits auf ein quantitatives Konzept der Modellgrößen ("Anzahl der Rinder") hinauslaufen. Im anschließenden Interview erläuterten sie ihre neuen Zeichnungen folgend:

I: Was ist jetzt auf dieser zweiten Zeichnung neu im Vergleich zur ersten, Gerda?

G: Auf der neuen Zeichnung habe ich dargestellt die Zusammenhänge, die Anzahl der Rinder mit den Zuschüssen für die Krankenstation, mit den Tse-Tse-Fliegen und mit der Bewässerung, wie das eben zusammenhängt.

I: Ist dir das jetzt leichter gefallen als beim letzten Mal?

G: Ja, es ist viel leichter gefallen, weil ich jetzt gewusst habe, wie ich es machen sollte.

I: Was war der entscheidende Hinweis, das entscheidende neue Wissen, das dazugekommen ist?

G: Dadurch, dass wir dies einmal in der Schule gemacht haben, ist es leichter gefallen, dass wir die Zusammenhänge besprochen haben – an anderen Beispielen.

I: Wie war es bei dir, Elisabeth?

E: Ja, es ist so ähnlich. Wir haben in der Schule ein anderes Beispiel gemacht, wo im Prinzip die Zusammenhänge genau so erklärt wurden. Das habe ich hier auch angewandt.

I: Kannst du Ähnlichkeiten zwischen deiner ersten Zeichnung und dem, was du jetzt gezeichnet hast, erklären?

E: Gewissermaßen schon. Ich habe bei der ersten Zeichnung genauso die Wirkungen, was die Fruchtbarkeit des Bodens, die Tse-Tse-Fliegen usw., nur meistens nur in einer Richtung und ich habe es nicht als eskalierend oder so irgend etwas bezeichnet, sondern einfach nur logisch überlegt. Ohne Rückwirkungen und so.

I: Ist es dir mit dem neuen Instrumentarium jetzt leichter gefallen?

E: Es ging schneller.

Die Zeichnungen zeigen, dass Gerda und Elisabeth nach einigen Stunden Unterricht über Wirkungsdiagramme die Situation in Form von quantifizierten Wirkungsdiagrammen darstellten – wie auch schon die Schüler der neunten Schulstufe nach einer Stunde Unterricht. Sowohl Elisabeth als auch Gerda verwendeten nunmehr das quantitative Konzept "Anzahl der Rinder", auf das die Bodenfruchtbarkeit positiv und die Vermehrung der Tse-Tse-Fliege negativ wirkt. Elisabeth trug darüber hinaus auch noch einige indirekte Wirkungen in ihr Wirkungsdiagramm ein, etwa von der Vermehrung der Tse-Tse-Fliege zur Zahl der Geräte und Medikamente für das Krankenhaus oder von der Bewässerung zur Rinderanzahl.

4.4.7 Zeichenaufgabe – Nachtests

Grundlage für den Nachtest war die Geschichte "Firma Zander & Co", die der Hilu-Geschichte formal sehr ähnlich, aber in einem Detail ein klein wenig komplizierter ist.

Ein struktureller Unterschied zur Hilu-Geschichte besteht darin, dass eine Düngung des Planktons sich nicht direkt auf die Nahrungsversorgung der Fische auswirkt, sondern nur indirekt über die Einzeller und Krebse. Eine andere Besonderheit sind die Algen, die einerseits als Nahrungsbestandeil der Fische aufscheinen, andererseits bei Überhandnehmen durch ihren hohen Sauerstoffverbrauch die Fische an Sauerstoffmangel sterben lassen.

Die Schüler mussten wiederum zunächst die Situation in einer Skizze zusammenfassend darstellen. Die Lösungen von Christina, Elisabeth und Gerda unterscheiden sich doch einigermaßen. Sie zeigen ein ziemlich weites Spektrum an möglichen Typen von "Wirkungsdiagrammen". Christina (Abb. 61) wiederholt im Grunde den Typus von Lösung, den sie bereits im Vortest wählte[84] und versuchte, dies durch ein kleines Wirkungsdiagramm zu ergänzen. Dieses Wirkungsdia-

---

[84] Christina hat wenigstens einen Teil der Unterrichtseinheit krankheitsbedingt gefehlt.

gramm zeigt die beiden Wirkungsketten von der Düngung hin zur Zahl der Fische, einmal über das Futter und einmal über die Algen.

Die Lösung von Gerda (Abb. 60) ist insofern sehr interessant, als Gerda bereits im Wirkungsdiagramm Bestands- und Flussgrößen (z. B. FischWachstum und Fischbestand) unterscheidet und auch gewisse Rückwirkungen einzeichnet. Einige dieser Rückwirkungen erscheinen mir plausibel erklärbar, andere hingegen wiederum nicht.

Firma Zander & Co

Die Firma Zander & Co verkauft Fische, die sie in großen Fischteichen züchtet. Je größer der Fischbestand ist, desto mehr Fische werden verkauft, und desto höher sind die jährliche Einnahmen der Firma. Einen bestimmten Teil der Einnahmen legt Herr Zander jeweils am Jahresende in Aktien und Wertpapieren an.

In gewissen Abständen werden die Fischteiche gedüngt. Je öfter nämlich gedüngt wird, desto dichter wächst das Plankton im Teich und desto stärker vermehren sich Einzeller und kleine Krebse, die sich von diesem Plankton ernähren. Die Einzeller und Krebse wiederum bilden die Nahrung der Fische, und es hat sich gezeigt, dass der Fischbestand umso größer wird, je mehr Nahrung vorhanden ist. Wird seltener gedüngt, dann nimmt die Zahl der Krebse - und als Folge - die Zahl der Fische ab.

Die Düngung hat jedoch einen Nebeneffekt: Eine bestimmt Algensorte, die von den Fischen gefressen wird, vermehrt sich zunehmend, und sie wächst umso stärker, je häufiger gedüngt wird. Dieses Algenwachstum hat schlimme Auswirkungen für die Fische: Wenn die Algen nämlich nach einer bestimmten Zeit absterben und verrotten, dann entziehen sie dem Teich Sauerstoff, den die Fische zum Atmen brauchen. Mit der Zahl dieser Algen nimmt die Zahl der Fische zu, die aufgrund von Sauerstoffmangel ersticken.

Abb. 59 Nachtest – Angabe (aus Ossimitz 1994e, S. 5-9)

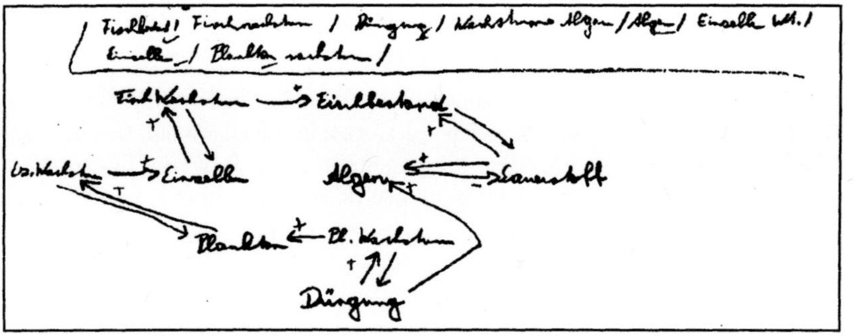

Abb. 60: Zander-Zeichnung Nachtest (11. Schulstufe): Gerda

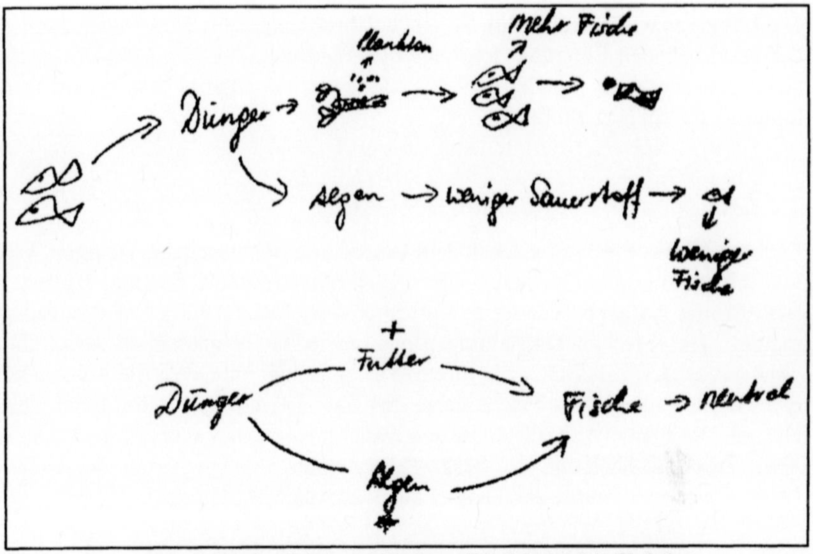

Abb. 61 Zander-Zeichnung Nachtest (11. Schulstufe): Christina

Die Vorzeichen malt Christina direkt zu den Zwischengrößen; ich interpretiere das so, dass sie insgesamt über den Zweig Futter einen positiven und über den Zweig Algen einen negativen Zusammenhang zwischen Düngermenge und der Anzahl der Fische sieht.

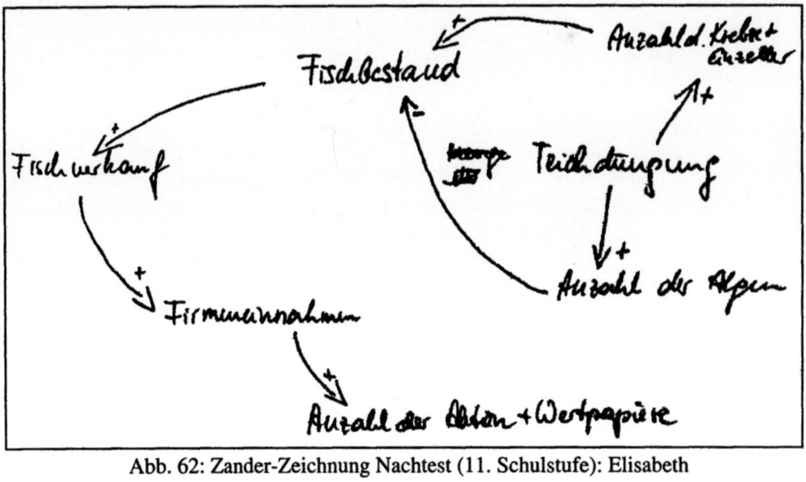

Abb. 62: Zander-Zeichnung Nachtest (11. Schulstufe): Elisabeth

Die Lösung von Elisabeth (Abb. 62) ist ein lehrbuchmäßiges Wirkungsdiagramm der beschriebenen Situation. Ich habe den Eindruck, dass die Schülerin recht sicher imstande war, aus der verbal beschriebenen Ausgangssituation ein Wirkungsdiagramm herzustellen.

4.4.8 Nachtest in der neunten Schulstufe

In dieser Klasse wurden zwischen dem Vortest und Nachtest keine weiteren Wirkungsdiagramme mehr behandelt. Dennoch zeichnen Andrea, Eva und Wolfgang auch für die Aufgabe "Zander & Co" durchwegs "schulmäßige" Wirkungsdiagramme. Die einzelnen Darstellungen sind unterschiedlich detailliert. Eva (Abb. 64) berücksichtigt als Einzige in ihrem Wirkungsdiagramm, dass die Algen auch eine Nahrungsquelle der Fische darstellen. Ihre Lösung ist diesbezüglich sehr elegant. Wolfgang (Abb. 63) führt den Zusammenhang zwischen abgestorbenen Algen, Sauerstoffbedarf und Fischbestand genauer aus. Das Diagramm von Andrea (Abb. 65) ist sehr knapp, enthält aber alle wesentlichen Elemente.

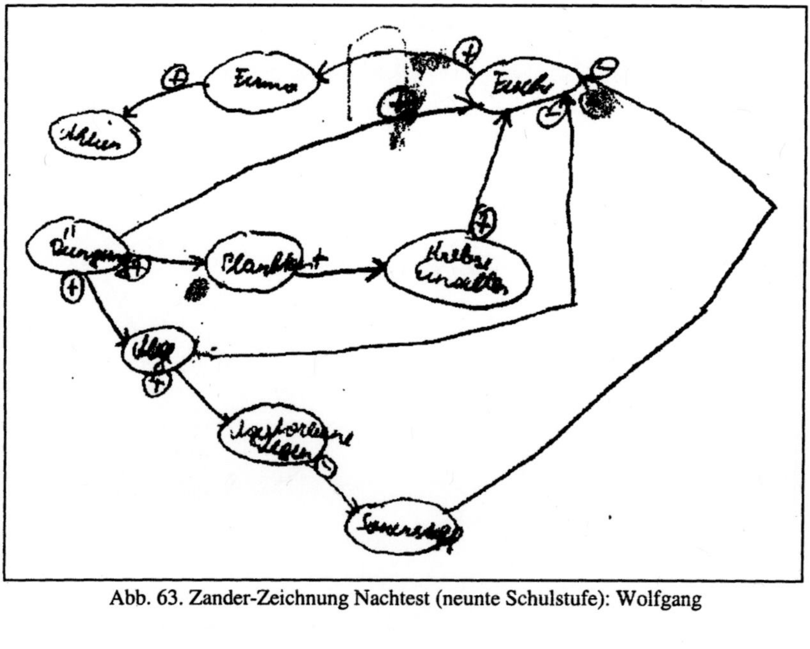

Abb. 63. Zander-Zeichnung Nachtest (neunte Schulstufe): Wolfgang

Beim Nachinterview ist es vor allem Wolfgang leichter gefallen als beim Vortest, das Diagramm zu erklären. Seine Fähigkeit, den gezeichneten Sachverhalt auch verbal zu beschreiben, ist deutlich besser geworden.

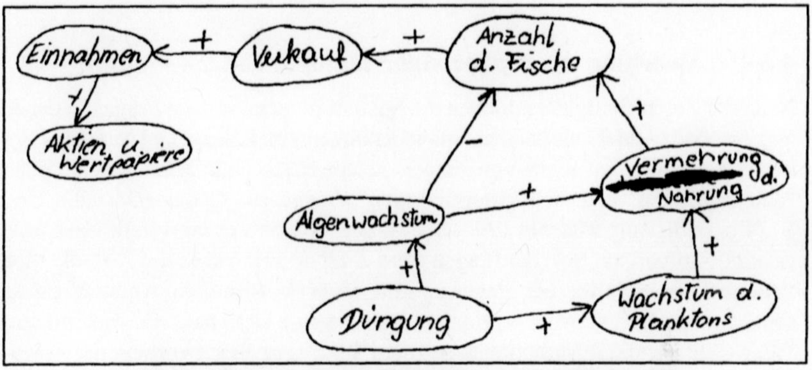

Abb. 64: Zander-Zeichnung Nachtest (neunte Schulstufe): Eva

Im zweiten Teil des Interviews geben die Schüler an, dass es ihnen leicht gefallen sei, die Diagramme zu zeichnen. Andrea hatte explizit die Absicht, ein möglichst einfaches Diagramm zu zeichnen und fasste dem entsprechend Plankton und Krebse zusammen. Obwohl sie keine derart komplizierten Wirkungsdiagramme im Unterricht geübt hatten und sie sich (nach den Angaben ihres Lehrers) nur in der ersten Stunde des Projekts mit Wirkungsdiagrammen beschäftigten, fiel ihnen das Zeichnen der Wirkungsdiagramme nicht schwer. Man kann dies auch aus der praktischen Ausführung der Zeichnungen erkennen, die bei Eva und Andrea recht

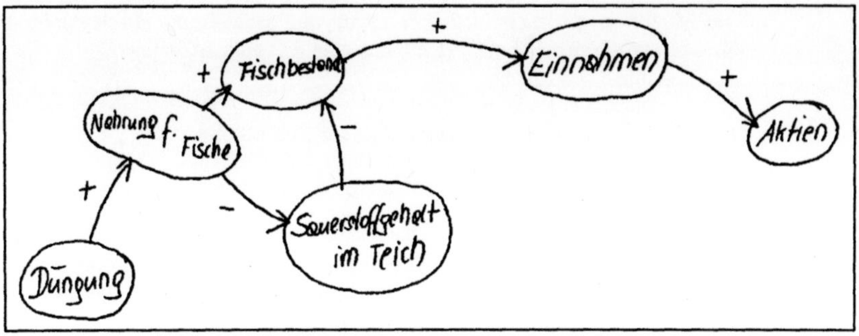

Abb. 65: Zander-Beispiel Nachtest (neunte Schulstufe): Andrea

zügig und ohne Unsicherheiten erfolgte. Wolfgang begann zunächst ein MODUS-Strukturdiagramm (mit einer Tonne für die Bestandsgröße Fische), erkannte dann aber, dass hier ein Wirkungsdiagramm leichter realisierbar war.

4.4.9 Auswertung der ergänzenden Multiple-Choice-Fragen

Nach der Zeichenaufgabe erhielten die Schüler insgesamt neun Fragen in der Art von Abb. 42. Anders als bei den Untersuchungen von Klieme und Maichle (1991 und 1994) ging ich nicht von dem Konzept einer Unterscheidung zwischen "determinierten" und nicht-determinierten" Fragen aus (Klieme/Maichle 1991, S. 24 bzw. Klieme/Maichle 1994, S. 57). Dieses Konzept unterstellt, dass es *die* richtige Antwort auf jede der Fragen gäbe. Statt dessen war es das Ziel, die Motivationen der Schüler bei der Auswahl einer bestimmten Antwort im anschließenden Interview zu ergründen. Dabei zeigte sich, dass die Aufforderung "verwende nur die Informationen aus dem Text" (zur Beantwortung der Fragen) wohl mehr eine methodische Wunschvorstellung des jeweiligen Versuchsleiters ist, an die sich die Schüler keineswegs halten und deren Gültigkeit man bei der Beurteilung der Ergebnisse nicht so ohne weiteres voraussetzen kann. Im Gegenteil: Die Schüler konnten auch z. T. sehr unterschiedliche und bisweilen frappierende Antworten im Interview vernünftig und plausibel begründen. Dazu möchte ich zwei Beispiele bringen.

Beispiel 1: Beim Vortest diskutierten Christina, Elisabeth und Gerda Frage 2b) durchaus kontrovers. Zunächst die Aufgabenstellung:

2) Beantworte nun bitte folgende Fragen verwende dazu nur die Informationen aus dem Text! ...

2b) Eines Tages schlägt der Ältestenrat vor, die Weidegebiete probehalber für eine Weile häufiger zu bewässern als zuvor. Wie wird sich diese Maßnahme am Ende des Jahres – verglichen mit dem Jahr zuvor – auf die Höhe der Zuschüsse für die Krankenstation auswirken? **(Bitte nur eine Antwort ankreuzen!)**

1 Die Zuschüsse werden höher sein.
2 Die Zuschüsse werden geringer sein.
3 Die Zuschüsse werden im Endeffekt etwa gleich hoch sein.
4 Die Zuschüsse können höher, geringer oder gleich hoch sein.
5 Die Zuschüsse haben mit der Bewässerung nichts zu tun.

Die vermehrte Bewässerung lässt einerseits mehr Gras wachsen, andererseits wird dadurch auch die Verbreitung der Tse-Tse-Fliege gefördert. Das Erstere wirkt erhöhend, das Letztere vermindernd auf die Zahl der Rinder. Die Schüler der neunten Schulstufe erkannten dies und folgerten daraus übereinstimmend, dass insgesamt der Rinderbestand in etwa gleich hoch bleiben werde (Antwort 3). In der Gruppe der elften Schulstufe wurden die Antworten 1, 2 und 3 gegeben und folgend begründet:

G: Ich habe die erste Antwort gewählt, weil das Gras somit besser wächst, es mehr Wasser bekommt – , und somit können die Hilus eben mehr Rinder halten und nachdem das Krankenhaus ja Zuschüsse nach dem Prozentsatz kriegt, nach dem Gewinn der Hilus, werden eben auch die höher werden, nachdem die Hilus mehr Rinder verkaufen können.

E: Und die Tse-Tse-Fliege? (allgemeines Gelächter, Unsicherheit)

I: Christina, was meinst Du?

C: Die Zuschüsse werden geringer sein, eben wegen der Tse-Tse-Fliege. Weil ich denke mir: Wenn so häufig bewässert wird, wird sich die ja irrsinnig ausbreiten, also vermehren. Und dadurch werden sehr viele Rinder zu Grunde gehen.

I: Elisabeth, du meinst...

E: Die Rinderanzahl wird sich vergrößern und die Tse-Tse-Fliegen Anzahl wird sich vergrößern und es wird sich wieder ungefähr aufs gleiche hinauskommen. ... Weil die Tse-Tse-Fliege haltet sich ja vorwiegend im Schatten auf und so viel Schatten ist aber nicht dort.

I: Aha – Kann ich nichts dazu sagen. Ich kenne weder die Gegend dort noch die Tse-Tse-Fliege.

E: (ganz leise) Die Feuchtigkeit ist im Schatten größer ...

Die Schülerinnen beantworten die Frage gemäß ihrer Meinung über das System. Diese Meinungen gründen sich jedoch nicht ausschließlich auf den (gesamten) Text der Angabe. Es werden zum Teil Informationen aus dem Text ausgeblendet (wie etwa bei Gerda die Tatsache, dass mehr Bewässerung auch die Tse-Tse-Fliege fördert), zum Teil werden zusätzliche Annahmen hinzugefügt: Christina meint, die Tse-Tse-Fliege würde sich bei mehr Bewässerung "irrsinnig ausbreiten", Elisabeth setzt dem entgegen, dass dies nicht so sein könnte, weil die Tse-Tse-Fliege hauptsächlich im Schatten lebe und es bei den Hilus nicht so viel Schatten gäbe. Im Text wird jedoch darüber nichts ausgesagt.

Diese Sequenz zeigt auch, dass eine ausschließlich am Antwortverhalten orientierte Beurteilung der Schülerinnen zu kurz greifen würde. Geht man vom Hilu-Text als alleiniger Informationsgrundlage aus, so ist die vierte Möglichkeit "Die Zuschüsse können höher, geringer oder gleich hoch sein" die einzig "richtige" Antwort. Wenn jedoch im subjektiven Erleben der Situation (besonders bei Gerda und Christina) hinsichtlich der durch mehr Bewässerung bewirkten Zunahme der Tse-Tse-Fliege eine unterschiedlich starke Wirkung vermutet wird, dann sind auch die Antworten von Gerda und Christina in sich schlüssig.

Es ist jedoch auffällig, dass beim Vortest alle Schüler, die beide Effekte in Betracht zogen, automatisch einen Ausgleich zwischen beiden Effekten assoziierten, also Antwort 3 statt der "nicht-determinierten" Antwort 4 wählten. Beim Zwischeninterview änderte Elisabeth ihre Antwort von 3 auf 4. Beim Nachtest wählten Christina und Elisabeth Antwort 4, alle übrigen Befragten Antwort 3.

Beispiel 2: Besonders spektakulär war die Diskussion beim Zwischentest der elften Schulstufe bei der scheinbar harmlosen Frage 2c in der elften Schulstufe[85].

2c) Die Hilus erhalten von einem Nachbarstamm einen sehr wirksamen Naturdünger, den sie alsbald auf ihr Weideland ausbringen. Wie wird sich diese Maßnahme – verglichen mit dem Jahr davor – auf den Rinderverkauf auswirken? **(Bitte nur eine Antwort ankreuzen!)**

1 Die Hilus werden mehr Rinder verkaufen.
2 Die Hilus werden weniger Rinder verkaufen.
3 Die Hilus werden im Endeffekt etwa gleich viele Rinder verkaufen.
4 Es ist möglich, dass die Hilus mehr Rinder verkaufen, es können aber auch weniger oder gleich viele Rinder sein.
5 Der Rinderverkauf hat nichts mit der Düngung des Weidelandes zu tun.

Alle Schüler mit einer Ausnahme wählten die naheliegende Antwort 1, auch bei der entsprechenden Frage im Nachtest. Lediglich Benjamin löste beim Zwischeninterview mit der ungewöhnlichen Antwort 2 eine turbulente Diskussion aus:

B: Bei c) habe ich geschrieben: Die Hilus werden *weniger* Rinder verkaufen.
E: Weniger? C: Weniger?
B: Weniger Rinder, ja.
E: Wieso?
B: Weil – weil sie nimmer verkaufen müssen, weil sie dann eben beginnen werden, von den Rindern *zu leben*, deswegen echt, weil sie anfangen werden, ihre Rinder nicht mehr abstoßen, sie müssen sie nicht mehr verkaufen, weil durch den -
E: (unterbricht) Sie brauchen das Geld – B: Ha? – E: Sie brauchen doch das Geld für die Krankenstation.
B: Hm, das ist doch wurscht. Wenn sie die Möglichkeit haben, mehr Rinder grasen zu lassen, werden sie weniger verkaufen. Das ist ja klar, die verkaufen mehrere Rinder auch sicher deswegen weil sie –
E: (unterbricht) Sie können mehr *züchten und* immer mehr verkaufen
B: Macht ja nichts –

An dieser Stelle greife ich als Interviewer ein und will wissen, ob Benjamin verstanden hat, welche Auswirkungen der Dünger hat:

I: Benjamin, was hat jetzt deiner Meinung nach dieser Dünger für Wirkung auf das Weideland?
B: Der Dünger, ja gut – aber da steht *Natur*dünger – also *Natur*dünger, glaube ich der Naturdünger, glaube ich in erster Linie einmal, Naturdünger ist einmal der Mist. Der wird dafür sorgen, dass das Weideland fruchtbarer wird und die Rinder werden mehr grasen, sie

[85] Bei diesem Zwischentest vertrat Benjamin die erkrankte Christina. Er machte von seinem Gehabe her den Eindruck eines ökologisch-alternativ angehauchten Burschen und war hier zum ersten Mal mit dem Hilu-Beispiel konfrontiert. Seine Mitschülerinnen Elisabeth und Gerda kannten diese Aufgabe bereits vom Vortest her.

haben bessere Verhältnisse um sich vermehren zu können. Ich glaube eher: Aufgrund dieser Vergrößerung der Vegetation wird es möglich sein, wird es mehr möglich sein, eine größere Kapazität an Rindern aufzunehmen, die erhalten zu können und deswegen glaube ich einfach, dass die weniger verkaufen werden.

G: Aber es ist ja ihr *Ziel*, mehr Rinder zu verkaufen –

B: Das ist das *Ziel*? (schnell) Woher weißt du, dass das ist das Ziel ist, vielleicht wollen sie –

G: (unterbricht) ja aber, nachdem sie Rinder ja *züchten*. Sie werden ja nicht für sich selber züchten.

B: Ja *sicher* [wollen sie die Rinder für sich selbst züchten – G.O.], die müssen ja auch von irgend etwas leben.

E: Aber da brauchen sie nicht so viel.

G: Ja sicher, aber die brauchen ja nicht so viel.

B: Ha, warum? (schnell) Das ist ein Blödsinn. Der Stamm wächst ja auch, ist ja klar. Oder glaubst du der bleibt immer gleich?

G: Nein, sicher nicht –

B: Na eben; G: aber trotzdem – B: Von den sanitären Einrichtungen allein können sie nicht leben, nur von den sanitären Einrichtungen, da müssen sie etwas zum Futtern auch besorgen.

G: Aber das ist ein geringer Prozentsatz –

B: Du kennst dich nicht so aus in Afrika. (Gelächter)

Benjamin schafft es, auch gegen den erbitterten Widerstand seiner beiden Mitschülerinnen seine Meinung, dass eine bessere Düngung zu weniger verkauften Rindern führt, durchzusetzen. Er meint, dass ein besserer Dünger es den Hilus erlaubt, mehr Rinder halten zu können und sie daher weniger Rinder verkaufen müssen.

Die Meinung von Elisabeth und Gerda gründet sich hingegen auf der Annahme, dass es den Hilus nicht darum geht, mehr Rinder zu halten, sondern um mehr Geld für die Krankenstation; d. h. darum, mehr Rinder mit Verkaufsabsicht zu züchten. Tatsächlich sind beide Haltungen vorstellbar; die von den Schülerinnen vertretene Auffassung entspricht wohl mehr unseren westlichen, auf Geld ausgerichteten Denken; bei einem "echten" afrikanischen Stamm könnte es durchaus sein, dass er in der Anzahl der gehaltenen Rinder mehr Reichtum und Sicherheit sieht als in der Zahl der verkauften Rinder. Dem würde auch die Antwort von Benjamin entsprechen.

Diese kleine Episode lehrt, dass in den einzelnen Antworten wesentlich mehr drinnen steckt als bloß die Informationen aus dem Angabetext. Die Antwort auf Frage c) hängt tatsächlich von der Grundeinstellung ab, die man den Hilus bei ihrer Rinderzucht zuschreibt. Wenn es den Hilus ums Geld geht, dann werden sie bei besserer Weide mehr Rinder verkaufen; wenn es ihnen um die Haltung von

Rindern geht, dann werden sie bei besserer Weide weniger Rinder verkaufen, weil sie diese nicht mehr verkaufen brauchen, sondern selber halten können[86].

Abschließend noch ein Beispiel, wie die "nicht-determinierten" Frage f) zum Zander-Text beim Nachtest in der elften Schulstufe von Benjamin, Christina, Elisabeth und Gerda diskutiert wurden. Zunächst die Aufgabenstellung:

f) Eines Tages beschließt Herr Zander, die Fischteiche nicht mehr so oft zu düngen wie bisher. Welche Auswirkungen wird - verglichen mit dem Jahr davor - die reduzierte Düngung auf den Fischbestand haben?
 (Bitte nur eine Antwort ankreuzen!)
 1 Der Fischbestand wird größer werden.
 2 Der Fischbestand wird kleiner werden.
 3 Der Fischbestand wird im Endeffekt etwa gleich groß bleiben.
 4 Der Fischbestand kann größer werden, er kann aber auch kleiner werden oder gleich groß bleiben.
 5 Der Fischbestand hat mit der Düngung der Fischteiche nichts zu tun.

Elisabeth gab als Einzige die (im Sinne von Klieme/Maichle "korrekte" nicht-determinierte) Antwort 4, alle anderen wählten Antwort 3. Mit Ausnahme von Gerda (die beim Vortest Antwort 2 gab) waren dies dieselben Antworten wie beim Vortest. In der elften Schulstufe entstand zur Begründung der gegebenen Antworten eine z. T. recht turbulente Diskussion:

172 I: Aha, drei Mal gleich groß und die Elisabeth sagt, er kann größer, kleiner oder gleich groß bleiben. Warum?
174 E: Ja, wenn er nicht mehr so oft düngt sind weniger Krebse und weniger Algen. Also jetzt – ich weiß eben nicht, wie sich das genau auswirkt. Gleich wie bei der einen Frage, die da vorher war, deshalb kann alles sein.
I: Christina, warum meinst du, dass es gleich groß bleibt?
178 C: Ja, wenn er nicht so oft düngt, werden nicht so viele Algen sein, natürlich werden auch nicht so viele Kleinkrebse sein, aber es wird sich ungefähr in einem Gleichgewicht halten.
I: Gerda?

[86] Wie plausibel Benjamins Sichtweise ist, belegt ein Zeitungsausschnitt, denn ich im Lehrmaterial *Nara – Leben in der Sahelzone* (Staschen/Wedekind 1989, S. 60) gefunden habe. Dort wird ein Artikel aus dem *Reutlinger Generalanzeiger* vom 4. 10. 1984 wiedergegeben, in dem es unter dem Titel *Kenia: Der eiserne Griff der Dürre* heißt: "Hinter dem entwicklungspolitischen Schlagwort »marktorientierte Viehhaltung« steckt der Versuch eines tiefgreifenden Eingriffs in die traditionelle Lebensweise des Samburu-Volkes: Bislang war das Vieh nicht nur wirtschaftliche Existenzgrundlage, sondern auch alleiniger Gradmesser des Reichtums. Verkauft wurde fast nie, die Vergrößerung der Herde war das Ziel. Nach den Vorstellungen der deutschen Helfer sollen die Nomaden künftig jeweils einen Teil ihrer Tiere vermarkten, um so Mais und andere Versorgungsgüter zu kaufen und zugleich auf diese Weise zur Verkleinerung ihrer Herde beizutragen. Zwei Jahre nach Beginn des Projekts geraten die Experten jedoch über den Erfolg ihrer Aktion ins Zweifeln. Die geplante »Umstellung« der Nomaden stößt bei den Betroffenen eher auf Zurückhaltung".

180 G: Dasselbe.
I: Was hätte das für Auswirkungen, wenn der Herr Zander sich vernünftig verhält, eurer Meinung nach?
G: Wie vernünftig?
I: Ja, wirtschaftlich vernünftig.
182 G: Das heißt, wenn er nicht so oft düngt, oder was meinen Sie damit, "vernünftig verhalten"?
I: Ja, ihr habt jetzt gerade festgestellt, wenn man weniger düngt, ist der Fisch-Output gleich.
184 G: Ja, in *etwa*. Das kann keiner so genau sagen, weiß ja keiner wie –
B: (unterbricht) Vielleicht ist er aber geringer – oder größer.
G: - wie sehr sich die Algen vermehren bei der Düngung. Das steht ja nicht da, das kann man nicht wissen. Das ist ja eine *reine* Vermutung.
187 E: Ja eben, deshalb können alle drei Sachen sein –
G: (dazwischen) Nein -
E: und nicht nur gleich groß bleiben.
188 G: Nein, ich glaube, das biologische Gleichgewicht wird da bleiben.
189 C: Ich glaube, ohne Dünger werden sich die Fische nicht weiß Gott wie viel vermehren, ohne Dünger, meiner Meinung nach.
190 B: Da kommen ja die Algen -
G: (gleichzeitig) Ich glaube nicht, dass da alles drei sein kann, oder?
C: Ich glaube nicht, dass die Algen so viel Fische -
B: Wir wissen viel zu wenig darüber.
E: Ja eben.
191 B: Da kann man nur raten. Das ist ja das Schöne am Multiple-Choice-Verfahren.
192 I: Ja, was würdet ihr zur Behauptung sagen, – vielleicht frage ich zuerst dich, Gerda, und dann die anderen auch noch, – dass der Dünger im Grunde genommen dann *wirkungslos* ist.
194 G: Das würde ich nicht gerade sagen. Weil es gibt zwar mehr – Krebse – und dadurch aber auch mehr Algen. – Und – je mehr Algen, desto weniger Fische. Mehr Krebse, *mehr* Fische.
I: Christina! Was sagst du zur Behauptung, der Dünger sei wirkungslos?
198 C: Das – das wollte damit nicht ausdrücken, dass der Dünger wirkungslos ist – meiner Meinung nach *ist* er nicht wirkungslos. Aber ich weiß nicht genau, wie das Verhältnis zwischen Algen und Anzahl der Krebse und so steht.
200 I: Wie schaut das bei dir aus, Benjamin?
201 B: Ja, gut. Ich gehe einfach davon aus, dass man in einem vernünftigen Maße düngert – düngt, nicht düngert. Und, na gut – ich meine, man kann zu allem kommen. Das weiß ich eben nicht. Keine Ahnung. (leicht ironisch) Diese zwei Wochen[87] haben nicht ausgereicht.
203 E: Vielleicht kann man aber ein Mittel finden, das eben – so wie da von einer Substanz steht, dass die Algen zurückgehen, so kann man trotzdem düngen und die Krebse werden sich vermehren, oder? Da weiß man echt zu wenig.
I: Ja, also –

[87] Gemeint sind zwei Wochen Unterricht in Systemdynamik.

206 B: (unterbricht, schnell) Ich meine: gut, sagen wir einmal so: Wenn er weniger düngt, dann heißt das auf Deutsch gesagt, es gibt weniger Krebse, – und jetzt bauen wir das Ganze einmal auf, wie wir es gemacht haben. Und dann, wenn es weniger Krebse gibt, also dann gibt es auch weniger Fische. Jetzt gibt aber auch weniger Algen, es gibt weniger Algen, die dem Wasser Sauerstoff entziehen können, das heißt es gibt mehr Sauerstoff, das heißt, es gibt bessere Lebensbedingungen für die Krebse und für die Fische, das heißt die Krebse und Fische können besser gedeihen, das heißt es wird ungefähr gleich bleiben. Aber es kann auch ein bisschen geringer sein, ich weiß jetzt nicht, in welchem Ausmaße oder welche Differenz da jetzt zwischen dem ersten und zweiten Modell bestehen.

211 C: Ja, genau, da bräuchte man genau die Reinigungsfaktoren und was weiß ich noch alles dazu.

212 I: Aber wenn es – wie ist das, wenn es wirklich so ist, dass weniger Dünger gleich viel Fische bringt, dann heißt das, dass der Dünger im Prinzip wirkungslos ist. Das heißt, er braucht eigentlich überhaupt keinen Dünger oder weniger Dünger hineinzuschütten, und spart sich das Geld damit, und hat gleich viele Fische.

215 B: Ja, da geht es um eine vernünftige – Er sollte ja stets weniger düngen, nicht.

G: Wenn er überhaupt nicht düngt,

216 B: wenn man zu viel düngt, wenn man zu viel düngt, dann kann es ja auch – das ist ja auch total, das ist ja auch schlecht, das ist dann wie nennt man das, Euphorie, glaube ich, im Wasser?

I: Eutro...

B: Eutrophie, Eutro- oder so was in die Richtung, weil dann –

218 C: Wenn er aber überhaupt nicht *düngt*, wie ist es dann nachher?

219 E: Ja wenn ihr sagt, es wird dann gleich bleiben, dann wäre das sowieso wirkungslos.

220 C: Dann bräuchte er ja überhaupt nicht düngen; ja wenn er überhaupt nicht düngen täte, dann würden sich die Fische schön vermehren.

220 B: (gleichzeitig) Es geht ja darum, dass so viel düngt, dass er das biologische Gleichgewicht nicht stört. Es geht ja nur darum, wenn ich zu viel dünge, dann gebe ich einem Faktor einfach zu viel Gewicht und dann stürzt das Ganze auseinander. Aber wenn ich jetzt immer ein bisschen dünge, dann kann ich dafür sorgen, dass das einfach unbemerkt bleibt, in *der* Form, dass sich die beiden – adaptieren können, anpassen können an das Ganze; das heißt: Es wird sich alles irgendwo einpendeln, nur in einem größeren Maß. Es wird mehr Fisch geben, mehr Algen *aber auch* mehr Krebse und trotzdem: Es wird mehr Fische geben.

224 C: – und und trotzdem im Gleichgewicht wieder, ja.

226 B: Na, ich meine, ungefähr wird es – es ist halt schwierig zu beantworten. Es ist einfach wirklich schwierig, wie man sieht; da kann man sich, glaube ich, zwei Stunden darüber unterhalten.

Diese längere Passage zeigt, dass Benjamin, Christina und Gerda ihre Antwort mit Nachdruck verteidigen – genauso wie Elisabeth ihre (leichter vertretbare) Meinung bis zum Schluss durchzieht. Sowohl Gerda (188) wie auch später Benjamin (220) meinen, dass durch weniger Düngung das biologische Gleichgewicht erhalten bleibt, und damit auch gleich viele Fische bei weniger Düngung zu erwarten sind. Christina meint, dass der Dünger gebraucht wird (220) und nicht wirkungslos ist (198). Dass Benjamin die Modellstruktur verstanden hat, wird aus 206 deutlich. Er zieht sich in der Verteidigung seiner Antwort "es wird im Endeffekt gleich viele Fische geben" auf dieselbe Position zurück wie auch Gerda (184) und Christina (189, 211): Man wisse zu wenig über die genauen Zusammenhänge. Dies wird jedoch nicht als Argument für die Antwort 4 gesehen, obwohl Elisabeth mehrfach versucht (187, 190), diesen Gedanken ins Spiel zu bringen.

Statt dessen gibt es bei Gerda (188) und bei Benjamin (220) eine Art "Homöostase-Hypothese", dass auch bei weniger Düngereinsatz das Gleichgewicht erhalten bleibt. Die Antwort "Der Fischbestand wird im Endeffekt etwa gleich bleiben" hat für sie möglicherweise mehr die Bedeutung "Das biologische Gleichgewicht bleibt bei weniger Düngung erhalten."

4.4.10 Zusammenfassung der Ergebnisse

Die in den beiden Geschichten beschriebenen Situationen waren für alle Schüler relativ leicht zu durchschauen. Sie waren durchwegs in der Lage, logische Schlussfolgerungen über indirekte Wirkungen zu ziehen. Wenn ein Schüler etwas anderes antwortete als erwartet, so war dies auf bestimmte implizite Annahmen zurückzuführen, die eben auch eine andere Antwort plausibel erscheinen lassen.

Es erscheint aus diesem Grund methodisch ein wesentlicher Vorteil zu sein, wenn die Schüler über ihre Antworten auch anschließend befragt werden. Die Beispiele einfach in der Form wie bei Klieme und Maichle (1991 bzw. 1994) nach dem Kriterium determiniert/nicht-determiniert zu unterscheiden, und dabei jeweils von einer objektiv "richtigen" Antwort auszugehen, erscheint im Lichte der ergänzenden Interviews recht problematisch[88], da es sich bei den Interviews mehrfach herausstellte, dass es auch für scheinbar völlig "falsche" Antworten sehr plausible Erklärungen gab. Tatsächlich konnte ich bei keinem einzigen Interview irgendwo den Eindruck gewinnen, dass ein Schüler eine der gestellten Fragen im Sinne eines logischen Fehlers falsch verstanden oder beantwortet hat. Die Unterschiede ergaben sich durchwegs aus unterschiedlichen, aber durchaus plausiblen Bewertungen der vorgelegten Situation.

Hinsichtlich der Komplexität der Aufgabenstellungen hatten die befragten Schüler damit keine besonderen Schwierigkeiten. Um die Grenzen der Fähigkeiten im ver-

---

[88] Man muss Klieme und Maichle allerdings konzidieren, dass sich die Interviewmethode unmöglich auf eine Breitenerhebung von über 100 Schülern umlegen lässt und sie bei der Interpretation der Ergebnisse der ergänzenden (nicht-) determinierten Systemfragen sehr vorsichtig zurückhaltend waren.

netzten Denken zu explorieren, erscheint es durchaus angebracht, den Versuchspersonen komplizierter aufgebaute Situationen vorzulegen. Von besonderem Interesse wären hier Beispiele, in die eskalierende oder dämpfende Rückkoppelungskreise eingebaut sind. Anhand solcher Geschichten könnte dann überprüft werden, inwieweit Schüler in der Lage sind, solche Rückkoppelungskreise zu erkennen. Bei den vorliegenden Beispielen gab es keine Rückkoppelungen, sondern nur eine einzige Verzweigung im Wirkungsdiagramm: Bei den Hilus führte mehr Bewässerung zu einer besseren Weide und damit zu mehr Rindern, andererseits aber auch zu einer Vermehrung der Tse-Tse-Fliege, die den Rinderbestand wieder dezimierte. Alles andere waren eigentlich nur einfache Kausalketten mit indirekten Wirkungen, die von den Schülern problemlos gemeistert wurden.

Auch im Hinblick auf die grafische Darstellung in einer zusammenfassenden Skizze (Aufgabe 1) waren die Beispiele eher zu leicht. Die Erhebung brachte das doch recht unerwartete Ergebnis, dass die Schüler der fünften Klasse bereits nach einer Stunde Unterricht, in der sie lediglich zwei ganz einfache Wirkungsdiagramme gezeigt bekamen, die geschilderte Situation problemlos in ein Wirkungsdiagramm umsetzten.

5 Die Studie *Entwicklung vernetzten Denkens*

In diesem Kapitel möchte ich die wichtigsten Ergebnisse meiner Hauptstudie *Entwicklung vernetzten Denkens* (Ossimitz 1996c) zusammenfassen. In dieser Studie wurden verschiedene Erfahrungen aus den in 4.2 bis 4.4 besprochenen Untersuchungen berücksichtigt: Als Software wurde POWERSIM statt MODUS verwendet; die verbal gegebenen Hilu- bzw. Mori- Szenarien waren komplexer, um den bei den Vorstudien bemerkbaren Deckeneffekt zu beseitigen; auch die Einschulungsphase für die mitwirkenden Lehrer war länger. Weiters habe ich versucht, für die von den Schülern gezeichneten Diagramme möglichst exakte Beurteilungskriterien hinsichtlich des Darstellungstyps zu verwenden, um daraus dann einen Vernetzungs- und Komplexitätsindex zu entwickeln.

Vom Unterrichtsdesign her hatten die Lehrer sehr große Freiheit; auch die regionale Herkunft der Schüler sowie das Alter differierten relativ stark. Durch eine relativ aufwändige quantitative Auswertung wurde untersucht, welche Parameter (wie Alter, Geschlecht, Computererfahrung usw.) einen besonderen Einfluss auf die Leistungszuwächse hatten. Das Ergebnis hat mich in dieser Deutlichkeit überrascht: die einzige wirklich signifikante Erklärungsgröße für die Leistungsunterschiede ist der unterrichtende Lehrer.

5.1 Ziele und Design der Untersuchung

5.1.1 Ziele der Untersuchung

Der Studie *Entwicklung vernetzten Denkens* lagen folgende Ziele bzw. Forschungsfragen zu Grunde:

(1) Wie kann man die *Entwicklung systemischen Denkens* bei Schülern praktisch messen? Ein ganz wesentliches Ziel war es, die verwendeten empirischen Messwerkzeuge (etwa zur Zuordnung verschiedener Darstellungstypen oder zur Berechnung diverser Kennzahlen) möglichst eindeutig und nachvollziehbar zu operationalisieren und explizit zu dokumentieren.

(2) Welche *systemischen Denk- und Darstellungskompetenzen* besitzen Schüler der Sekundarstufe II (15-19 Jahre) in Abhängigkeit vom Alter, Geschlecht, Mathematiknote und Computervorerfahrung?

(3) Inwieweit lässt sich *quantitative systemdynamische Modellbildung und Simulation am Computer* in "normalen" Mathematikunterricht der Sekundarstufe II

(Sek II) integrieren? Gibt es einen Zusammenhang zwischen dem Unterrichtsdesign und den messbaren Schüler-Fähigkeiten zu systemischem Denken?

(4) Inwieweit lassen sich die auf systemisches Denken bezogenen *Ziele des Lehrplankapitels Untersuchung vernetzter Systeme* durch eine systemdynamisch orientierte Unterrichtseinheit von ca. 20 Stunden erreichen? Dabei sollte auch erhoben werden, unter welchen Randbedingungen (Geschlecht, Computervorerfahrung, Lehrer, Alter usw.) ein besonderer Lernzuwachs beobachtet werden kann.

5.1.2 Untersuchungsdesign

Kernidee der Untersuchung war, die Entwicklung von systemischem Denken in einem möglichst "normalen" schulischen Ausbildungskontext zu untersuchen. Die mitwirkenden Lehrer wurden österreichweit angeworben. Sie mussten keine besonderen strengen Auswahlkriterien (etwa hinsichtlich Schultyp, Computervorerfahrung oder unterrichtete Fächer) erfüllen, sondern sollten lediglich folgende Bedingungen erfüllen:

- Sie mussten an einem einwöchigen Workshop zur Einschulung in die Didaktik der Systemdynamik sowie zur Einführung in die Software POWERSIM teilnehmen.
- Sie sollten eine Systemdynamik-Unterrichtseinheit von ca. 20 Stunden zu einem Thema freier Wahl in einer beliebigen Klasse der Sek II vorbereiten, unterrichten und dokumentieren. Dabei sollte (auch) die Simulationssoftware POWERSIM zum Einsatz kommen.
- Sie mussten vor und nach der Unterrichtseinheit eine Befragung der Schüler durch einen Vor-bzw. Nachtest sowie ergänzende Interviews von einigen Schülern ermöglichen. Diese Tests waren den unterrichtenden Lehrern nicht bekannt.

5.1.3 Auswahl und Ausbildung der mitwirkenden Lehrer

Die *Anwerbung von interessierten Lehrern* erwies sich als ein schwieriges Unterfangen, da die Ansprüche relativ hoch waren (mehrtägige Fortbildung in den Ferien, Dokumentation der Unterrichtseinheit) und die Lehrer (abgesehen von teilweisen Zuschüssen zu den Aufenthaltskosten der Einschulung) keinerlei finanzielle Entschädigung für ihren Mehraufwand erhielten. Letztendlich konnten zwei Lehrerinnen und fünf Lehrer für das Projekt gewonnen werden, die in insgesamt sieben Klassen an sechs verschiedenen Schulen in Österreich ein entsprechendes Unterrichtsprojekt zur Systemdynamik begannen. Vom Schultyp her waren es ein Bundes-Oberstufenrealgymnasium (BORG) und fünf Handelsakademien (HAK, wirtschaftsorientierte berufsbildende höhere Schulen mit Abitur). Diese Verteilung von Schultypen machte einen expliziten Bezug zum Lehrplankapitel "Untersuchung vernetzter Systeme" faktisch obsolet, weil dieses Lehrplankapitel im Mathematiklehrplan für Handelsakademien nicht vorkommt. Die Auswahl der Klasse, in der das Projekt durchgeführt wurde, oblag dem Lehrer. Es sollte sich nur um eine Klasse der Sekundarstufe II (neunte bis dreizehnte Schulstufe) handeln.

Die *Einschulung der Lehrer* umfasste ca. sechs bis sieben Halbtage und erfolgte im Rahmen des *13. Sommerworkshop zur Visualisierung in der Mathematik* im Juli 1994 in den Sommerferien der Lehrer. Als Betreuerteam fungierten (bei insgesamt neun teilnehmenden Lehrern) Irma Bierbaumer, Franz Schlöglhofer und ich. Die Einschulung orientierte sich im Wesentlichen am einführenden Teil A des Buches *Materialien zur Systemdynamik* (Ossimitz 1990a). Weiters wurde eigens für diese Veranstaltung ein Skriptum *Einführung in die Software POWERSIM* (Ossimitz 1994f) verfasst. Konkret wurden im Einführungskurs behandelt:

1) Grundideen systemdynamischen Arbeitens
2) systemische Darstellungsformen
3) Fragen der systemdynamischen Modellbildung
4) Einführung in die Software POWERSIM und nummerische Simulation mit POWERSIM (mittels Ossimitz 1994f)
5) Fragen der Unterrichtsgestaltung (projektorientierter Unterricht, Leistungsbeurteilung)
6) Konzeption und Beginn der Ausarbeitung eines eigenständigen Unterrichtsvorhabens in POWERSIM, das im darauffolgenden Schuljahr praktisch unterrichtet werden sollte (ca. 3-4 Halbtage).

Da die Software-Dokumentation von POWERSIM ausschließlich in Englisch war, hat sich das Skriptum Ossimitz (1994f) mit folgendem inhaltlichen Aufbau bewährt:

- Zunächst wird die Benutzeroberfläche von POWERSIM erklärt. Insbesondere wird auf die Commandbar (Befehlstastenleiste) und die Toolbar (Werkzeugtastenleiste) eingegangen, weil damit die wichtigsten Befehle bzw. Modellierwerkzeuge von POWERSIM auf Knopfdruck zur Verfügung stehen.

- Am Beispiel *Absatz eines Produkts* wird die Entwicklung eines logistischen Wachstumsmodells in POWERSIM Schritt für Schritt vorgeführt.
- Am Beispiel eines Modells zum Thema *Schweinezyklus* wird gezeigt, wie man mit POWERSIM ausgehend von einem bestimmten Grundmodell mehrere Modellvarianten zu einem bestimmten Thema entwickeln und nummerisch simulieren kann. Anhand dieses Beispiels erlebt der Lernende die Modellentwicklung selbst als dynamischen Prozess.

Die letzten drei bis vier Halbtage der Ausbildungswoche nutzten die Lehrer (je nach Engagement) bereits für die Entwicklung des von ihnen geplanten Unterrichtsprojektes. Die meisten Lehrer fingen gleich an, POWERSIM-Modelle zu dem von ihnen geplanten Thema zu entwickeln. Sie nahmen dabei z. T. intensive Beratung zum Umgang mit POWERSIM und zu Fragen der Gestaltung systemdynamischer Modelle in Anspruch. Auf diese Weise verfügten die meisten Lehrer bereits am Ende des einführenden Workshops über ein halbwegs tragfähiges Grundkonzept für ihr Unterrichtsvorhaben.

5.1.4 Die Simulations-Software POWERSIM

Zur nummerischen Modellbildung und Simulation stand die Software POWERSIM für das gesamte Schuljahr zur Verfügung[89]. POWERSIM ermöglicht ähnlich wie STELLA eine grafisch orientierte systemdynamische Modellierung auf Flussdiagrammebene. POWERSIM läuft unter Windows, ist menüorientiert und bot bereits in der 1994 verwendeten Version 1.1 einen Leistungsumfang, der deutlich über den Bedarf einer schulischen Einführung hinausging (z. B. vektorwertige Variable, zahlreiche Features zur Gestaltung eines attraktiven Modelldesigns, wie es für Management Flight Simulators üblich ist). Bei der Einschulung der Lehrer wurde darauf geachtet, dass die Lehrer vor allem die relevanten elementaren Modellieroperationen erlernten. POWERSIM ist sehr komfortabel zu bedienen, wenn man weiß, wie die essenziellen Befehle zu realisieren sind. Aufgrund der umfangreichen Menüstruktur ist jedoch eine gezielte Hilfestellung für Neueinsteiger von großem Vorteil, wenn man als Anfänger nicht viel Zeit mit dem Suchen von Befehlen und dem Ausprobieren von (meist nebensächlichen) Optionen verbringen will.

---

[89] Die Software wurde für die Dauer des Projekts dankenswerterweise von der Firma POWERSIM AS, Bergen (Norwegen) kostenlos zur Verfügung gestellt.

5.1.5 Unterrichtsgestaltung

Bei der Unterrichtsgestaltung hatten die mitwirkenden Lehrer weitgehend Freiheit. Sie konnten sowohl die thematischen Schwerpunkte als auch das methodische Konzept autonom bestimmen. Dies erschwert zwar die Vergleichbarkeit der Resultate in den einzelnen Klassen, entspricht aber eher der schulischen Realität als eine Vorgangsweise, bei der die Lehrer ein vorgegebenes Thema zu unterrichten haben (wie dies etwa in den Untersuchungen von Klieme/Maichle 1991 und Klieme/Maichle 1994 der Fall war). Die hier gewährte Freiheit wurde von den Lehrern in hohem Maße ausgenützt. Die einzelnen Unterrichtskonzepte waren sowohl inhaltlich als auch methodisch weit gestreut. Einige Lehrer wählten einen stark projektorientierten Ansatz, andere orientierten sich mehr an der herkömmlichen Unterrichtsmethodik mit fragend-entwickelndem Unterricht und dazwischenliegenden Übungsphasen mit kleinen, überschaubaren Aufgabenstellungen, die in Einzel- oder Partnerarbeit zu lösen waren.

Die Offenheit bei der Unterrichtsgestaltung in der Studie *Entwicklung vernetzten Denkens* bot den Lehrern einerseits mehr Freiraum für eigene Kreativität; andererseits ist sie aber auch riskanter, was die Bewältigung des Unterrichtsvorhabens angeht. Rückblickend hat es sich sehr bewährt, den Lehrern freie Hand zu lassen. Nach meiner Einschätzung gelang es nur in einer von sieben Klassen nicht, ein annehmbares Unterrichtsprojekt zu realisieren.

5.1.6 Erhobene Daten

Folgende Daten wurden von den Lehrern erhoben:

a) Protokolle der einzelnen Unterrichtsstunden (Thema des Unterrichts, Art von Lehrer- und Schüleraktivitäten) anhand eines Standard-Fragebogens
b) Abschließender Bericht über die Systemdynamik-Unterrichtseinheit (mit einer vorgegebenen Inhaltsgliederung[90])

Von Schülern verfügbare Daten:

a) Schüler-Vortest
b) Schüler-Nachtest
c) Auszüge aus Schülerarbeiten (Schulübungshefte, Projektprotokolle der Schüler usw.), die von einzelnen Lehrern bereitgestellt wurden.

---

90 Von zwei Lehrern liegt kein Bericht vor; in einem Fall habe ich "ersatzweise" eine umfangreiche Dokumentation der Schülerprojekte erhalten. Ein dritter Lehrer hat statt der standardisierten Stundenprotokolle lediglich eine "minutiöse Darstellung des Unterrichtsprojekts" abgeliefert.

Code	Schulstufe	Schüler Anzahl	weibl.	Comp.Erf.	Alter	wo?	Schultyp	h	Fach
S	10	22	57%	24%	15-16	Land	HAK	24	Math
P	11	20	22%	26%	16-18	Land	BORG	30	M, Ph
G	11	18	67%	28%	18-19	Stadt	HAK	10	Math
K	13	7	86%	71%	19-21	Stadt	HAK	10	Math
F	10	24	50%	29%	15-16	Land	HAK	20	Math
D	13	17	82%	47%	18-20	Land	HAK	14	EDV
W	12	18	72%	78%	17-18	Stadt	HAK	6	Math
		126	Ø 60%	Ø 41%	Ø 17,2			Ø 16,3	

Abb. 66 Untersuchungsklassen

5.2 Wie lief der Unterricht ab?

Die Tabelle Abb. 66 gibt eine Übersicht über die untersuchten Klassen. Die Klassen G und K wurden vom selben Lehrer unterrichtet. Ein Schüler wurde als Schüler mit Computererfahrung gewertet, wenn auf die Frage "Wie viel Zeit verbringst du im Schnitt pro Woche am Computer?" (egal ob zu Hause oder in der Schule) vor dem Vortest wenigstens 1 Stunde pro Woche angegeben worden ist.

Die Stundenzahlen in der vorletzten Spalte beziehen sich auf die Dauer des Systemdynamik-Projekts in Unterrichtsstunden (gemäß der Zählung nach den Stundenprotokollblättern der Lehrer). Die Lehrerin in Klasse P führte das Projekt fächerübergreifend im Mathematik- und Physikunterricht durch, was die relativ hohe Gesamtstundenzahl innerhalb weniger Wochen erklärt. In Klasse D unterrichteten eine Lehrerin und ein Lehrer gemeinsam. In allen anderen Klassen unterrichteten nur männliche Lehrer.

5.2.1 Klasse S

Der Lehrer in Klasse S startete gleich zu Schulbeginn ein recht ehrgeiziges Unterrichtsprojekt mit den Schwerpunkten "CO_2-Kreislauf der Erde" und "Bevölkerung", das sich immerhin über zweieinhalb Monate erstreckte. Aus Anlass der im Herbst 1994 gerade stattfindenden Nationalratswahl gab es auch einen Einschub zum Thema "Wahlen" mit einem Schwerpunkt auf das recht komplizierte dreistufige österreichische Verfahren zur Ermittlung von Nationalratssitzen. Der Lehrer beschäftigte sich zunächst recht ausführlich (über 4 Stunden) mit einer Einführung in die Systemdynamik und mit Wirkungs- und Flussdiagrammen als systemischen Darstellungsformen. Nach 2 Stunden zur NR-Wahl 1994 erfolgte in einer Doppelstunde eine Einführung in die Software POWERSIM. Anschließend wurde das Thema "CO_2-Kreislauf" ausführlich behandelt und sukzessive ein recht anspruchsvolles Modell des weltweiten CO_2-Haushalts entwickelt und nummerisch durchgerechnet. Zum Thema "Bevölkerung" wurde ein POWERSIM-Modell mit vier Bevölkerungsgruppen (nach Ossimitz 1990a, S. 176ff) entwickelt und auch nummerisch durchgerechnet. Bemerkenswert ist auch, dass der Lehrer eine (herkömmlich zu bearbeitende) Schularbeit (nach 12 der 24 Projekteinheiten) in das Projekt integrierte.

1) Systemdynamik

1a) Erkläre am Beispiel des Bevölkerungswachstums ein Ursache-Wirkungs-Diagramm. Was versteht man unter einem eskalierendem Rückkoppelungskreislauf? Ist dieses Modell zur Beschreibung eines Bevölkerungswachstums geeignet?

1b) Erkläre am Beispiel der Kapitalverzinsung ein Flussdiagramm. Was ist eine Bestandsgröße? Wie werden dabei die Zinsen berechnet?

1c) Erkläre am Beispiel der Kapitalverzinsung die mit Hilfe des Programmes POWERSIM erstellte Grafik und Tabelle. Wie wurden sie erstellt und was kann man daraus ablesen?

1d) In welchem Zusammenhang stehen CO_2, Atmosphäre Hydrosphäre und Biosphäre global betrachtet? (Klimaauswirkungen?)

Abb. 67 Schularbeitsbeispiel zur Systemdynamik aus Klasse S

Als abschließenden Höhepunkt erhielt die Klasse in Anerkennung der erfolgreichen Durchführung des CO_2-Projekts vom österreichischen Unterrichtsministerium eine Fahrt zu der im Frühjahr 1995 in Berlin stattfindenden Welt-Klimakonferenz finanziert.

5.2.2 Klasse P

In Klasse P versuchte die Lehrerin erfolgreich, "Aspekte des vernetzten Denkens und die Technik der quantitativen Modellbildung fächerübergreifend in den beiden Fächern Mathematik und Physik zu behandeln" (aus dem Lehrer-Abschlussbericht). Das Unterrichtskonzept war (anders als in Klasse S) nicht projektorientiert, sondern weitgehend herkömmlicher Unterricht, der allerdings mit massivem Computereinsatz betrieben wurde und die meiste Zeit im Computerlabor der Schule stattfand. Nach einer kurzen Einführung in Systeme und Wirkungsdiagramme in den ersten beiden Stunden (mit einer umfangreichen Übungsphase in der zweiten und vierten Stunde) wurde ab der dritten Stunde mit POWERSIM gearbeitet. Nach einigen einführenden Beispielen in die quantitative Systemmodellierung erfolgte ab der 7. Stunde wieder eine stundenplangemäße Trennung in die Fächer Physik und Mathematik, wobei das Projekt in beiden Fächern parallel weiterlief.

Im Physikunterricht wurden Modelle zur gleichförmigen und gleichförmig beschleunigten Bewegung, zum freien Fall und zu harmonischen und auch gedämpften Schwingungen entwickelt und auch ausführlich geübt. Am Beispiel der gleichförmig beschleunigten Bewegung wurden die systematischen Schwächen der Euler-Cauchy-Integration identifiziert und mögliche Verbesserungen (Runge-Kutta 2. und 4. Ordnung) diskutiert und auch praktisch erprobt.

Im Fach Mathematik wurden ein Zinsmodell (inklusive Kapitalertragsteuer und Kontoführungsspesen), ein Kreditmodell, ein Modell des Wachstums einer Pflanze, ein Thermostat-Modell (inklusive Experimenten an einem Heizgerät) und schließlich die PC-Version von Vesters Spiel Ökolopoly behandelt. In beiden Fächern wurde auch je eine Schularbeit (z. T. mit direkt am Computer zu lösenden Beispielen) gegeben.

Physik:

2a) Welche Gegebenheiten sind für schwingungsfähige Systeme charakteristisch? Wann sind die Voraussetzungen für harmonische Schwingungen erfüllt?

2b) Simuliere eine harmonische Schwingung für 10 Sekunden, RK4, TimeStep=0.1, Tabelle mit TimeStep 0,1 Federkonstante = 0.8N/m Masse = 1kg, Amplitude = 10m

2c) Ändere das Modell so, dass die Dämpfung durch Reibung (proportional zur Geschwindigkeit) mit berücksichtigt wird. Lösche die Tabelle, zeichne ein Zeitdiagramm von x für 20 Sekunden. Speichere das geänderte Modell unter Deinem Namen auf der Diskette. Wähle als Dämpfungsfaktor 0.2 bzw. 1 bzw. 5 und beschreibe den Verlauf der Bewegung.

Mathematik:

3) In einer Stadt leben etwa 4000 interessierte und gesprächige Erwachsene. Einer von ihnen setzt ein Gerücht in die Welt, das im Durchschnitt von jedem, der es weiß, innerhalb eines Tages an drei Personen weitererzählt wird. Erstelle ein Powersim-Modell, das die Ausbreitung des Gerüchts beschreibt (mit TimeTable und Diagramm) und speichere das Modell auf Diskette (Euler, TimeStep 1). Wie viele Personen kennen das Gerücht nach 4 Tagen. Wie lange dauert es, bis jeder davon erfahren hat? Welche Art von Wachstum liegt hier vor?

Abb. 68 Schularbeitsbeispiele zur Systemdynamik (Fächer Ph, M, Klasse P)

Es ist der Lehrerin von Klasse P überzeugend gelungen, ihr Systemdynamik-Projekt mit einem Design zur realisieren, das (abgesehen von der intensiven Computernutzung) weitestgehend traditionellem Mathematikunterricht entspricht:

- Abfolge von Lehr- und Übungsphasen
- relativ kleinschrittig getakteter Unterricht
- kleine, überschaubare Übungsaufgaben an die Schüler
- keine offenen, sondern eher konventionelle Aufgaben bei der Schularbeit, bei denen es eine eindeutig richtige Lösung gibt.

Mit einer Dauer von 30 Stunden liegt die Dauer dieses Projekts fast doppelt so hoch wie der Mittelwert von 16,3 Stunden, was bei der Beurteilung der Ergebnisse in Klasse P zu berücksichtigen ist.

5.2.3 Klassen G und K

In den Klassen G und K unterrichtete ein Lehrer, den man wohl als einen der prononciertesten Vorkämpfer eines computerorientierten Mathematikunterrichts in Österreich bezeichnen muss. Konkret arbeitete er seit 1993 gemeinsam mit einem Kollegen an vollcomputerisierten Mathematik-Lehrgängen für HAK-Schüler mit Hilfe elektronischen Text- und Aufgabendateien im Mathematica(!)-Notebook-Format[91], ergänzt durch z. T. revolutionäre Unterrichtsformen (vom portablem Laptop-Computerlabor bis hin zu Gruppenschularbeiten). Seine Teilnahme am Systemdynamikprojekt war für ihn wohl hauptsächlich ein "must", um nicht etwas Neues im Zusammenhang mit Computer und Mathematikunterricht zu versäumen. In der Praxis seines Unterrichts erwies sich die Beschäftigung mit Systemdynamik und POWERSIM (zumindest aus der Wahrnehmung der Schüler, mit denen ich neben einer Unterrichtsbeobachtung ergänzend zu den Tests einige Gespräche führen konnte) eher als ein Intermezzo in der vom Lehrer vermittelten Mathematica-Euphorie als ein wirklich innovativer Impetus[92].

Inhaltlich blieb der Systemdynamik-Unterricht wesentlich weniger ambitioniert als in den Klassen S und P. Nach drei Stunden Einführung in systemdynamisches Modellbildung (Rückkoppelungen und Wirkungsdiagramme) wurde in den Stunden 4-6 die Modelliertechnik mit POWERSIM erlernt und in den Stunden 7-10 an einem logistischen Wachstumsmodell in mehreren Einkleidungen (Ausbreitung eines Gerüchts, Verbreitung eines Produkts, Epidemie) geübt. Als Dokumentation lie-

---

[91] Ein Mathematica-Notebook ist eine Datei, die im Kern eine Reihe von Mathematica-Rechenbefehlen enthält. Diese Befehle können durch Text, Grafiken und Sound zu interaktiven Mathematik-Textbüchern ausgebaut werden. Die Mühen der Rechen- und Zeichentechnik können bei entsprechender Programmierung vollständig von Mathematica übernommen werden.

[92] Der Gleichmut der meisten Schüler gegenüber dem Computereinsatz im Mathematikunterricht stand in einem bemerkenswerten Gegensatz zur fast messianischen Begeisterung des Lehrers.

gen lediglich die standardisierten Stundenprotokollblätter vor; der Lehrer-Endbericht wurde nicht erbracht.

5.2.4 Klasse D

In Klasse D starteten eine Lehrerin und ein Lehrer in einer Maturaklasse (13. Schulstufe) ein interessantes Experiment in Team-Teaching im Fach *Organisation und Datenverarbeitung*. Es wurde sehr rasch (ab der 2. Stunde) mit einer Einführung in POWERSIM begonnen und Konzepte der quantitativen Simulation (Verzögerungen, Schwingungen) mit Modellen aus der Lagerhaltung und Schweinezucht (Beispiel "Schweinezyklus" aus Ossimitz 1994f) erläutert. In der zweiten Projekthälfte (von Stunde 8-14) entwickelten die Schüler in Vierer-Gruppen arbeitsteilig stark projektorientiert konkrete Simulationsmodelle zu folgenden Themen: "Weststeirischer Schilcher" (mit einem recht komplexen Anbau- und Ertragsmodell dieser Weinsorte), "Zeitungsauflage", "Anzahl der Raucher in Österreich", "Lagerhaltung von Schuhen", "Nächtigungszahlen in einer Tourismus-Kleinregion". Jede der Gruppen dokumentierte ihr Projekt in einem (attraktiv und aufwändig aufgemachten) Bericht.

Dass in allen Gruppen in relativ wenigen Unterrichtsstunden einigermaßen herzeigbare POWERSIM-Simulationsmodelle entwickelt und auch durchgerechnet werden konnten, lag nicht zuletzt an der intensiven und aktiven Unterstützung durch die beiden Lehrkräfte, die dazu schon ihre Erfahrungen aus dem einwöchigen Vorbereitungslehrgang einbringen konnten und denen es sichtlich ein Anliegen war, dass "ihre" Schüler hier schöne Projektergebnisse vorweisen können. Eine nicht zu unterschätzende Bedeutung hatte dabei auch die Wahl der Themen, die sich die Schüler frei aussuchen konnten: Bei einer derart offenen Herangehensweise kann man seriöserweise wohl nur mit intensivem Lehrer-Support innerhalb von sieben Unterrichtsstunden (erste) herzeigbare Ergebnisse erwarten. Rückblickend gaben die Lehrer auch an, dass sie die Mühen, von einer offenen, rein qualitativen Vorstellung über eine zu modellierende Situation bis zum ersten brauchbaren quantitativen Simulationsmodell zu gelangen, wohl etwas unterschätzt haben.

5.2.5 Klasse F

Der Unterricht in Klasse F war nach meiner Einschätzung – trotz des andersartigen Schultyps "Handelsakademie" (HAK) statt Realgymnasium – am stärksten von der Grundidee des Lehrplankapitels *Untersuchung vernetzter Systeme* inspiriert. Der Lehrer dieser Klasse hat am konsequentesten versucht, den Schülern so etwas wie systemisches Denken zu vermitteln und war überhaupt nicht von vornherein auf eine Behandlung der Systemdynamiksoftware POWERSIM fixiert. Tatsächlich verwendete er POWERSIM nur ganz am Ende des Projekts für einige Stunden (was er teilweise auch mit Zugangsschwierigkeiten zu den schulischen PC-Ressourcen erklärte). Das Konzept seines Projekts beschreibt er folgend:

> "Die Schüler sollten im ersten Jahr Mathematik-Unterricht an der HAK[93] lernen, dass der Mathematikunterricht mit konkreten Themen zu tun hat, dass Mathematik einen Beitrag leisten kann und soll, sich systematisch und solide mit Themenbereichen (Bevölkerung, Energie, Umwelt...) auseinanderzusetzen. ... Darüber hinaus sollten die Schüler/innen lernen, dass es Vernetzungen in Systemen gibt, dass Eingriffe in Systeme nicht immer (bzw. meistens nicht) die erwarteten Auswirkungen haben, woran das liegt..." (aus dem Lehrer-Abschlussbericht)

In den ersten beiden Unterrichtseinheiten wird das Thema "Bevölkerungsentwicklung" anhand von (vorgegebenen) Koordinatengrafiken untersucht. In der zweiten Stunde wird die Frage "Wovon hängt das Bevölkerungswachstum ab?" inhaltlich besprochen und die Verläufe der Grafiken aus Einheit 1 inhaltlich hinterfragt. Gleichzeitig werden die Darstellungsformen "Wirkungsdiagramm", "Tabelle" und "Koordinatendiagramm" einander gegenüber gestellt. Die nächste Unterrichtseinheit ist der systematischen Verwendung von Wirkungsdiagrammen (Thema: "Was beeinflusst schulische Leistungen?") gewidmet.

In den Einheiten 4-6 wird die CO_2-Problematik mit Hilfe von Wirkungsdiagrammen diskutiert; dann werden drei Unterrichtseinheiten der Wasserproblematik im "Moroland" (vgl. Dörner 1989, S. 8ff) gewidmet; gekrönt von einem Besuch einer lokalen Ausstellung zum Thema *Wasser*. In den folgenden Unterrichtseinheiten 11-13 werden Zeit-Weg Probleme (ausgehend von grafischen Eisenbahnfahrplänen) besprochen, wobei der Lehrer herausarbeitet, wie man aus einem Wirkungsdiagramm einer linearen Zeit-Ort-Beziehung explizit den Funktionsterm entwickeln kann.

In den Einheiten 14-16 werden lineare Funktionen in der Wirtschaft in verschiedenen Sachzusammenhängen besprochen. Erst die Unterrichtseinheiten 17-20 sind der Arbeit mit POWERSIM (vor allem mit vorbereiteten Modellen zum Thema "Exponentielles Wachstum" bzw. "Bevölkerung" (mit vier Altersgruppen) gewidmet. Zwischen den Einheiten 13 und 14 sowie 16 und 17 lagen jeweils längere

[93] Das ist der zweite (von fünf) HAK-Jahrgängen (10. Schulstufe); im ersten Jahrgang gibt es an Handelsakademien keine Mathematik.

Zeiträume, in denen das Projekt unterbrochen wurde (durch andere Unterrichtseinheiten, Prüfungstätigkeit, Ferien).

5.2.6 Klasse W

Am wenigsten geglückt ist wohl das Unterrichtsvorhaben in der Klasse W. Das "Projekt" dauerte nur sechs Stunden und der Lehrerabschlussbericht lässt erkennen, dass auch diese Stunden eher chaotisch verliefen: In der ersten Stunde geriet die Themenstellung "Ermittlung der Zukunft" nach eigener Angabe des Lehrers rasch in eine Diskussion über Orakel und Astrologie; das anschließende "Brainstorming zu einer Modellbildung eines Bevölkerungsmodells" wurde schwerpunktmäßig zu einer Diskussion über Morde und andere spektakuläre Todesarten.

Die zweite Stunde wurden die Schüler nach einer zehnminütigen Zusammenfassung über Rückkoppelungskreise und Wirkungsdiagramme völlig unvorbereitet in den Computerraum geschickt, wo sie sofort selbständig mit POWERSIM arbeiten sollten. Laut Lehrerabschlussbericht sollten ein Teil der Schüler als Tutoren für die übrigen fungieren und dann die Rollen getauscht werden. In der dritten Stunde musste der Unterricht im Computerraum abgebrochen werden, weil dem Großteil der Schüler langweilig wurde und sie sich eigenmächtig in die Klasse zurück begaben. In der vierten und fünften Stunde wurde ausgehend von der Frage "Alkoholkonsum" ein Matrixmodell mit Übergangswahrscheinlichkeiten zwischen verschiedenen Gruppen von Alkoholkonsumenten entwickelt und daran Matrixgleichungen des Typs $A \cdot x = x$ besprochen. Mit der sechsten Stunde endete das Projekt mit einer Diskussion über

> "Fehlleistungen der Politik wie z . B. Wohnungssanierung/Wohnungsvernichtung, Verschlimmbesserungen, Auswirkungen von 'Sparpaketen' (Nachfrageausfall/Konjunkturbremse), Auswirkung der Prohibition in Amerika, längere Diskussion über Drogenbekämpfung (80-90% der Unterrichtsstunde Diskussion)." (aus dem Lehrerbericht).

Verschiedene Indizien im Rahmen der Begleituntersuchungen zeigten deutlich, dass es sich hier um eine Großstadtschule mit relativ undisziplinierten und schwer zu bändigenden Schülern handelte (näheres siehe Ossimitz 1996c). Fairerweise wird man daher das magere Ergebnis wohl nicht dem Lehrer allein zuschreiben können, sondern man wird auch die eher problematischen Zustände an dieser Schule mit berücksichtigen müssen.

5.2.7 Zusammenfassung

Insgesamt zeigte diese Untersuchung doch sehr deutlich, auf welch unterschiedliche Weise die Inhalte derselben Fortbildungswoche von Lehrern in der schulischen Praxis umgesetzt werden können. Die Herausforderung an die einzelne Lehrkraft, hier selbständig ein realisierbares Konzept zu entwickeln (wenn auch für die ersten drei Halbtage im Einführungslehrgang unter Anleitung und Beratung) erwies sich zwar als bewältigbar, aber doch auch als sehr anspruchsvoll und zeitaufwändig. Die den Lehrern beigestellten Materialien (vor allem Ossimitz 1990a, Ossimitz 1994f, aber auch Dörner 1989, Metzler 1987, Ossimitz 1991g, Ossimitz 1991h, Rauch 1985, Schlöglhofer 1993, Stieglitz 1994) waren zwar umfangreich, aber sozusagen nur das Rohmaterial, aus dem erst ein entsprechendes Unterrichtskonzept entwickelt werden musste. Musterbeispiele von erprobten Unterrichtseinheiten zur systemdynamischen Modellbildung, wie sie etwa heute auf der Systemdynamik-Seite von Walter Hupfeld oder bei learn:line angeboten werden[94], waren zum Zeitpunkt der Einschulung (Sommer 1994) noch nicht verfügbar. Insbesondere können solche bereits ausgearbeiteten und praxiserprobten Konzepte von Unterrichtsprojekten als Ausgangspunkt und Anregung für eigene Überlegungen dienen. In diesem Sinne hat sich die dem Materialienband Ossimitz (1990a) zu Grunde liegende Grundidee, lediglich Materialien ohne unterrichtliche Aufbereitung zur Verfügung zu stellen und die Detailausarbeitung eines Unterrichtskonzeptes an Lehrer zu delegieren, als sehr anspruchsvoll und nur gegenüber einer sehr engagierten Lehrerelite als vertretbar und adäquat erwiesen.

5.3 Erfahrungen mit POWERSIM

5.3.1 POWERSIM aus der Sicht der Lehrer

In den Lehrerabschlussberichten sollten die Lehrer zu POWERSIM folgende Fragen beantworten:

(A) Wie gefällt Ihnen persönlich POWERSIM?

(B) Wie beurteilen Sie POWERSIM im Hinblick auf seine Eignung für den Schulunterricht?

(C) In welcher Hinsicht hat sich POWERSIM bewährt?

(D) Was könnte an POWERSIM verbessert werden?

[94] Für die aktuellen Links siehe meine *System Dynamics Mega Link List* (Ossimitz 2000a).

Insgesamt gab es für POWERSIM eine hervorragende Beurteilung. Insbesondere Frage (A) wurde von allen Lehrern uneingeschränkt positiv beurteilt. Hier einige Auszüge aus den Lehrerberichten zur Frage: "Wie gefällt Ihnen persönlich POWERSIM?"

"Für mich ist die grafische Orientierung bei gleichzeitiger Transparenz der dahinter liegenden Gleichungen das Wesentliche an POWERSIM. In diesem Punkt ist POWERSIM auch anderen Software-Produkten – noch – überlegen (z. B. Excel, VUDYNAMO). Diese Verbindung von grafischer Arbeit (Wirkungsdiagramme, Flussdiagramme) und Funktionenmathematik (Gleichungen bzw. funktionale Beziehungen zwischen Merkmalen) könnte meines Erachtens den Mathematik-Unterricht revolutionieren und ihm eine neue Qualität geben – wird es doch für Schüler transparent, wo funktionale Beziehungen ihre Bedeutung haben. Schüler lernen dabei, verschiedene Arten von funktionalen Zusammenhängen in ihrer Auswirkung zu unterscheiden (linear, kubisch etc), lernen, in mehreren Variablen (Parameter) zu denken und die vorwiegend ein- bis zweidimensionale Ausrichtung der bisherigen Mathematik zu überwinden." (Klasse F)

"Bei einer Lehrerfortbildungsveranstaltung im März 1994 wurden vom Vortragenden verschiedene Varianten der Modellierung am Computer präsentiert (Excel, VUDYNAMO, POWERSIM). Davon hat mich POWERSIM bereits beim ersten Kennenlernen am meisten überzeugt und dieser gute Eindruck hat sich im Weiteren bestätigt. Da das Programm die vertraute Windows-Oberfläche verwendet und stark mit Symbolleisten arbeitet, ist die Handhabung schnell und angenehm, auch – wesentlich im Unterricht – schnell erlernbar." (Klasse P)

Auch hinsichtlich der *Eignung für den Unterricht* erhielt POWERSIM überwiegend ein sehr gutes Zeugnis ausgestellt. Der Lehrer von Klasse S berichtet, dass die Einführung in das Programm selbst für Computerneulinge in akzeptabler Zeit möglich sei "so dass erste Erfolge schon nach kürzester Zeit greifbar sind. Es können Probleme behandelt werden, die in geschlossener Darstellung im Schulunterricht einfach nicht vorkommen können und dürfen, weil sie nicht gelöst werden könnten" (aus dem Lehrerbericht).

Die Lehrerin von Klasse P hob hervor, dass POWERSIM ein von technischen Details entlastetes Modellieren erlaube:

"... so dass das Augenmerk auf das Wesentliche gerichtet werden kann. Besonders günstig ist der Umstand, dass man zuerst nur die generellen Ursache-Wirkungs-Beziehungen und Abhängigkeiten im Flussdiagramm erfassen kann und sich erst im nächsten Schritt über die quantitativen Zusammenhänge Gedanken machen muss. Dadurch kann das Augenmerk der Schüler zuerst auf das Wesentliche, unbelastet von den Details, gerichtet werden. ... Im Unterricht hat sich POWERSIM bestens bewährt. Da es sich herausstellte, dass mehr als die Hälfte der Klasse mit der Benutzeroberfläche Windows und deren Bedienung vertraut war, erübrigte sich eine Einführung in Windows größtenteils; die Einführung in POWERSIM konnte sehr kurz gehalten werden. Die meisten Details in der Handhabung wurden von den Schülern selbständig herausgefunden und erlernt, eine Demonstration seitens der Lehrerin war nur für die ersten Schritte und danach nur mehr in wenigen Einzelfällen notwendig.

Unerfahrenere Schüler wurden von ihren Kollegen, teils von der Lehrerin unterstützt. Infolge dieser einfachen Bedienung ergaben sich auch bei der Betreuung von 19 Schülern an Einzelgeräten (Klassengröße) keine Probleme."

An *Verbesserungsvorschlägen* für POWERSIM wurde vor allem eine deutschsprachige Version und Kurzerklärungen zu allen Funktionstasten gewünscht, die automatisch erscheinen, wenn man mit der Maus über die betreffende Taste fährt. Ein Lehrer bemängelte auch den eingebauten Zufallszahlengenerator: "Die Schüler haben bald festgestellt, dass sich die bisherigen Läufe einfach nur (verschoben) wiederholen" (aus dem Lehrerbericht).

5.3.2 POWERSIM aus der Sicht der Schüler

In Klasse S hat der Lehrer auf eigene Initiative nach Ende der Unterrichtseinheit eine Befragung der Schüler durchgeführt und die Original-Schülerantworten seinem Projektbericht beigelegt. Generell beurteilten die Schüler POWERSIM sehr gut. Die beiden *kritischesten* Äußerungen (von 21 Schülern) lesen sich so:

"Das Arbeiten am Computer war ganz lustig. Das Erstellen der Flussdiagramme war manchmal etwas kompliziert und etwas zeitaufwändig. Trotzdem war das Arbeiten am Computer eine willkommene Abwechslung, wenn es auch manchmal ziemlich anstrengend war."

"Mir hat POWERSIM nur teilweise gut gefallen. Manchmal war es schon zu fad. Man sollte vielleicht nicht so viel Theorie durchmachen, sondern mehr Mathematik und Realität. ... Es ist auch sehr schwer, sich auf diesen Unterricht von der Hauptschule[95] auf den hier umzustellen".

Diese Schülerstimmen lassen wohl auf eine gewisse Überforderung schließen. Die restliche 19 Rückmeldungen sind jedoch durchwegs positiv, jedoch nicht unkritisch:

"Mir hat POWERSIM schon sehr gefallen. Ich habe zwar selbst keinen Computer, aber dieses Programm war sehr leicht zu bedienen. Es war auch sehr anschaulich gestaltet, wie man z. B. die Rechnungen gestaltet."

"Das Programm POWERSIM hat mir sehr gut gefallen. Es ist überhaupt interessanter, im Unterricht mehr mit dem Computer zu arbeiten. Das Programm POWERSIM ist im Unterricht sicherlich gut anwendbar, nur sollte nicht der gesamte Unterricht darauf aufgebaut werden."

---

95 Schultyp der Sekundarstufe I (5. – 8. Schulstufe). Nominell haben Hauptschulen und die gymnasiale Unterstufe in Österreich dieselben Lehrpläne. Das Leistungs- und Anspruchsniveau ist in Hauptschulen sehr uneinheitlich; in den Hauptfächern (auch Mathematik) gibt es (anders als in Gymnasien) an Hauptschulen drei Leistungsgruppen.

"POWERSIM: sehr gutes Computerprogramm, wo man auch etwas Wichtiges lernt. Ich denke, dass man diesen Unterrichtsstoff im späteren Leben besser brauchen kann."

"POWERSIM hat mir im Großen und Ganzen gut gefallen. Es war bestimmt ein bisschen ungewohnt, aber auch abwechslungsreich. Aus meiner Sicht ist POWERSIM für den Unterricht sehr gut geeignet."

An Verbesserungsvorschlägen wurde von den Schülern in erster Linie eine deutsche Bedienungsanleitung gewünscht, die englische Befehlsstruktur wurde jedoch interessanterweise kaum als störend empfunden.

5.3.3 Vergleich POWERSIM - MODUS

Insgesamt wurde POWERSIM sowohl von den Lehrern besser und für den Unterricht als brauchbarer eingeschätzt als ich dies aufgrund der rein englischsprachigen Version und der hohen Komplexität zunächst vermutet hätte.

Der Tenor der Lehrer (und auch der Schüler aus Klasse S) war ein deutlich anderer als in den mit MODUS durchgeführten Untersuchungen: Anders als MODUS schien POWERSIM sich nie in den Mittelpunkt des Unterrichts gedrängt zu haben. Anders als bei den Untersuchungen mit MODUS wurde auch die Flussdiagrammlogik von POWERSIM von niemandem als problematisch oder intuitiv schwierig empfunden. Im Gegenteil: Die Art, wie grafische Darstellung und Gleichungsdarstellung in POWERSIM zusammenwirken, wurde als didaktisch sehr hilfreich gelobt, weil in natürlicher Weise Schritt für Schritt die Aufmerksamkeit zunächst auf die qualitative Struktur, dann erst auf das genaue quantitative Explizieren gelegt wird.

In der Einführungswoche haben die mitwirkenden Lehrer nicht nur POWERSIM, sondern auch die Möglichkeiten der systemdynamischen Modellierung mit Excel[96] sowie mit der gleichungsorientierten Simulationssprache VUDYNAMO kennen gelernt. In den Lehrerberichten finden sich mehrere Hinweise, dass die Modellierung mit POWERSIM auch für den schulischen Einsatz diesen alternativen Möglichkeiten als deutlich überlegen angesehen wurde (vgl. die Zitate der Lehrer der Klassen F und P; S. 192f). Dabei erschien den Lehrern die Kombination der grafischen Modellierung von Systemzusammenhängen und der abgesetzt davon möglichen Formulierung der quantitativen Wirkungsbeziehungen in den Gleichungen bzw. Funktionen besonders attraktiv.

[96] Vgl. z. B. Stieglitz (1994) oder Ossimitz (1990a, S. 85ff)

Der Stamm der Hilus

Der afrikanische Steppenstamm der Hilus züchtet und verkauft Rinder. Je größer die Rinderherde ist, desto mehr Tiere können pro Jahr verkauft werden und desto höher sind damit die Einnahmen der Hilus. Bei ausreichenden Einnahmen können sich die Hilus auch ein Insektenvernichtungsmittel zur Bekämpfung der Tse-Tse-Fliege leisten. Sind die Einnahmen aus dem Rinderverkauf gering, können die Hilus kein Schädlingsbekämpfungsmittel kaufen.

Die Tse-Tse-Fliege überträgt die tödliche Rinder-Schlafkrankheit. Ein von der Tse-Tse-Fliege befallenes Tier muss notgeschlachtet und der Kadaver vergraben oder verbrannt werden. Tse-Tse-Fliegen legen ihre Eier in frische Kuhfladen. Diese müssen für einige Tage feucht bleiben (z. B. durch Regen oder Bewässerung), damit aus den Eiern Larven schlüpfen. Die Larven entwickeln sich (auch bei Trockenheit) binnen zwei Wochen zu ausgewachsenen Fliegen. In ausgetrockneten Fladen werden Tse-Tse-Eier über viele Monate konserviert und bei der nächsten mehrtägigen Feuchtperiode reaktiviert. Es dauert ca. zwei Jahre, bis eine trockene Kuhfladen zerfallen ist. Deswegen nehmen die Tse-Tse-Fliegen zu, wenn es mehr Kuhfladen gibt bzw. wenn mehr bewässert wird. Das Insektenvernichtungsmittel wirkt nur gegen die Larven der Tse-Tse-Fliege. Es ist für das Gras und die Rinder unschädlich und zersetzt sich sehr rasch, nachdem es ausgebracht wurde.

Durch die Bewässerung aus ihrem Tiefwasserbrunnen können die Hilus das Wachstum des Grases auf ihrem Weideland wesentlich verbessern. Je mehr Gras wächst, desto mehr Rinder können ernährt werden und desto mehr kalben die Kühe. Ist das Gras sehr knapp, können die Kühe die Kälber nicht austragen oder nicht ausreichend säugen, sodass die Jungtiere eingehen. Wenn die Grasnarbe völlig abgefressen ist, beginnen die Rinder, die Graswurzeln zu fressen. Damit wird jedoch die Weide dauerhaft zerstört. Die Weiden liegen in der unmittelbaren Umgebung der Hilu-Siedlung. Da die Hilus gewöhnt sind, mit ihren Tieren zu leben, würde die Erschließung neuer Weidegründe bedeuten, dass die Hilus ihre Siedlung aufgeben und ein neues Dorf bauen müssten.

Stelle die hier beschriebenen Zusammenhänge so in einer Skizze dar, **dass man das Wichtigste auf einen Blick erkennen** kann! Verwende dazu nur die Informationen aus dem Text!

Abb. 69 Hilu-Aufgabe (komplexere Version): Angabe

5.4 Konstruktion der Schüler-Tests

5.4.1 Rahmenbedingungen der Tests

Die Vor- und Nachtests der Schüler waren völlig analog aufgebaut. Beide enthielten jeweils eine Aufgabe vom Hilu/Mori-Typ und eine Argumente-Gegenargumente-Aufgabe. Die Erhebung erfolgte durch einen Mitarbeiter des Projektteams. Die unterrichtenden Lehrer erfuhren die Inhalte der Tests erst nach dem Nachtest, um eine Beeinflussung des Unterrichts in Hinblick auf den Nachtest möglichst zu vermeiden. Der Test erfolgte anonym. Um eine Zuordnung zu ermöglichen, gaben die Schüler beim Vor- und Nachtest denselben frei wählbaren Code-Namen an. Zur Beantwortung hatten die Schüler eine Unterrichtsstunde (ca. 45 Minuten) zur Verfügung. Am Ende des Vortests wurden noch einige persönliche Daten (Geschlecht, Alter, Mathematiknote, Computer-Vorerfahrung) erfasst. Die schnellsten Schüler hatten den Test in weniger als einer halben Stunde beendet, ca. 80% der Schüler wurden in der verfügbaren Zeit von 45 min zur Gänze fertig.

Die Aufgaben sollten so gestaltet werden, dass die Schüler einerseits bereits beim Vortest eine gewisse Lösung zustandebringen und andererseits beim Nachtest noch eine Steigerung in der erbringbaren Leistung möglich war. Daher waren die Aufgabenstellungen nicht explizit auf die systemdynamische Modelliermethode abgestimmt, sondern allgemeiner gehalten. Gleichzeitig wurde bei der Hilu/ Moriaufgabe die Komplexität des Textes gegenüber Klieme/Maichle (1994) bzw. Ossimitz (1994c) deutlich erhöht, um die dort beobachteten "Deckeneffekte" zu vermeiden.

Die Fischzucht der Moris

Der indonesische Stamm der Moris züchtet und verkauft Fische in eigens angelegten Fischteichen. Je mehr Fische in den Teichen gehalten werden, desto mehr Fische können pro Jahr verkauft werden und desto höher sind damit die Einnahmen der Moris. Bei ausreichenden Einnahmen können sich die Moris auch "AlgenEx", ein Mittel zur Bekämpfung der gefährlichen Schwarzalge leisten, die sich gerne in den Fischteichen der Moris vermehrt. Sind die Einnahmen aus dem Fischverkauf gering, können die Moris kein AlgenEx kaufen.

Die Schwarzalge entzieht dem Wasser Sauerstoff. Je mehr Algen es im Teich gibt, desto mehr Fische ersticken an Sauerstoffmangel. Solche Fische können nicht mehr verkauft werden, weil sie faulig riechen und übel schmecken. Wenn der Sauerstoffmangel zu groß wird, dann kann der Teich ökologisch "umkippen". In einem solchen Teich können keine Fische mehr gezüchtet werden. Bis zu einem gewissen Grad können die Moris ihren Fischteichen sauerstoffreiches Frischwasser (durch mit Muskelkraft bediente Tretpumpen) zuführen. Die Schwarzalgen lieben eher sauerstoffarmes Wasser und ernähren sich von den Exkrementen der Fische sowie von anderen, im Wasser gelösten Nährstoffen. Je mehr Fische im Teich sind, desto besser gedeihen die Algen. Durch Einsatz von AlgenEx werden die Algen gezielt bekämpft. AlgenEx ist für die Fische und die Kleinlebewesen im Teich ungefährlich.

Die Fische ernähren sich von Kleinkrebsen. Die Kleinkrebse gedeihen in sauerstoffreichem Wasser genauso gut wie in sauerstoffarmen und sind unempfindlich gegen die Schwarzalgen. Bei sonst gleichen Bedingungen wachsen die Algen bei einer hohen Zahl an Kleinkrebsen genauso gut wie dann, wenn es nur wenige Kleinkrebse gibt. Durch einen speziellen Dünger (gestampfte Rinde der Java-Eiche) können die Moris das Wachstum der Kleinkrebse bis zu einem gewissen Grad fördern und damit den Fischen eine bessere Lebensgrundlage bieten. Wenn die Fische nicht mehr ausreichend Kleinkrebse finden, beginnen sie, ihre eigene Laich (Fischeier) zu fressen. Damit zerstören die Fische längerfristig ihre eigene Existenz.

Stelle die hier beschriebenen Zusammenhänge so in einer Skizze dar, **dass man das Wichtigste auf einen Blick erkennen** kann! Verwende dazu nur die Informationen aus dem Text!

Abb. 70 Mori-Aufgabe in Ossimitz (1996c) – Angabe

5.4.2 Die Hilu/Mori-Texte

Ausgangspunkt dieser Aufgabe ist ein längerer Text, der eine vernetzte, systemische Situation beschreibt. Beim Vortest war dies die Viehzucht des afrikanischen Steppenstammes der Hilus (Abb. 69), beim Nachtest die Fischzucht der indonesischen Moris (Abb. 70). Beide Texte beziehen sich auf fiktive Lebens- und Wirtschaftsverhältnisse. Da es bei diesem Beispiel angestrebt war, dass die Schüler möglichst alle Informationen aus dem zu Grunde liegenden Text (und nicht aus Erfahrungen der eigenen Lebenswelt) beziehen, wurde eine Einkleidung gewählt, die möglichst außerhalb der alltäglichen Lebenserfahrungen der Schüler liegt.

Analyse der Aufgabentexte

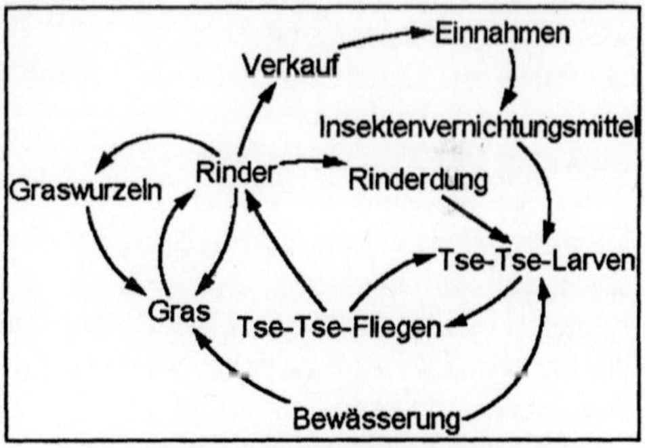

Abb. 71 Hilu-Aufgabe: Wirkungsdiagramm

Abb. 72 gibt die im Hilu-Text formulierten Zusammen hänge - in Form eines Wirkungsdiagrammes wieder. Die Knoten repräsentieren die Systemelemente. Dabei ist es hilfreich, sich unter den einzelnen Begriffen (Rinder, Tse-Tse-Fliegen, Verkauf, Fische, usw.) jeweils quantitative Größen (also die Anzahl der Rinder usw.) vorzustellen. Die Pfeile repräsentieren Ursache-Wirkungs-Beziehungen zwischen den einzelnen Größen, die direkt aus dem Text zu entnehmen sind. Der Zusammenhang zwischen den Rindern, dem Gras und den Graswurzeln ergibt sich in folgender Weise: Wenn es zu viele Rinder gibt, dann fressen die Rinder die Graswurzeln. Wenn die Graswurzeln gefressen werden, dann nimmt damit natürlich auch die Menge an verfügbarem Gras ab.

Aus dem Vergleich der Wirkungsdiagramme kann man ersehen, dass der im Mori-Beispiel (Abb. 72) beschriebene Kontext dem Hilu-Kontext strukturell sehr ähnlich ist. Ein Unterschied besteht darin, dass im Mori-Szenario der Dünger sich nur auf das Wachstum der Krebse und nicht auf die Schwarzalgen auswirkt, während beim Hilu-Beispiel die Bewässerung sich sowohl auf das Graswachstum als auch auf die Vermehrung der Tse-Tse-Fliege auswirkt. Dafür ist im Mori-Text explizit die Möglichkeit angeführt, durch die Zufuhr von eingepumptem Frischwasser den Sauerstoffgehalt im Teich zu erhöhen, was sich auf die Zahl der Fische und auch auf die Schwarzalgen direkt auswirkt (weil die Schwarzalgen eher sauerstoffarmes Wasser lieben).

Ein weiterer Unterschied besteht im Verhältnis Fische – Krebse – Fischlaich (im Gegensatz zur Beziehung Rinder – Gras – Wurzeln). Der Fischlaich wird von den Fischen gefressen, wenn nicht ausreichend Krebse vorhanden sind; wie auch beim Hilu-Beispiel die Rinder die Graswurzeln fressen, wenn nicht mehr genügend Gras verfügbar ist. Der Unterschied besteht nun darin, dass eine Verringerung des Fischlaichs sich direkt auf die Zahl der Fische auswirkt, während eine Verringerung der Menge an Graswurzeln sich zunächst direkt auf die Grasmenge und nicht direkt auf die Rinder auswirkt. Im Gesamteffekt sind jedoch beide Modelle sehr ähnlich: Sobald die Graswurzeln bzw. der Fischlaich gefressen werden, verlieren die Rinder bzw. die Fische unmittelbar ihre Lebensgrundlage.

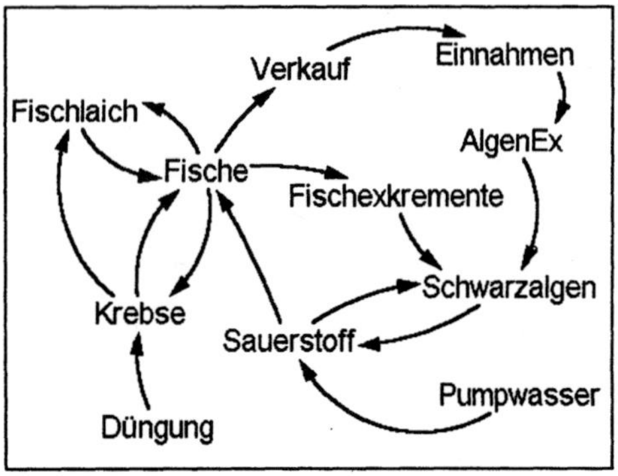

Abb. 72 Mori-Beispiel: Wirkungsdiagramm

Im Gegensatz zu den bei Klieme/Maichle (1994) und Ossimitz (1994c) verwendeten Hilu- bzw. Zander-Szenarien kommen im Hilu- und Moritext der vorliegenden Untersuchung eine Reihe von Rückkoppelungskreisen vor. Der Vergleich der Wirkungsdiagramme zeigt, dass die Rückkoppelungsstrukturen beider Szenarien einander weitgehend entsprechen.

5.4.3 Aufgabenstellungen zum Hilu/Mori-Beispiel

Ausgehend von den jeweiligen Texten wurden den Schülern zwei Aufgabengruppen gestellt:

1. Eine *Darstellungsaufgabe*: Die Schüler bekamen den Auftrag, den als Text gegebenen Sachverhalt "so in einer Skizze darzustellen, dass man das Wichtigste auf einem Blick erkennen kann". Dazu sollte nur die Information aus dem Text verwendet werden.

2. Vier *"Was-wäre-wenn?"-Fragen zum Systemverhalten*: Bei diesen Aufgaben mussten die Schüler die Auswirkungen von Eingriffen in das System unter

bestimmten Rahmenbedingungen beurteilen. Die möglichen Antworten waren im Multiple-Choice-Stil vorgegeben und mussten begründet werden.

Analyse der "Was-wäre-wenn?"-Fragen zum Hilu-Beispiel

Für die vier Ergänzungsfragen zum Hilu-Beispiel (Abb. 73) waren jeweils fünf bzw. vier Antwortmöglichkeiten vorgegeben. Es sollte jeweils eine Antwort angekreuzt und die getroffene Wahl begründet werden. Bei den Fragen 1, 2 und 4 umfassen die fünf vorgegebenen Antworten im Wesentlichen alle vorstellbaren Antwortmöglichkeiten. Bei Frage 3 geht es darum, aus vier Möglichkeiten diejenige Maßnahme auszuwählen, die am angemessensten erscheint.

Frage 1 bezieht sich darauf, wie sich die Zahl der Rinder entwickelt, wenn die Bewässerung erhöht wird. Die einzelnen Antworten können folgend interpretiert werden:

Antwort (a) Die Herde wird zunehmen: Der Schüler erkennt, dass ein Zusammenhang der Art mehr Bewässerung → mehr Gras → mehr Rinder *(Szenario 1A)* besteht. Dass die Mehr-Bewässerung auch die Zahl der Tse-Tse-Fliegen erhöht, wird nicht gesehen oder im Effekt für weniger bedeutsam gehalten als die Zunahme des Graswuchses.

Antwort (b) Die Herde wird abnehmen: In diesem Fall wird in erster Linie der Zusammenhang mehr Bewässerung → mehr Tse-Tse-Larven → mehr Tse-Tse-Fliegen → weniger Rinder *(Szenario 1B)* gesehen.

Antwort (c) Die Herde wird letztlich ca. gleich groß bleiben: Bei dieser Antwort werden in der Regel sowohl der positive Effekt des vermehrten Graswuchses als auch der negative Effekt der Vermehrung der Tse-Tse-Fliege gesehen und angenommen, dass beide Effekte einander neutralisieren *(Szenario 1C)*. Diese Antwort erscheint mir daher elaborierter als die Antworten (a) oder (b), weil davon ausgegangen werden kann, dass bei Antwort (c) auf jeden Fall beide Effekte gesehen worden sind.

Antwort (d) Die Herde kann zunehmen, aber auch gleichbleiben oder abnehmen: Diese Antwort entspricht dem nichtdeterminierten Charakter der Frage am ehesten. Sie lässt vermuten, dass der Schüler nicht nur beide Effekte erkannt hat, sondern auch bedacht hat, dass sich die beiden Effekte hinsichtlich ihrer Größenordnung nicht vergleichen lassen.

Antwort (e) Die Größe der Rinderherde hat mit der Bewässerung nichts zu tun: Diese Antwort wurde von keinem einzigen der untersuchten Schüler gewählt.

Beantworte nun bitte folgende Fragen. Verwende dazu nur die Informationen aus dem Hilu-Text!

1. Wegen unzureichendem Graswuchs ging die Herde der Hilus in den letzten Jahren deutlich zurück. Sie sind mit ihren Einnahmen aus dem Rinderverkauf unzufrieden und können sich kein Schädlingsbekämpfungsmittel mehr leisten. Der Ältestenrat beschließt nun zu Jahresbeginn, die Weide wesentlich mehr zu bewässern. Wie wirkt sich diese Maßnahme bis Jahresende auf die Größe der Rinderherde aus?

   (Bitte nur eine Antwort ankreuzen)
   (a) Die Herde wird zunehmen.
   (b) Die Herde wird abnehmen.
   (c) Die Herde wird letztlich ca. gleich groß bleiben.
   (d) Die Herde kann zunehmen, aber auch gleichbleiben oder abnehmen.
   (e) Die Größe der Rinderherde hat mit der Bewässerung nichts zu tun.
   Begründung:

2. Die Hilus erhalten vom Nachbarstamm einen Naturdünger, der das Graswachstum bei gleichbleibender Bewässerung deutlich fördert. Der Dünger hat keinen direkten Einfluss auf das Leben und die Fortpflanzung der Tse-Tse-Fliege. Wenn wir annehmen, dass die Hilus auch sonst keine Maßnahmen gegen die Tse-Tse-Fliege ergreifen, wie wirkt sich dann der Einsatz dieses Naturdüngers innerhalb eines Jahres auf die Zahl der Tse-Tse-Fliegen aus?
   (Bitte nur eine Antwort ankreuzen)
   (a) Die Tse-Tse-Fliegen werden zunehmen.
   (b) Die Tse-Tse-Fliegen werden abnehmen.
   (c) Es werden letztlich ca. gleich viele Fliegen bleiben.
   (d) Die Tse-Tse-Fliegen können zunehmen, aber auch gleich bleiben oder abnehmen.
   (e) Der Naturdünger hat keinerlei Einfluss auf die Zahl der Tse-Tse-Fliegen.
   Begründung:

3. Die Hilus haben ihre Weiden einige Zeit besonders stark bewässert. Nun stellen sie fest, dass sich im Rinderdung Unmengen von Larven der Tse-Tse-Fliege befinden, die in ca. 1 bis 2 Wochen ausschlüpfen werden. Insektenvernichtungsmittel ist keines verfügbar, eine Neulieferung würde ca. 1 Monat dauern. Was sollen die Hilus nun tun?
   (Bitte nur eine Antwort ankreuzen)
   (a) Die Bewässerung sofort einstellen.
   (b) Schnellstens Schädlingsbekämpfungsmittel besorgen und hoffen, dass es noch rechtzeitig eingesetzt werden kann.
   (c) Sofort möglichst viele der Rinder in der zwei Tagesreisen entfernten Marktstadt verkaufen.
   (d) Sofort den befallenen Rinderdung einsammeln und verbrennen. Bei Einsatz aller Arbeitskräfte können die Hilus pro Woche ca. 20-25% des befallenen Dungs vernichten.
   Begründung:

4. Die Hilus beschließen, die Tse-Tse-Fliege über längere Zeit mit allen Mitteln zu bekämpfen: mäßige Bewässerung, Einsatz von Insektenvernichtungsmittel, Einsammeln von Rinderdung. Diese Maßnahmen werden über mehrere Jahre konsequent durchgezogen. Wie wirkt sich dies *langfristig* auf die Größe der Rinderherde aus, wenn die Zahl der pro Jahr verkauften Rinder konstant gehalten wird?
   (Bitte nur eine Antwort ankreuzen)
   (a) Die Herde wird langfristig stark zunehmen.
   (b) Die Herde wird zwar kurzfristig zunehmen, langfristig aber stark abnehmen.
   (c) Die Größe der Herde wird langfristig in etwa gleichbleiben.
   (d) Die Herde kann langfristig zunehmen, aber auch gleich bleiben oder abnehmen.
   (e) Die Größe der Rinderherde hat mit der Bekämpfung der Tse-Tse-Fliege nichts zu tun.
   Begründung:

Abb. 73 Hilu-Aufgabe: "Was-wäre-wenn?"-Fragen

Frage 2 bezieht sich darauf, welche Auswirkungen ein Dünger, der das Graswachstum fördert, auf die Zahl der Tse-Tse-Fliegen hat. Aus dem Wirkungsdiagramm kann man erkennen, dass es einen indirekten Zusammenhang über vier Wirkungspfeile vom Graswuchs auf die Zahl der Tse-Tse-Fliegen gibt: mehr Gras → mehr Rinder → mehr Rinderdung → mehr Tse-Tse-Larven → mehr Tse-Tse-Fliegen *(Szenario 2A)*. Man kann jedoch auch noch zusätzlich berücksichtigen, dass mehr Tse-Tse-Fliegen die Zahl der Rinder wieder vermindert. Dies ergibt folgendes indifferente *Szenario 2B:* mehr Gras → mehr Rinder → mehr Rinderdung → mehr Tse-Tse-Larven → mehr Tse-Tse-Fliegen → weniger Rinder → weniger Rinderdung → weniger Tse-Tse-Larven → weniger Tse-Tse-Fliegen usw. Vorstellbar ist auch noch eine dritte Wirkungslinie, vom Gras zu den Tse-Tse-Fliegen, die über das Insektenvernichtungsmittel läuft*:* mehr Gras → mehr Rinder → mehr Verkauf → mehr Einnahmen → mehr Insektenvernichtungsmittel → weniger Tse-Tse-Larven → weniger Tse-Tse-Fliegen *(Szenario 2C)*.

Antwort (a) die Tse-Tse-Fliegen werden zunehmen deutet darauf hin, dass der Schüler gemäß Szenario 2A antwortet.

Antwort (b) Die Tse-Tse-Fliegen werden abnehmen lässt darauf schließen, dass der Schüler Szenario 2C sieht oder auch gemäß Szenario 2B in der oben beschriebenen Form antwortet.

Antwort (c) Es werden letztlich ca. gleich viele Fliegen bleiben kann mit Szenario 2B und der Annahme erklärt werden, dass sich die anfänglich Zunahme und spätere Abnahme der Tse-Tse-Fliegen wieder aufhebt. Es ist auch möglich, dass sowohl Szenario 2A als auch 2C gesehen werden und angenommen wird, dass sich diese beiden Effekte aufheben.

Antwort (d) Die Tse-Tse-Fliegen können zunehmen, aber auch gleich bleiben oder abnehmen entspricht wie bei Frage 1 am ehesten dem nichtdeterminierten Charakter der Fragestellung. Entweder sieht der Schüler Szenario 2B und erkennt, dass nicht klar ist, welcher Effekt stärker wirkt oder er erkennt die Wirkungsketten 2A und 2C und meint, dass man nicht entscheiden kann, welche davon dominiert. Es könnte aber auch sein, dass der Schüler deswegen diese Antwort wählt, weil er sich einfach unsicher ist und sich nach dem Motto "irgendetwas davon wird schon stimmen" nicht festlegen möchte.

Antwort (e) Der Naturdünger hat keinerlei Einfluss auf die Zahl der Tse-Tse-Fliegen kann so erklärt werden, dass der Schüler keinen der Wirkungszusammenhänge 2A bis 2C sieht. Es kann aber auch das semantische Problem vorliegen, dass die Erklärung im Text zu Frage 2. "Der Dünger hat keinen *direkten* Einfluss auf das

Leben und die Fortpflanzung der Tse-Tse-Fliege" so verstanden wurde, dass damit der Naturdünger überhaupt keinen Einfluss auf die Zahl der Tse-Tse-Fliegen hat.

Frage 3 (im Rinderdung befinden sich Unmengen Tse-Tse-Larven, die in 1-2 Wochen schlüpfen) beschreibt eine Problemsituation, bei der keine möglichen Antworten eine vollständig befriedigende Lösung erwarten lässt. Die Aufgabe wurde so konstruiert, dass sich aus der gewählten Antwort eine gewisse Strategie beim Lösen komplexer, dynamischer Problemsituationen erkennen lässt.

Antwort (a) Sofort Bewässerung einstellen entspricht dabei der Strategie eines *ursachenorientierten Verhaltens*. Wenn die Tse-Tse-Larven durch zu viel Bewässerung aufgetreten sind, dann ist zu ihrer Bekämpfung die Bewässerung zu reduzieren. Diese Strategie berücksichtigt nicht, dass sich das Problem der Tse-Tse-Larven bereits in einem Stadium befindet, das sich nicht mehr durch weniger Bewässerung beeinflussen lässt. Es geht aus dem Hilu-Text eindeutig hervor, dass die Feuchtigkeit nur gebraucht wird, damit aus den Eiern Larven schlüpfen und dass sich die Larven dann auch bei Trockenheit zu Fliegen entwickeln. Ursachenorientierte Strategien haben ihre Berechtigung in einfachen Rückkoppelungssystemen: Wenn man zu viel geheizt hat, dann ist die Strategie "Heizung reduzieren" angemessen. Wenn hingegen etwa ein Hotelgast mit einer Zigarette sein Zimmer in Brand gesteckt hat, dann reicht es nicht mehr, darauf bloß mit dem sofortigen Anbringen eines Schildes "Rauchen Verboten" zu reagieren.

Antwort (b) Schnellstens Schädlingsbekämpfungsmittel besorgen entspricht einer Strategie der *Standardproblemlösung um jeden Preis*. Es wird versucht, die übliche Problemlösung auch dann zu versuchen, wenn die äußeren Rahmenbedingungen dafür sehr ungünstig sind. Wenn die Larven in höchstens zwei Wochen schlüpfen, die Lieferung des Insektenvernichtungsmittels, das nur gegen die Larven wirkt, jedoch einen Monat dauert, dann macht es kaum Sinn, auf das Insektenvernichtungsmittel zu vertrauen.

Antwort (c) Sofort möglichst viele Rinder verkaufen entspricht einer Strategie, bei der das Problem durch eine eher weite Problemsicht gelöst wird. Um diese Antwort zu wählen, ist es notwendig, sich von der Vorstellung freizumachen, dass die Hilus auf jeden Fall eine (möglichst große) Rinderherde halten möchten. Es ist zu vermuten, dass viele Schüler ohne Multiple-Choice-Verfahren nicht auf diese Antwort gekommen wären.

Antwort (d) Rinderdung einsammeln und verbrennen entspricht einer eher konservativen Strategie der *direkten Problembekämpfung*, mit gewissen, aber auch recht beschränkten Erfolgsaussichten. Da in zwei Wochen nur 40-50% des Rinderdungs eingesammelt werden können, und nach spätestens zwei Wochen alle

Larven geschlüpft sind, kann im günstigsten Fall die Hälfte der Larven vernichtet werden. Im ungünstigsten, mit den Zahlen vereinbaren Szenario schlüpfen alle Larven bereits nach einer Woche und es gelingt den Hilus in dieser Zeit nur, 20% des befallenen Rinderdungs zu vernichten. Damit liegt der Anteil der schlüpfenden Larven zwischen 50% und 80%; in einem mittleren Szenario also bei ca. 60-70%.

Frage 4 (Wie wirkt sich die konsequente Bekämpfung der Tse-Tse-Fliege langfristig auf die Zahl der Rinder aus?) zielt darauf ab, inwieweit die Schüler erkennen, dass es neben der Tse-Tse-Fliege noch andere begrenzende Faktoren im Gesamtsystem gibt. Insbesondere durch die beschränkte Weidemöglichkeit kann ein zu starkes Wachstum der Rinderherde dazu führen, dass die Rinder das gesamte Gras abfressen und dann beginnen, die Graswurzeln zu fressen.

Antwort (a) Die Herde wird langfristig stark zunehmen berücksichtigt die Wachstumsbeschränkungen durch das Gesamtsystem am wenigsten.

Antwort (b) Die Herde wird zwar kurzfristig zunehmen, langfristig aber stark abnehmen zielt auf ein Szenario ab, bei dem eine wachsende Rinderherde immer weniger Gras findet, und daher beginnt, die Graswurzeln zu fressen und sich damit ihrer eigenen Lebensgrundlage beraubt.

Antwort (c) Die Größe der Herde wird langfristige etwa gleich bleiben kann aus unterschiedlichen Gründen gewählt werden. Es ist vorstellbar, dass der Schüler einen konstanten Graswuchs unterstellt und daher einen konstanten Rinderbestand folgert. Es kann auch sein, dass der Schüler meint, dass sich die Effekte weniger Tse-Tse-Fliegen → mehr Rinder einerseits und mäßige Bewässerung → weniger Gras → weniger Rinder andererseits einander aufheben.

Antwort (d) Die Herde kann langfristig zunehmen, aber auch gleich bleiben oder abnehmen zielt wieder auf den indeterminierten Charakter der Problemstellung ab.

Antwort (e) Die Größe der Rinderherde hat mit der Bekämpfung der Tse-Tse-Fliege nichts zu tun wurde eher der Vollständigkeit halber ermöglicht. Nur eine Schülerin wählte diese Antwort.

1. Vorbeiziehende Wasservögel haben über längere Zeit einen Teil der Kleinkrebse gefressen, sodass die Zahl der Fische zurückging. Die Moris sind mit ihren Einnahmen aus der Fischzucht unzufrieden und können sich kein AlgenEx mehr leisten. Der Ältestenrat beschließt nun zu Jahresbeginn, die Teiche wesentlich mehr zu düngen und Vogelscheuchen gegen die Wasservögel einzusetzen. Wie wirken sich diese Maßnahmen bis Jahresende auf die Zahl der Fische im Teich aus?
   (Bitte nur eine Antwort ankreuzen)
   a. Der Fischbestand wird größer werden.
   b. Der Fischbestand wird kleiner werden.
   c. Der Fischbestand wird letztlich ca. gleich bleiben.
   d. Der Fischbestand kann zunehmen, aber auch gleichbleiben oder abnehmen.
   e. Die Größe des Fischbestandes hat mit den getroffenen Maßnahmen nichts zu tun.
   Begründung:

2. Die Moris setzen in einem ihrer Teiche speziell gezüchtete Kleinkrebse ein, die sich (bei sonst gleichen Bedingungen) schneller vermehren als die bisherigen Krebse. Wenn wir annehmen, dass die Moris sonst keine Maßnahmen gegen die Schwarzalgen ergreifen, wie wirkt sich diese Maßnahme auf die Verbreitung der Schwarzalgen in diesem Teich aus?
   (Bitte nur eine Antwort ankreuzen)
   a. Die Algen werden zunehmen.
   b. Die Algen werden abnehmen.
   c. Es werden letztlich ca. gleich viele Algen bleiben.
   d. Die Algen können zunehmen, aber auch gleich bleiben oder abnehmen.
   e. Die neuen Kleinkrebse haben keinerlei Einfluss auf die Zahl der Algen.
   Begründung:

3. Die Moris haben ihre Teiche einige Zeit besonders stark mit der Rinde der Java-Eiche gedüngt. Nun stellen sie schwarze Schleier im Wasser fest, die darauf hindeuten, dass in ca. einer Woche sich gewaltige Mengen an Schwarzalgen bilden werden. AlgenEx ist keines da, eine Neulieferung würde ca. einen Monat dauern. Welche der unten angeführten Maßnahmen ist die beste bzw. wichtigste?
   (Bitte nur eine Antwort ankreuzen)
   a. Die Düngung sofort einstellen.
   b. Schnellstmöglich AlgenEx besorgen und hoffen, dass es noch rechtzeitig eingesetzt werden kann.
   c. Sofort möglichst viele Fische verkaufen.
   d. Sofort mit aller Kraft möglichst viel sauerstoffreiches Wasser in die Teiche pumpen. Bei Einsatz aller Arbeitskräfte können die Moris in einer Woche ca. 20-25% des Wassers erneuern.
   Begründung:

4. Die Moris beschließen, die Schwarzalgen über längere Zeit so gut wie möglich zu bekämpfen: gerade so viel Düngung, dass sich der Fischbestand bei einer gewissen Entnahme stabil bleibt; Einsatz von AlgenEx, regelmäßiges Einpumpen von Frischwasser. Diese Maßnahmen werden über länger Zeit konsequent durchgezogen. Wie wirkt sich dies *langfristig* auf die Zahl der Fische aus, wenn die Fischentnahmen gleich hoch bleiben wie zuvor?
   (Bitte nur eine Antwort ankreuzen)
   a. Der Fischbestand wird langfristig stark zunehmen.
   b. Der Fischbestand wird kurzfristig zunehmen, dann aber stark abnehmen.
   c. Der Fischbestand wird langfristig in etwa gleich bleiben.
   d. Der Fischbestand kann langfristig zunehmen, aber auch gleich bleiben oder abnehmen.
   e. Die Größe des Fischbestandes hat mit der Bekämpfung der Algen nichts zu tun.
   Begründung:

Abb. 74 Mori-Aufgabe: "Was-wäre-wenn?"-Fragen

Analyse der "Was-wäre-wenn?"-Fragen zum Mori-Beispiel

Die Fragen zum Mori-Beispiel sind von der Aufgabenstellung möglichst den Fragen beim Hilu-Beispiel nachempfunden.

Frage 1 (Wie wirkt sich eine erhöhte Düngung auf die Zahl der Fische aus?) kann gemäß folgender Szenarien beantwortet werden: mehr Dünger → mehr Krebse → mehr Fische *(Szenario 1A)*; mehr Dünger → mehr Krebse → mehr Fische → mehr Fischexkremente → mehr Schwarzalgen → weniger Sauerstoff → weniger Fische (*Szenario 1B*). Beim Hilu-Beispiel hatte die Bewässerung einen direkten Einfluss auf die Zahl der Tse-Tse-Larven. Dem gegenüber liegt in der vorliegenden Aufgabenstellung kein direkter Zusammenhang zwischen Dünger und Zahl der Schwarzalgen vor.

Antwort (a) Der Fischbestand wird größer werden ist mit Szenario 1A erklärbar.

Antwort (b) Der Fischbestand wird kleiner werden kann eventuell mit Szenario 1B erklärt werden.

Antwort (c) Der Fischbestand wird letztlich ca. gleich bleiben ist mit Szenario 1B und einer zusätzlichen Ausgleichsannahme verträglich.

Die Antworten (d) und (e) können analog wie die entsprechenden Antworten auf Frage 1 beim Hilu-Beispiel interpretiert werden.

Frage 2 Wie wirken sich speziell gezüchtete Kleinkrebse auf die Zahl der Algen aus? kann gemäß folgender Wirkungsketten beantwortet werden: mehr Krebse → mehr Fische → mehr Fischexkremente → mehr Schwarzalgen *(Szenario 2A)*; mehr Krebse → mehr Fische → mehr Fischexkremente → mehr Schwarzalgen → weniger Sauerstoff → weniger Fische → weniger Fischexkremente → weniger Schwarzalgen (*Szenario 2B);* mehr Krebse → mehr Fische → mehr Verkauf→ mehr Einnahmen → mehr AlgenEx → weniger Schwarzalgen *(Szenario 2C)*. Die Zuordnung der einzelnen Szenarios zu den einzelnen Antwortvarianten erfolgt wie bei Frage 2 des Hilu-Beispiels.

Frage 3 beschreibt analog wie bei der Hilu-Ergänzungsfrage 3 eine Situation, bei der die Moris in ca. zwei Wochen mit einem besonders starken Befall an Schwarzalgen rechnen müssen. Die angebotenen Antwortvarianten (a) bis (d) entsprechen in ihrem Charakter denen von Hilu-Ergänzungsfrage 3.

Frage 4 Wie wirkt sich eine konsequente Bekämpfung der Schwarzalgen langfristig auf die Zahl der Fische aus? entspricht in ihrer Struktur Frage 4 zum Hilu-Beispiel.

5.4.4 Die Argumente-Gegenargumente-Aufgabe

Die Argumente-Gegenargumente-Aufgabe wurde unverändert aus Klieme/Maichle (1994) übernommen (vgl. 4.1.1). In dieser Aufgabe sollten die Schüler zu einem vorgegebenen Rahmenthema (Vortest: "Verkehrschaos in Heidelbach", Nachtest: "Tourismuskrise in San Fernando") aus der Sicht verschiedener Interessensgruppen Argumentationsketten formulieren. Ergänzend sollte die gesamte Situation in Form einer zusammenfassenden Skizze dargestellt werden. Die Rahmenthemen waren so gewählt, dass die Schüler Assoziationen aus ihrer Alltagserfahrung einbringen konnten – und auch sollten. Inhaltlicher Input wurde im Gegensatz zur Hilu/Mori-Aufgabe möglichst wenig gegeben. Es wurde lediglich die Problemstellung sowie einige beteiligte Interessensgruppen genannt. Im direkten Vergleich der beiden Themenstellungen wird das Thema "Tourismus in San Fernando" vermutlich nicht ganz so stark im Alltagsbewusstsein der Schüler verankert und damit eher etwas anspruchsvoller sein wie das Thema "Verkehrschaos in Heidelbach". Es wurde bewusst beim Nachtest eingesetzt, damit keinesfalls durch eine einfachere Themenstellung beim Nachtest ein Pseudolerneffekt erreicht wird.

Bei der Auswertung wurde in erster Linie erhoben, wie viele Argumente und wie viele Wirkungsbeziehungen die Schüler nannten. Aus diesen Kenngrößen wurde ein Komplexitätsindex und ein Vernetzungsindex errechnet.

5.5 Auswertungsverfahren

Bei der Hilu/Mori-Aufgabe wurden die von den Schülern erstellten Skizzen in einem zweistufigen Verfahren klassifiziert und beurteilt:
1) Ermittlung der vorkommenden Darstellungselemente.
2) Klassifikation des sich daraus ergebenden Typs von Darstellung

5.5.1 Elemente der grafischen Darstellungen

In jeder Darstellung zum Hilu/Mori-Beispiel wurden folgende Darstellungselemente identifiziert und ausgezählt: (1) Bezeichnungen, (2) Pfeile, (3)Verzweigungen, (4) Pfeilketten, (5) Wirkungskreisläufe, (6) symbolische Icons, (7) Szenenbilder, (8) Funktionsgraphen, (9) sonstige Bildelemente.

Im Folgenden wird genauer beschrieben, wie die einzelnen Bildelemente definiert und erfasst wurden.

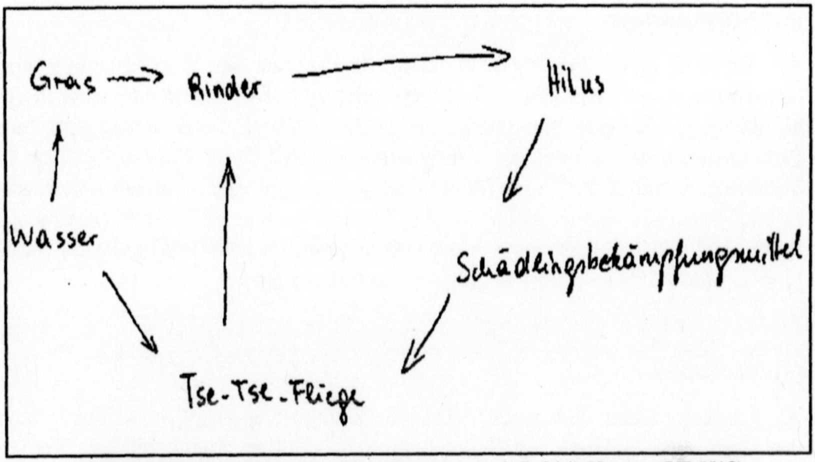

Abb. 75 Wirkungsdiagramm (Netzdiagramm; vgl. S. 214) Vortest (VP V10)

(1) Bezeichnungen

Bezeichnungen sind meist einzelne Wörter oder kurze Satzteile innerhalb der Darstellung, mit denen bestimmte Objekte bezeichnet oder näher erklärt werden. In den meisten Darstellungen handelt es sich bei den Bezeichnungen um die Knoten in Wirkungsdiagrammen. So kommen im Wirkungsdiagramm Abb. 75 die Bezeichnungen Gras, Rinder, Hilus, Wasser, Tse-Tse-Fliege, Schädlingsbekämpfungsmittel vor. In manchen Zeichnungen war die Abgrenzung, was als Bezeichnung zu zählen ist, schwieriger. Kurze Texte (etwa Bewässerung aus Tiefwasserbrunnen oder Rind muss notgeschlachtet werden) wurden als eine einzige Bezeichnung gezählt. Abb. 76 zeigt einen Grenzfall: Sowohl das Icon als auch die Bezeichnung Teich haben für sich bereits den vollen Informationsgehalt. In solchen Fällen wurde die Hälfte aller derartigen Abbildungen als Icon, die andere Hälfte als Bezeichnung gezählt. Doppelzählungen wurden vermieden.

Abb. 76 Icon mit Text

(2) Pfeile

Als *Pfeile* wurden in erster Linie die Wirkungspfeile von Wirkungsdiagrammen gewertet. In Abb. 75 beispielsweise werden sieben Pfeile gezählt, auch wenn nicht alle Pfeile Wirkungspfeile in einem strengen Sinn sind. Reine Hinweispfeile (wie etwa der Pfeil in Abb. 76) wurden jedoch nicht als Pfeile gezählt.

(3) Verzweigungen

Als *Verzweigungen* wurden in Wirkungsdiagrammen alle Knoten erfasst, von denen mindestens zwei Pfeile wegführen oder zu denen wenigstens zwei Pfeile hinführen. Ein Knoten, von dem genau ein Pfeil wegführt und zu dem genau ein Pfeil hinführt, wurde nicht als Verzweigung gezählt. Jeder Knoten, bei dem in Summe mindestens drei Pfeile hin- und wegführen, gilt gemäß dieses Kriteriums zwangsläufig als Verzweigung. In Abb. 75 sind die Knoten Wasser, (zwei wegführende Pfeile), Rinder (zwei hinführende Pfeile) sowie Tse-Tse-Fliege (zwei hinführende Pfeile) als Verzweigungen gezählt worden.

(4) Pfeilketten

Als Pfeilkette (oder kurz Kette) wird jede Knoten-Kantenfolge aus wenigstens drei hintereinander liegenden Pfeilen gezählt, bei der keiner der beteiligten Knoten eine Verzweigung ist und die nicht Teil eines geschlossenen Kreislaufes ist. Abb. 75 enthält keine Kette. Wenn man den Wirkungspfeil Tse-Tse-Fliege → Rinder weglassen würde, dann würde das Diagramm die Kette Wasser → Gras → Rinder → Hilus → Schädlingsbekämpfungsmittel → Tse-Tse-Fliege enthalten.

(5) Kreisläufe

Als *Kreisläufe* werden alle geschlossenen Ketten von Pfeilen gezählt. Dabei kann es durchaus vorkommen, dass derselbe Pfeil zu zwei Wirkungsketten zählt. Abb. 75 enthält den Kreislauf Rinder → Hilus → Schädlingsbekämpfungsmittel → Tse-Tse-Fliege → Rinder.

(6) Icons (Symbole)

Als *Icons* werden kleine, grafische Repräsentationen von Begriffen bezeichnet. Größere szenische Darstellungen wurden als Szenenbilder erfasst. In einigen Grenzfällen war die Abgrenzung zwischen Szenenbildern und Icons etwas schwierig; in erster Linie wurde die Größe und die Komplexität der Zeichnung als Unterscheidungskriterien herangezogen. Innerhalb eines Szenenbildes wurden keine kleineren Icons identifiziert bzw. gezählt, sondern nur das Szenenbild als eine Ganzheit erfasst.

In Einzelfällen musste entschieden werden, ob bestimmte Elemente als ein Icon oder als mehrere Icons zu sehen sind. Dabei wurde grundsätzlich ein mehrfach gezeichnetes Element (z. B. zwei nebeneinander gezeichnete Kühe) als ein Icon gezählt und die Vervielfachung als Mehrzahl bzw. "viele" interpretiert. Weiter auseinander liegende bildnerische Elemente wurden als mehrere Icons gezählt, auch wenn sie in der Form weitgehend übereinstimmten.

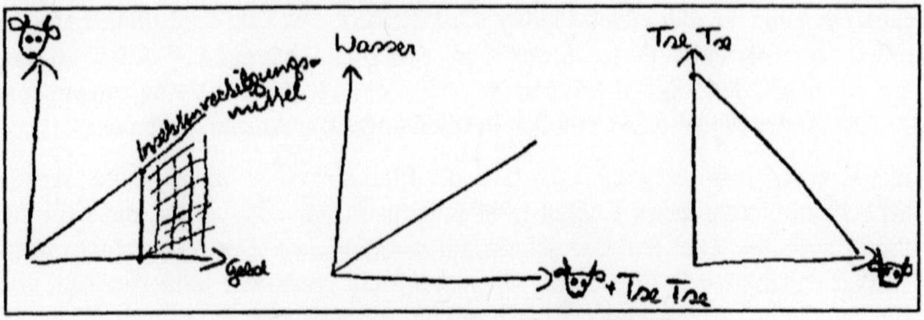

Abb. 77 Funktionsgraphen (Vortest VP G3)

(7) Szenenbilder

Szenenbilder sind komplexere zeichnerische Darstellungen, die mehrere räumlich angeordnete Elemente enthalten und eine gewisse Einheit bilden (Abb. 80). Ein wesentliches Kriterium für ein Szenenbild war, dass es sich wenigstens einigermaßen inhaltlich abgrenzen ließ. Abgesehen von einigen ganz wenigen Grenzfällen Szenenbild – Icon waren die Szenenbilder durchwegs klar identifizierbar.

(8) Funktionsgraphen

Damit sind im Wesentlichen kartesische Diagramme mit eingezeichneter Abszisse und Ordinate gemeint (Abb. 77) . Mehrere Kurven in demselben Koordinatensystem wurden als ein Diagramm gezählt. Die Achsenbezeichnungen (wie Zeit, Rinder usw.) wurden nicht als Bezeichnungen gezählt. Ansonsten war die Abgrenzung von Funktionsgraphen gegenüber den übrigen grafischen Elementen recht einfach.

(9) sonstige Elemente

Sonstige Elemente, die nicht unter (1) bis (8) klassifiziert werden konnten, kamen in den Darstellungen nur ganz selten vor.

5.5.2 Vernetzungs- und Komplexitätsindex

Ausgehend von den soeben definierten Darstellungselementen wurden für die Hilu- bzw. Moridarstellungen ein Vernetzungsindex und ein Komplexitätsindex errechnet. Der *Vernetzungsindex* misst die durchschnittliche Zahl von hinführenden und wegführenden Pfeilen je Bildelement. Die Zahl der Bildelemente ist dabei die Gesamtzahl der Icons und der Bezeichnungen. Formal ist der Vernetzungsindex folgend definiert: $vx := 2p/(b+i)$, wobei *vx:* Vernetzungsindex; *p:* Anzahl der Pfeile; *b:* Anzahl der Bezeichnungen; *i:* Anzahl der Icons.

Der Faktor 2 wird eingeführt, damit jeder Pfeil sowohl beim wegführenden als auch beim hinführenden Knoten gezählt wird. In Abb. 75 beträgt die Zahl der Pfeile $p=7$, die Zahl der Bezeichnungen $b=6$ und $i=0$: Der Vernetzungsindex beträgt daher $vx = 2 \cdot 7/6 = 2,33$. Dies entspricht genau der mittleren Zahl von Pfeilen, die pro Bezeichnung (bzw. Icon) hin- oder wegführen. In Abb. 75 haben vier der sieben Knoten je zwei adjazente Pfeile und zwei Knoten je drei Pfeile. Der betreffende Mittelwert (2+2+2+2+3+3)/6 = 2,33 ist genau der oben definierte Vernetzungsindex. Die lineare Wirkungskette Rinder → Kot → Vermehrung Fliege → Rinder sterben (wegen Fliege) → Bewässerung, um Wachstum zu Erhöhen → Vermehrung Fliegen → Insektenschutzmittel aus Abb. 84 enthält 7 Bezeichnungen und 6 Pfeile und hat damit einen Vernetzungsindex von 1,71. Der mittlere Graph

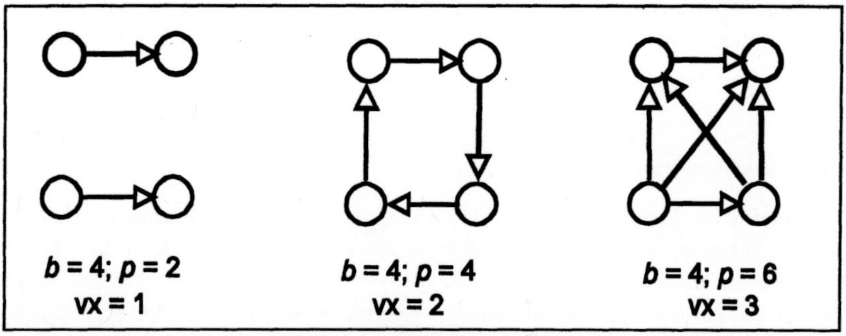

Abb. 78 Berechnung des Vernetzungsindex

in Abb. 78 zeigt, dass ein geschlossener Wirkungskreis einen Vernetzungsindex von genau 2 hat.

Der *Komplexitätsindex* misst den Gesamtumfang der Darstellung in folgender Weise:

$kx := b + p + vz + ke + kr + i + fu$, wobei

kx:	Komplexitätsindex	*b:*	Anzahl Bezeichnungen
p:	Anzahl Pfeile	*vz:*	Anzahl Verzweigungen
ke:	Anzahl Ketten	*kr:*	Anzahl Kreisläufe
i:	Anzahl Icons	*fu:*	Anzahl Funktionsgraphen

Die Anzahl der Verzweigungen, Ketten und Kreisläufe wurde in den Komplexitätsindex integriert, damit neben dem rein quantitativen Umfang der Darstellung auch die strukturelle Komplexität wenigstens bis zu einem gewissen Grad in den Komplexitätsindex eingeht.

5.5.3 Klassifikation der Darstellungstypen

Die Klassifikation der Darstellungstypen erfolgte derart, dass sie sich auch für die Erfassung der Darstellungen der Argumente-Gegenargumente-Beispiele eignete. Die meisten Darstellungstypen können mit Hilfe der beschriebenen Darstellungselemente (1) bis (9) definiert werden. Ich habe dabei versucht, die von Klieme/Maichle (1994, S. 63ff) verwendete Einteilung in

- Szenenbilder
- Stadienbilder
- Lineare Ursache-Wirkungsketten
- Baumdiagramme
- Netzdiagramme

möglichst beizubehalten. Es wurden darüber hinaus noch einige weitere Darstellungstypen in die Klassifikation eingeführt, um auch die Darstellungen bei den Argumente-Gegenargumente-Beispielen nach demselben Klassifikationsschema beurteilen zu können.

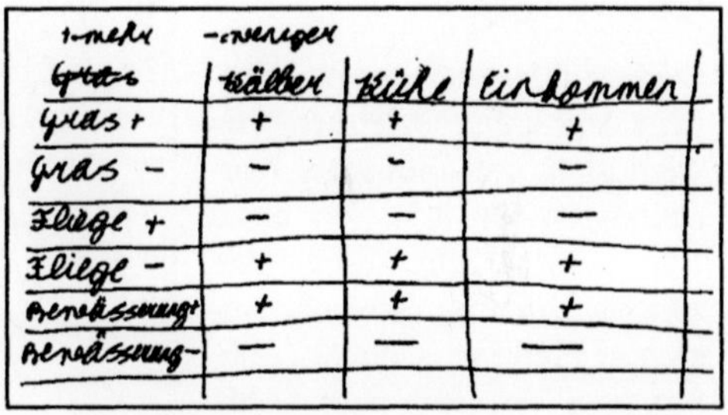

+ mehr	− weniger		
	Wälder	Kühe	Einkommen
Gras +	+	+	+
Gras −	−	−	−
Fliege +	−	−	−
Fliege −	+	+	+
Bewässerung +	+	+	+
Bewässerung −	−	−	−

Abb. 79 Tabellenartiges Diagramm (VP P6)

(A) Nacherzählungen

Als "Nacherzählung" werden alle Beschreibungen in Form von gewöhnlichem, fortlaufenden Text gewertet. Diese Form der Darstellung hat am wenigsten einen irgendwie grafisch orientierten Charakter. Nacherzählungen kamen nur sehr vereinzelt und ausschließlich beim Vortest vor.

(B) Tabellarische Darstellungen

Zu diesem Typ werden alle Darstellungen gezählt, denen entweder eine listenförmige oder matrixartige Struktur zu Grunde liegt. Tabellenartige Darstellungen kamen hauptsächlich bei den Argumente-Gegenargumente Beispielen vor; beim Hilu/Mori-Beispiel wurde nur ein einziges Mal eine matrixartige Tabelle verwendet (Abb. 79).

(C) Szenische Darstellungen

Als "szenische Darstellung" (Abb. 80) werden alle Darstellungen gezählt, die ein oder zwei Szenenbilder enthalten. Wenn mehrere Szenenbilder in einer logischen Sequenz angeordnet sind, dann wurde die Darstellung zum Typus der "Stadienbilder" (s.u.) gezählt.

Abb. 80 Szenische Darstellung (VP V3)

(D) Stadienbilder

Stadienbilder enthalten eine zeitliche oder logische Sequenz von wenigstens drei szenischen Darstellungen (etwa in Art eines Comic-Strip). Zum Teil wurden zwischen den einzelnen Kleinszenen Pfeile gezeichnet (Abb. 82), zum Teil auch nicht (Abb. 81). Die einzelnen Darstellungen eines Stadienbildes wurden als Icon (bei sehr kleinen Darstellungen) bzw. als Szenenbild gezählt (bei größeren Darstellungen).

Abb. 81 Stadienbild (VP S22)

(E) Histogrammartige Darstellungen

Neben Histogrammen im engeren Sinne werden auch alle Arten von Balken- und Stabdiagrammen und auch Kreisdiagramme in der Gruppe der histogrammartigen Darstellungen gezählt. Histogrammartige Darstellungen kamen nur bei der Argumente-Gegenargumente-Aufgabe vor, nicht aber bei der Hilu/Mori-Aufgabe.

(F) Funktionsgraphen

Dieser Darstellungstyp ließ sich relativ leicht von den übrigen Darstellungstypen abgrenzen. (Abb. 77). Bei einigen Schülern waren die Funktionsgraphen mit Icons oder anderen Darstellungselementen kombiniert. In diesen Fällen wurde die Zeichnung dem Typ zugerechnet, der die Darstellung am stärksten prägt.

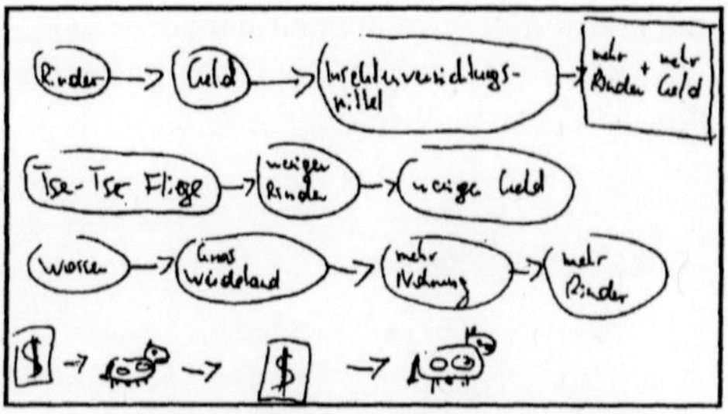

Abb. 82 Stadienbild mit Pfeilen (VP W8)

(G) Metaplanartige Darstellungen

Die Metaplan-Technik ist eine in der Organisationsentwicklung übliche Visualisierungstechnik, bei der Kärtchen, Pfeile und andere Symbole auf Pinnwänden befestigt werden. Oft haben Metaplan-Diagramme eine gewisse Ähnlichkeit mit Wirkungsdiagrammen oder Organigrammen (Abb. 83). Sie wurden als eigene Gruppe zusammengefasst, weil beim Vortest relativ viele Schüler für die Argumente-Gegenargumente-Aufgabe eine metaplanartige Darstellung verwendeten.

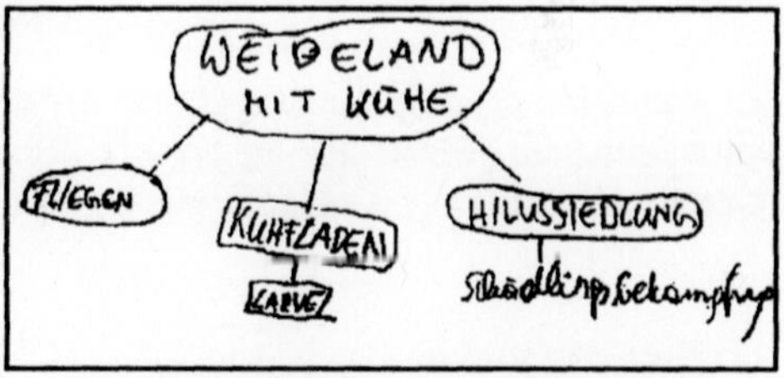

Abb. 83 Metaplanartige Darstellung (VP D5)

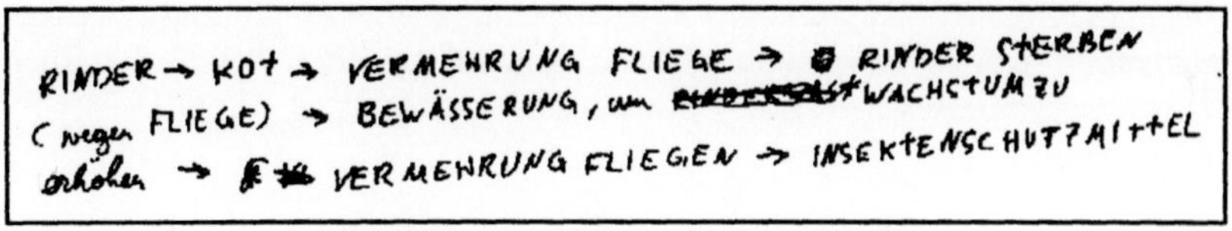

Abb. 84 Lineares Wirkungsdiagramm (VP S2)

(H) Lineare Wirkungsdiagramme

Als "lineares Wirkungsdiagramm" (Abb. 213) wird ein Wirkungsdiagramm bezeichnet, das aus einer oder mehreren Ketten von aufeinander folgenden Elementen und Wirkungspfeilen besteht, aber keine Verzweigungen, Rückkoppelungen ten und Wirkungspfeilen besteht, aber keine Verzweigungen, Rückkoppelungen oder Kreisläufe enthält. Bei Klieme/Maichle (1994) heißt dieser Darstellungstyp "lineare Ursache/Wirkungskette".

(I) Baumdiagramme

Abb. 85 Baumdiagramm (VP P18)

Als "Baumdiagramme" werden alle wirkungsdiagrammartigen Darstellungen bezeichnet, in denen ausgehend von einem Ausgangsknoten zwei (zueinander meist komplementäre) Wirkungsketten beschrieben werden (Abb. 85). Klieme/Maichle (1994, S. 66) geben folgende, etwas weitere Definition: "Dieser Kategorie wurden all jene Wirkungsdiagramme zugeordnet, die eine oder mehrere Verzweigungen aufweisen, die jedoch alle in jeweils offene Enden münden und daher die Netzstruktur noch nicht adäquat wiedergeben können."

(J) Netzdiagramme

Als "Netzdiagramme" werden alle Wirkungsdiagramme gewertet, die mindestens einen Rückkoppelungskreis enthalten. Diese Definition weicht etwas von der in Klieme/Maichle (1994, S. 67) ab. Bei Klieme/Maichle (1994) werden alle "geschlossenen" Wirkungsdiagramme als Netzdiagramme bezeichnet[97]. Durch die strengere Definition werden in der vorliegenden Untersuchung alle Wirkungsdiagramme mit Rückkoppelungen als eigene Gruppe ausgewiesen. Das Wirkungsdiagramm in Abb. 75 wurde als "Netzdiagramm" gewertet, weil es den Rückkoppelungskreis Rinder → Hilus → Schädlingsbekämpfungsmittel → Tse-Tse-Fliege → Rinder enthält.

(K) Wirkungsdiagramme

In der Gruppe "Wirkungsdiagramm" wurden diejenigen wirkungsdiagrammartigen Darstellungen zusammengefasst, die in keine der Spezialgruppen "lineare Wir-

---

[97] Die Textangabe der Hilu-Aufgabe bei Klieme/Maichle (1994) enthielt keine Rückkoppelungskreise (vgl. 3.1.1).

kungsdiagramme", "Baumdiagramme" oder "Netzdiagramme" fallen. Sie enthalten insbesondere keine Rückkoppelungskreise, aber Verzweigungen und sind in ihrer Struktur komplexer als einfache Baumdiagramme.

(L) Kombinierte Darstellungen

Als "kombinierte Darstellungen" wurden Diagramme gewertet, in denen verschiedenartige Darstellungstypen (z.B. eine Nacherzählung und ein Funktionsgraph) in einer Weise miteinander kombiniert wurden, dass keiner der enthaltenen Typen deutlich dominiert.

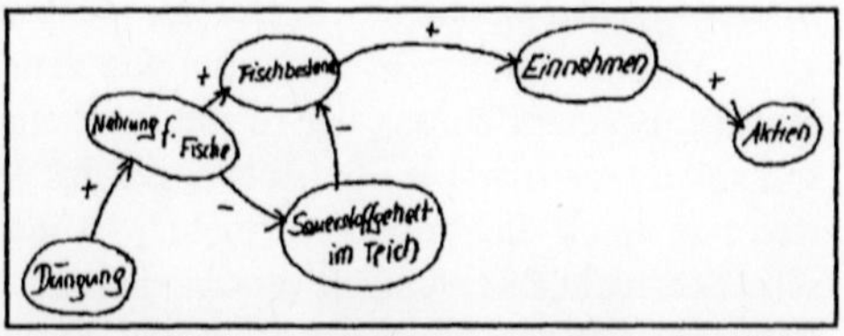

Abb. 86 Wirkungsdiagramm (aus Ossimitz 1994e)

Ermittlung des Darstellungstyps

Bei der Hilu/Mori-Aufgabe wurde zunächst für jedes Diagramm erhoben, wie viele der einzelnen Darstellungselemente (Bezeichnungen, Pfeile, Verzweigungen, lineare Wirkungsketten, Kreisläufe, Icons, Szenenbilder, Funktionsgraphen) darin vorkamen. Nach der Auszählung der Darstellungselemente erfolgte die Zuordnung zu einem Darstellungstyp. In ca. 90% der Fälle war die Zuordnung aufgrund der ermittelten Darstellungselemente problemlos möglich.

Bei der Argumente-Gegenargumente-Aufgabe erfolgte die Zuordnung zu einem Darstellungstyp durch direkte Beurteilung (ohne vorherige Auszählung von Darstellungselementen).

5.5.4 Auswertung der "Was-wäre-wenn?"-Fragen

In einem ersten Schritt wurden für alle Fragebögen ausgewertet, welche Antwortmöglichkeit bei jeder der einzelnen Fragen angekreuzt wurde. Wo sich bei dieser quantitativen Erstauswertung außergewöhnliche Ergebnisse zeigten, wurden auch die Begründungen für die einzelnen Antworten näher untersucht.

5.5.5 Auswertung der Aufgabe *Argumente und Gegenargumente*

Zählung der Argumente und der Wirkungsbeziehungen

Bei der Aufgabe "Argumente und Gegenargumente" mussten die Schüler zu einem vorgegebenen Thema zunächst Argumentationsketten aus der Sicht verschiedener Interessensgruppen angeben. Bei der Auswertung wurde zunächst gezählt, wie viele Argumentationselemente und wie viele Wirkungsbeziehungen angegeben wurden. Bei der Zählung der Argumentationselemente wurde erhoben, wie viele *essenziell verschiedene* Elemente angeführt wurden. Dabei wurden Elemente, die sich nur durch die Adjektive "mehr", "weniger", "viele", "wenige" usw. unterschieden, nicht als essenziell verschieden angesehen. Auch weitgehend synonyme Elemente wurden nicht als essenziell verschieden gezählt (z. B. wurden die Argumente "besserer Verkehrsfluss" und "weniger Stau" oder "mehr Umsatz" vs. "mehr Geschäft" nicht als essenziell verschieden gewertet). Im Hintergrund dieser Zählweise steht folgende Idee: *Wie viele Knoten würde das Wirkungsdiagramm haben, das sich ergeben würde, wenn man die einzelnen Argumentationsketten in ein Wirkungsdiagramm umsetzt?*

(L) Mehr Computer anschaffen → attraktiverer Unterricht → mehr Schüler
(Elem1) (Wirk1) (Elem2) (Wirk2) (Elem3)

(S) Bessere Benotung → bessere Chancen bei Stellenbewerbungen → mehr Schüler
(Elem4) (Wirk3) (Elem5) (Wirk4) (Elem3)

(E) Bessere Benotung → schlechterer Ruf der Schule → weniger Schüler
(Elem4) (Wirk5) (Elem6) (Wirk6) (Elem3)

(L) Mehr Schüler → größere Klassen → unattrakt. Unterricht → weniger Schüler
(Elem3) (Wirk7) (Elem7) (Wirk8) (Elem2) (Wirk2) (Elem3)

Abb. 87 Argumente-Gegenargumente: Zählweise von Elementen und Wirkungen

Anschließend wurde die Anzahl der essenziell verschiedenen Wirkungsbeziehungen gezählt. Die Leitidee dabei war: *Wie viele Pfeile hätte das Wirkungsgefüge, wenn man es in ein Wirkungsdiagramm umsetzen würde?* Wenn bei zwei Wirkungsbeziehungen die Nummer des verursachenden und des verursachten Arguments übereinstimmten, dann wurden die Wirkungsbeziehungen als nicht essenziell verschieden betrachtet, andernfalls schon.

In Abb. 88 wird dargestellt, wie das im Fragebogen angeführte Musterbeispiel ausgewertet worden wäre. Zwischen diesen sieben Argumenten bestehen acht essenziell verschiedene Wirkungsbeziehungen. Dabei wurden die Beziehungen attraktiverer Unterricht → mehr Schüler bzw. unattraktiverer Unterricht → weniger Schüler nicht als essenziell verschieden gezählt, weil es sich in beiden Fällen um eine gleichartige Wirkung von Arg2 auf Arg3 handelt.

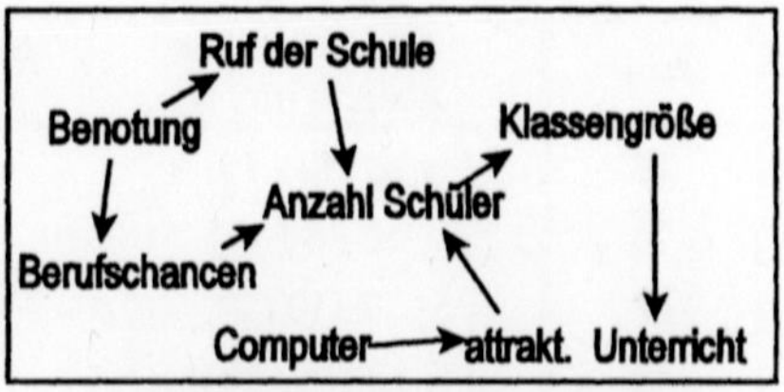

Abb. 88 Argumente-Gegenargumente: Umsetzung in Wirkungsdiagramm

Ermittlung von Vernetzungs- und Komplexitätsindex

Beide Indizes wurden analog zum Vernetzungs- bzw. Komplexitätsindex bei der Hilu/Mori-Aufgabe definiert: Es seien a die Anzahl der essenziell verschiedenen Argumente (=Anzahl der Knoten) sowie w die Anzahl der essenziell verschiedenen Wirkungen. (=Anzahl der Pfeile), dann sind der Komplexitätsindex k bzw. der Vernetzungsindex v folgend definiert: $k = a + w$ bzw. $v = 2 \cdot w/a$.

5.6 Daten der Untersuchungsgruppe

Für die Hauptuntersuchung wurden nur diejenigen Schüler der Untersuchungsklassen herangezogen, für die ein auswertbarer Vor- und Nachtest vorlag. Die Gesamtzahl der auswertbaren Schüler beträgt n=122. Abb. 66 gibt einen Überblick über die Grunddaten in den untersuchten Klassen[98].

5.6.1 Alter, Geschlecht, Mathematiknote, Computervorerfahrung

Abb. 89 zeigt die Altersverteilung der untersuchten Population sowie die durchschnittliche Computererfahrung und Mathematiknote in Abhängigkeit vom Alter, insgesamt sowie nach Geschlechtern getrennt.

98 Tabelle Abb. 66 enthält zusätzlich vier Schüler, die nur einen der beiden Tests mitgeschrieben haben.

Alter	Anzahl Schüler gesamt (m / w)	Ø Computererf. (h) gesamt (m / w)	Ø Math-Note ges (m / w)
15	28 (13 / 15)	0,9 (1,5 / 0,2)	2,4 (2,5 / 2,2)
16	19 (5 / 14)	0,7 (2,6 / 0,0)	2,3 (2,3 / 2,2)
17	17 (10 / 7)	2,9 (3,7 / 1,8)	3,2 (3,9 / 2,3)
18	33 (15 / 18)	2,2 (2,5 / 1,9)	2,9 (3,3 / 2,6)
19	15 (2 / 13)	2,6 (4,0 / 2,3)	2,3 (2,0 / 2,3)
20	7 (2 / 5)	1,9 (3,5 / 1,2)	3,0 (3,0 / 3,0)
21-23	3 (0 / 3)	2,7 (— / 2,7)	2,7 (— / 2,7)
GESAMT	122 (49 / 73)	1,9 (**2,6**[1] / 1,4)	2,7 (**3,0**[1] / **2,4**[1])

[1] signifikante (95%-Niveau) Abweichung vom Gesamtmittelwert

Abb. 89 Grunddaten - gegliedert nach Alter

Aus Abb. 89 kann man ersehen, dass der Großteil der untersuchten Schüler zwischen 15 und 19 Jahren alt ist. Der Anteil der Mädchen beträgt 67%, bei den bis zu 17-Jährigen 54%. Die durchschnittliche Computererfahrung (gemessen in mittlerer Anzahl der Stunden, die pro Woche am Computer verbracht werden) ist bei den Burschen in allen Altersgruppen höher als bei den Mädchen. Insgesamt nimmt die Computererfahrung mit zunehmenden Alter leicht zu; diese Tendenz wird jedoch von dem höheren Mädchenanteil bei höherem Alter überlagert, so dass dieser Effekt nicht sehr deutlich zu sehen ist. Die Mathematiknote (im letzten Jahreszeugnis) ist bei den Mädchen im Mittel etwas besser als bei den Burschen. Ein signifikanter Zusammenhang zwischen Mathematiknote und Alter konnte nicht festgestellt werden.

Lehrer (Klassen)	**Anzahl ges. (m / w) (%w)**	**Ø Alter ges. (m / w)**	**Ø Comp-Erf. (h) ges. (m / w)**	**Ø Math. Note. ges. (m / w)**
W	18 (5 / 13) (72%)	17,8 (18,2 / 17,4)	3,0 (5,2 / 2,1)	2,6 (2,6 / 2,5)
S	21 (9 / 12) (57%)	15,4 (15,2 / 15,6)	1,3 (3,2 / 0,0)	2,7 (3,0 / 2,5)
F	24 (12 / 12) (50%)	15,5 (15,6 / 15,3)	0,9 (1,6 / 0,3)	2,3 (2,7 / 1,9)
D	17 (3 / 14) (82%)	18,8 (18,6 / 18,9)	1,4 (0,3 / 1,6)	2,2 (3,0 / 2,0)
G,K	24 (6 / 18) (75%)	19,0 (18,2 / 19,3)	2,8 (2,8 / 2,8)	2,8 (2,8 / 2,8)
P	18 (14 / 4) (22%)	17,2 (17,4 / 16,5)	1,9 (2,4 / 0,0)	3,3 (3,6 / 2,5)
GESAMT	**122(49 / 73) (60%)**	**17,2(16,8*/17,5)**	**1,9 (2,6*/1,4)**	**2,7 (3,0* / 2,4*)**

* signifikante Abweichung (95%-Niveau) vom Gesamtmittelwert

Abb. 90 Grunddaten – gegliedert nach Lehrer

5.6.2 Gliederung nach Lehrer

In Abb. 90 sind die Grunddaten (Anzahl der Schüler, Alter, Computervorerfahrung, Mathematiknote), gegliedert nach unterrichtendem Lehrer dargestellt. Dies entspricht fast genau der Einteilung in Schulklassen; nur die Klassen G und K wurden von demselben Lehrer (getrennt voneinander) unterrichtet und dem entsprechend in Abb. 90 in jeweils einer Zeile zusammengefasst. Mit Ausnahme der Klasse P liegt in allen untersuchten Klassen der Mädchenanteil bei mindestens 50%. Mit zunehmenden mittleren Alter wächst auch die mittlere Computererfahrung. Die durchschnittliche Mathematiknote ist bei allen Lehrern bei den Mädchen wenigstens gleich gut wie bei den Burschen. In der Klasse P sind die Mathematiknoten schlechter als in den übrigen Klassen.

5.7 Ergebnisse des Vortests

5.7.1 Darstellungstypen Hilu-Aufgabe

Abb. 91 zeigt die Verteilung der Darstellungstypen bei der Hilu-Aufgabe des Vortests. Bei der geschlechtsspezifischen Differenzierung fällt auf, dass sämtliche Stadienbilder von Mädchen erstellt wurden. Dafür wurden nur etwa 40% der Szenenbilder von Mädchen angefertigt. Wenn man die Szenen- und Stadienbilder zu einer Obergruppe szenisch orientierter Darstellungen zusammenfasst, dann entspricht der Anteil der Mädchen in dieser Gruppe mit 13 von 22 Personen (=59%) praktisch exakt dem Gesamtanteil der Mädchen in der Untersuchungsgruppe.

Die Hypothese, dass man szenische Darstellungen und Nacherzählungen hauptsächlich bei jüngeren Schülern findet, konnte nicht signifikant erhärtet werden. Es gibt zwar eine leichte Tendenz in diese Richtung: Das Durchschnittsalter der Schüler, die Szenen- bzw. Stadienbilder zeichneten, liegt etwas unter dem Gesamtschnitt; das mittlere Alter von Schülern, die Netzdiagramme zeichneten, liegt leicht über dem Gesamtschnitt.

Darstellungstyp	Anteil	Anz. (m/w) (%w)	Ø Alter	Ø Com.Erf. (h)	% mit C.Erf.
Nacherzählung	4%	5 (2 / 3) (60%)	19,2*	4,0*	60%
Szenenbild	12%	15 (9 / 6) (40%)	16,8	1,3	40%
Stadienbild	6%	7(0 / 7) (100%)	17,2	0,9	29%
Lin. Wirkungsdiag.	15%	18 (7 / 11) (61%)	16,7	2,0	39%
Baumdiag.	7%	8 (4 / 4) (50%)	17,3	1,8	50%
Wirkungsdiagramm	29%	35 (12 / 23) (66%)	17,0	1,7	37%
Netzdiagramm	17%	21 (10 / 11) (52%)	17,5	2,4	48%
Funktionsgraph	5%	6 (3 / 3) (50%)	18,0	1,0	33%
komb. Darstell.	2%	3 (0 / 3) (100%)	17,0	1,3	67%
sonst. Darstellung	3%	4 (2 / 2) (50%)	18,0	3,75*	25%
GESAMT	100%	122 (49 /73) (60%)	17,2	1,9	41%

* hoher Wert durch einzelne Ausreißer bedingt

Abb. 91 Darstellungstypen Hilu-Aufgabe Vortest – Grunddaten

Auch für die Vermutung, dass zwischen dem beim Vortest gewählten Bildtyp und der Computer-Vorerfahrung Zusammenhänge bestehen, ist zwar eine leichte Tendenz feststellbar; ein signifikanter Nachweis ist mit den vorliegenden Daten jedoch nicht möglich. Die mittlere Computererfahrung liegt bei den Schülern, die beim Vortest ein Netzdiagramm zeichneten, mit durchschnittlich 2,4 Stunden nur geringfügig (nicht signifikant) höher als im Gesamtschnitt (1,9h). Ca. 40% der Schüler, die szenische Darstellungen verwendeten, haben bereits Computererfahrung – dies entspricht fast exakt dem Anteil von 41%, die insgesamt Computererfahrung besitzen. Auch ist der Anteil von 48% Schülern mit Computererfahrung unter denen, die ein Netzdiagramm zeichneten, noch nicht signifikant hoch.

Klieme/Maichle (1994) haben eine vergleichbare Aufgabenstellung an 238 Schülern im Alter von 13-15 Jahren untersucht (siehe Kap. 3.3) und dabei die in Abb. 92 dargestellte Verteilung von Darstellungstypen erhalten. Wenn man berücksichtigt, dass Klieme/Maichle bei den wirkungsdiagrammartigen Darstellungen eine etwas gröbere Klassifikation wählten und man dem entsprechend Baumdiagramme und Wirkungsdiagramme zusammenfasst, dann sind die Verteilungen der Darstellungstypen bei beiden Untersuchungen recht ähnlich.

Da auch bei den ca. 13-15 jährigen Schülern der Untersuchung von Klieme/ Maichle (1994) der Anteil ikonischer Darstellungen (Szenenbilder, Stadienbilder) beim Vortest bei ca. 15% lag, bestätigt dies den in der vorliegenden Untersuchung gewonnenen Eindruck, dass in der Altersgruppe von ca. 13-19 Jahren ältere Schüler genauso häufig Szenenbilder verwenden wie jüngere.

Darstellungstyp Vortest	Ossimitz	Klieme/Maichle (1994)
Szenenbild	12%	10%
Stadienbild	6%	5%
Lineares Wirkungsdiagramm	15%	16%
Baumdiagramm	7%	50%
Wirkungsdiagramm	29%	
Netzdiagramm	17%	20%
sonst. Darstellung	14%	0%
GESAMT	100%	100%

Abb. 92 Darstellungstypen Vortest – Vergleich mit Klieme/Maichle (1994, S. 68)

5.7.2 Vernetzungsindex und Komplexitätsindex - Hilu-Aufgabe

Abb. 93 zeigt den mittleren Vernetzungsindex (V_Idx) und den mittleren Komplexitätsindex (K_Idx), gegliedert nach verschiedenen Untergruppen. Es zeigt sich, dass beide Indizes weder vom Geschlecht, noch von der Computer-Vorerfahrung signifikant abhängen. Bei Schülern mit Mathematiknote "sehr gut" sind

Gruppe		Anzahl (%w)	Ø V_Idx (m / w)	Ø K_Idx (m / w)
alle Schüler		**122 (60%)**	**1,45 (1,41 / 1,46)**	**9,6 (8,8 / 10,1)**
davon mit Comp.Erf.:	ja	50 (52%)	1,50 (1,41 / 1,58)	9,8 (8,6 / 10,8)
	nein	72 (65%)	1,40 (1,41 / 1,40)	9,4 (9,0 / 9,7)
davon M-Note:	1	18 (72%)	1,72*(1,63 / 1,76)	12,4*(11,6 / 12,8)
	2	36 (69%)	1,44 (1,28 / 1,51)	10,3 (10,2 / 10,3)
	3	41 (63%)	1,43 (1,49 / 1,40)	8,4 (8,6 / 6,7)
	4	20 (30%)	1,15*(1,20 / 1,03)	8,3 (8,6 / 7,7)
davon Alter:	15	28 (46%)	1,64 (1,68 / 1,60)	11,7*(11,7/11,7)
	16	19 (79%)	1,46 (1,66 / 1,38)	8,9 (12,6 / 7,6)
	17	17 (41%)	1,29 (1,25 / 1,33)	6,9*(5,4 / 9,1)
	18	33 (55%)	1,37 (1,22 / 1,57)	9,4 (6,6 /11,8)
	19	15 (87%)	1,33 (1,25 / 1,35)	7,7 (5,0 / 8,1)
davon Lehrer:	D	17 (82%)	1,70 (2,21 / 1,59)	11,4 (10,3 / 11,6)
	F	24 (50%)	1,67*(1,71 / 1,63)	14,0*(14,9 / 13,2)
	G,K	24 (75%)	1,45 (1,17 / 1,54)	10,0 (8,2 / 10,6)
	P	18 (22%)	1,39 (1,21 / 2,02)	7,3*(7,1 / 8,3)
	S	21 (57%)	1,39 (1,65 / 1,19)	6,5*(6,4 / 6,5)
	W	18 (72%)	1,02*(0,66 / 1,15)	7,2*(3,2 / 8,6)

*signifikante Abweichung (95%) vom Gesamtmittelwert (1. Zeile)

Abb. 93 Vernetzungsindex V_Idx und Komplexitätsindex K_Idx Hilu-Aufgabe beide Indizes signifikant hoch. Bei der Gliederung nach dem Alter sind beide Indizes für jüngere Schüler tendenziell etwas höher als für ältere Schüler. Dieses bemerkenswerte Resultat kann m. E. dadurch erklärt werden, dass man die Daten nach dem unterrichtenden Lehrer klassiert. Dabei zeigt sich, dass der Vernetzungsindex vom Lehrer der Klasse F signifikant hoch, von Lehrer der Klasse W hingegen signifikant niedrig ist. Beim Komplexitätsindex weichen sogar vier der sechs Kenngrößen signifikant vom Gesamtmittelwert ab.

Da der Lehrer von Klasse F lauter relativ junge Schüler hatte und bei diesem Lehrer beide Indizes beim Vortest signifikant hoch waren, haben auch die jüngeren Schüler recht hohe Werte beim Vernetzungs- und Komplexitätsindex. Die Daten legen den Schluss nahe, dass bei der Variabilität des Vernetzungs- bzw. Komplexitätsindex bereits beim Vortest die Einflussgröße "unterrichtender Lehrer" eine nicht zu vernachlässigende Rolle spielt.

5.7.3 Darstellungstypen nach Lehrern (Klassen)

Welche Darstellungsform die Schüler beim Vortest bevorzugten, hing kaum mit dem Alter, dem Geschlecht, der Computervorerfahrung oder der letzten Mathematik-Jahresnote zusammen. Sehr wohl konnte jedoch bereits beim Vortest ein Zusammenhang zwischen dem Darstellungstyp und dem unterrichtenden Lehrer festgestellt werden. Auch der Komplexitätsindex und der Vernetzungsindex sind für Schüler mit verschiedenen Lehrern im Mittel verschieden hoch.

Lehrer	Schüler	Szen. D.	lin. Widiag	WiDiag	Netzdiag	Ø V_Idx	Ø K_Idx
D	17 (100%)	0 (0%)	1 (6%)	5 (29%)	5 (29%)	1,70	11,4
F	24 (100%)	1 (4%)	2 (8%)	10 (42%)	5 (21%)	1,67*	14,0*
G,K	24 (100%)	2 (8%)	3 (13%)	7 (29%)	5 (21%)	1,45	10,0
P	18 (100%)	1 (6%)	3 (17%)	6 (33%)	2 (11%)	1,39	7,3*
S	21 (100%)	6 (29%)	8* (38%)	3 (14%)	2 (10%)	1,38	6,4*
W	18 (100%)	5 (28%)	1 (6%)	4 (22%)	2 (11%)	1,01*	7,1*
GESAMT	122(100%)	15 (12%)	18 (15%)	35 (29%)	21 (17%)	1,45	9,6

* signifikante Abweichung vom Gesamtmittelwert bzw. Gesamtanteil

Abb. 94 Darstellungstypen Hilu-Aufgabe – nach Lehrer

Abb. 94 zeigt, dass die Anteile der einzelnen Darstellungstypen (szenische Darstellungen, lineare Wirkungsdiagramme, Wirkungsdiagramme, Netzdiagramme) bei den verschiedenen Lehrern relativ weit auseinander liegen. In den Klassen S und W zeichneten jeweils fast 30% der Schüler eine szenische Darstellung, während es bei den übrigen Klassen dies max. 8% aller Schüler taten. In Klasse S zeichneten 38% der Schüler beim Vortest ein lineares Wirkungsdiagramm, bei den übrigen Lehrern waren es zwischen 6% und 17% aller Schüler. Netzdiagramme wurden bei den Lehrern der Klassen D, F und G, K jeweils von 29% bzw. 21% aller Schüler gezeichnet, bei den übrigen Lehrern waren es ca. 10% aller Schüler. Bei den Lehrern der Klassen D, F, und G, K erstellten mindestens die Hälfte aller Schüler bereits beim Vortest ein Wirkungs- oder Netzdiagramm, in den anderen Klassen lag dieser Prozentsatz zwischen 24% und 44%. Da die absoluten Zahlen je Zelle jedoch sehr klein sind, sind diese Abweichungen nur bei der Zahl der linearen Wirkungsdiagramme in Klasse S signifikant (im Sinne eines einseitigen Tests mit 2,5% Irrtumswahrscheinlichkeit). Auch eine Zusammenfassung der Darstellungstypen in wirkungsdiagrammorientierte und sonstige Darstellungen liefert mittels Chi-Quadrattest keinen signifikanten Zusammenhang zwischen Darstellungstyp und Lehrperson.

5.7.4 "Was-wäre-wenn?"-Fragen zur Hilu-Aufgabe

Die Tabelle Abb. 223 zeigt, wie die Schüler die vier "Was-wäre-wenn?"-Fragen zur Hilu- Aufgabe beantwortet haben. Nur bei Frage 3 konnte mittels Chi-Quadrat ein signifikanter Unterschied im Antwortverhalten der Burschen und Mädchen festgestellt werden.

Antwort	Frage 1 (m/w)	Frage 2 (m/w)	Frage 3 (m / w)	Frage 4 (m / w)
leer	0%	1% (0% / 1%)	0%	2% (2% / 3%)
(a)	30% (24% /33%)	61% (63% /60%)	15% (22% /10%)	23% (22% /23%)
(b)	16% (14% /18%)	4% (2% / 5%)	8% (0% /14%)	37% (35% /38%)
(c)	33% (37% /30%)	9% (12% / 7%)	38% (39% /37%)	30% (31% /29%)
(d)	21% (24% /19%)	7% (8% / 5%)	39% (39% /40%)	7% (10% / 5%)
(e)	0%	18% (14% /21%)	—	1% (0% / 1%)
Gesamt	100%	100%	100%	100%

Abb. 95 "Was-wäre-wenn?"-Fragen – Hilu-Aufgabe

Bei *Frage 1* (Wie wirkt sich verstärkte Bewässerung auf die Größe der Herde aus?) kann man die Antworten (a) (Die Herde wird zunehmen) und (b) (Die Herde wird abnehmen) so interpretieren, dass die Schüler im Wesentlichen einen indirekten Effekt erkannt (oder wenigstens als dominierend angesehen) haben. Antwort (c) (Die Herde wird letztlich ca. gleich groß bleiben) lässt den Schluss zu, dass die Schüler zwei miteinander konkurrierende indirekte Effekte erkannt haben. Antwort (d) (Die Herde kann zunehmen, aber auch gleich bleiben oder abnehmen) kann so interpretiert werden, dass die Schüler den nicht-determinierten Charakter der Aufgabenstellung (es ist nicht entscheidbar, ob durch vermehrte Bewässerung in erster Linie sich der vermehrte Graswuchs positiv oder die vermehrte Bildung von Tse-Tse-Fliegen negativ auswirkt) erkannt haben. Antwort (e) wurde von keinem Schüler gewählt. Knapp die Hälfte der Schüler sahen bei Frage 1 einen (dominanten) indirekten Effekt; etwa ein Drittel sah beide Effekte; ein Fünftel aller Schüler erkannten den indeterminierten Effekt. Insgesamt kann man die Antworten auf Frage 1 so zusammenfassen, dass etwa die Hälfte aller Schüler einen dominierenden Effekt, die andere Hälfte zwei Effekte oder eine nicht-determinierte Situation sah. Bemerkenswert ist noch, dass der mittlere Vernetzungsindex unter den Schülern, die auf Frage 1 Antwort (b) wählten, mit 1,74 signifikant höher ist als das Gesamtmittel aller Schüler (1,44). Weiters wählten die Schüler, die zunächst ein Netzdiagramm zeichneten, auffallend oft Antwort (d).

Bei *Frage 2* gaben 60% der Schüler Antwort (a), dass die Zahl der Tse-Tse-Fliegen zunehmen wird, wenn mehr gedüngt wird. Die Qualität der Begründungen dieser Schüler ist jedoch recht unterschiedlich. Nur ca. die Hälfte von ihnen argumentiert mit einer größeren Zahl an frischen Kuhfladen durch mehr Rinder. Die Übrigen geben meist die nicht leicht nachvollziehbare Begründung der Art "weil der Dünger keinen Einfluss auf das Leben und die Fortpflanzung der Tse-Tse-Fliege hat" (z. B. Schüler V7, W9). In einigen Fällen unterstellen die Schüler der Tse-Tse-Fliege eine immanente Wachstumstendenz, wenn nichts unternommen wird: "Wenn nichts gegen die Fliegen unternommen wird und dennoch bewässert wird, werden sie sich vermehren." (F3) oder "Die Tse-Tse-Fliegen vermehren sich rasend, wenn nichts dagegen unternommen wird." (D5).

Die wenigen Schüler mit Antwort (b) (Die Zahl der Tse-Tse-Fliegen wird abnehmen) begründeten mehrheitlich ihre (wenig plausible) Antwort seltsamerweise damit, dass der Naturdünger keinen Einfluss auf das Wachstum der Tse-Tse-Fliege habe.

Unter den Schülern mit Antwort (c) (Es werden letztlich ca. gleich viele Fliegen bleiben) argumentierte nur Schüler (K2) in der Weise, dass durch mehr Rinder einerseits mehr Tse-Tse-Fliegen auftreten, dass man andererseits aber auch mehr Geld für Insektenvernichtungsmittel zur Verfügung hat. Die meisten Begründungen bei Antwort (c) gingen in die Richtung, dass der Naturdünger mit der Zahl der Tse-Tse-Fliegen nichts zu tun hat und daher die Zahl der Fliegen gleich bleiben müsse.

Auch die meisten Begründungen für Antwort (d) (Die Tse-Tse-Fliegen können zunehmen, aber auch gleich bleiben oder abnehmen) basierten auf dem Argument, dass der Naturdünger keinen Einfluss auf die Zahl der Fliegen hat. Die meisten Schüler mit Antwort (e) gaben als Begründung an, dass die Antwort "Der Naturdünger hat keinerlei Einfluss auf die Zahl der Tse-Tse-Fliegen" bereits im

Angabetext steht: "steht wortwörtlich oben im Text" (Schüler F6). Tatsächlich steht im Angabetext: "Der Naturdünger hat keinen direkten Einfluss auf das Leben und die Fortpflanzung der Tse-Tse-Fliege." Die beim Test-Design intendierte Unterscheidung zwischen direkten und indirekten Einflüssen wurde von diesen Schülern (ca. 10% aller Vpn) wohl nicht entsprechend rezipiert. Man muss aber wohl einräumen, dass dies für einen unbedarften Schüler möglicherweise etwas viel an semantischer Finesse ist.

Bei *Frage 3* (Was sollen die Hilus tun, wenn sie plötzlich sehr große Mengen Tse-Tse-Larven vorfinden, die in etwa 1 bis 2 Wochen ausschlüpfen werden?) ist eine interessante geschlechtsspezifische Komponente zu beobachten. Antwort (a) (Sofort die Bewässerung einstellen) wurde überwiegend von Burschen, Antwort (b) (Schnellstmöglich Schädlingsbekämpfungsmittel besorgen und hoffen, dass es noch rechtzeitig eingesetzt werden kann) wurde ausschließlich von Mädchen gewählt. Die beiden anderen, plausibleren Antworten (c) (Sofort möglichst viele Rinder verkaufen) und (d) (möglichst viel Rinderdung einsammeln) wurden ca. jeweils von knapp 40% aller Mädchen und Burschen gewählt. Bei der Differenzierung nach Klassen fiel auf, dass in den Klassen F und D praktisch alle Schüler die elaborierteren Antworten (c) bzw. (d) wählten. Insgesamt ist bei Frage 3 der Anteil der Schüler, die eine der sinnvollen Antworten (c) oder (d) wählten, recht hoch.

Bei *Frage 4* (Wie wirkt sich eine konsequente Bekämpfung der Tse-Tse-Fliege langfristig auf die Zahl der Rinder aus?) gaben immerhin 37% die bereits recht anspruchsvolle Antwort (b) (Die Herde wird zwar kurzfristig zunehmen, langfristig aber stark abnehmen). Es zeigte sich ein gewisser, jedoch nicht signifikanter Zusammenhang mit der Mathematiknote dahingehend, dass die Hälfte aller Schüler mit Mathematiknote "Sehr Gut" Antwort (b) gaben.

Zusammenfassend bleibt die Feststellung, dass die Auswertung der "Was-wäre-wenn?"-Fragen wenig wirklich interessante Ergebnisse lieferte. Ich hatte mir einen stärkeren Zusammenhang zwischen dem Antwortverhalten auf die einzelnen Fragen und anderen Kenngrößen wie Klassenzugehörigkeit, Geschlecht, Alter, Mathematiknote, Art der Zeichnung beim Hilu-Beispiel, Vernetzungs- bzw. Komplexitätsindex beim Hilu-Beispiel erwartet. In den allermeisten Fällen lieferten die entsprechenden Tests jedoch keine signifikanten Ergebnisse.

5.7.5 Argumente-Gegenargumente: *Verkehrschaos in Heidelbach*

Bei dieser Aufgabe wurde in erster Linie aus den vorgebrachten Argumenten ein Vernetzungs- und Komplexitätsindex berechnet. Abb. 96 zeigt den Vernetzungs- bzw. Komplexitätsindex "Verkehrschaos in Heidelbach", gegliedert nach Geschlecht, Computererfahrung, Mathematiknote, Alter und Lehrer. Die Untersuchungen haben nur wenige Besonderheiten ergeben.

Gruppe		Anzahl (davon %w)	Ø V_Idx (m / w)	Ø K_Idx (m / w)
alle Schüler		**122 (60%)**	**1,52 (1,62 / 1,45*)**	**14,2 (14,2 / 14,2)**
davon mit Comp.Erf.:	ja	50 (52%)	1,51 (1,58 / 1,43)	13,5 (12,7 / 14,3)
	nein	72 (65%)	1,53 (1,65 / 1,46)	14,7 (15,6 / 14,1)
davon M-Note:	1	18 (72%)	**1,75*(2,13*/** 1,61)	15,1 (18,6 / 13,6)
	2	36 (69%)	1,42 (1,49 / 1,39)	13,4 (12,4 / 13,9)
	3	41 (63%)	1,51 (1,51 / 1,51)	14,3 (13,9 / 14,6)
	4	20 (30%)	1,58 (1,68 / 1,35)	15,3 (14,9 / 16,2)
davon Alter:	15	28 (46%)	1,56 (1,68 / 1,42)	14,9 (15,5 / 14,3)
	16	19 (79%)	1,41 (1,41 / 1,41)	13,3 (15,6 / 12,4)
	17	17 (41%)	**1,28*** (1,34 / 1,18)	**11,2***(11,5 / 10,8)
	18	33 (55%)	1,57 (1,75 / 1,41)	15,1 (14,1 / 15,8)
	19	15 (87%)	**1,74*(2,16*/** 1,67)	15,4 (**18,0*** / 15,0)
davon Lehrer:	D	17 (82%)	1,59 (1,68 / 1,56)	13,8 (11,7 / 14,2)
	F	24 (50%)	1,45 (1,57 / 1,34)	14,5 (16,3 / 12,7)
	G,K	24 (75%)	**1,73*(2,14*/** 1,59)	**17,5***(16,2 /**17,9***)
	P	18 (22%)	1,46 (1,54 / 1,20)	13,6 (14,6 / 10,0)
	S	21 (57%)	1,54 (1,66 / 1,45)	13,6 (13,1 / 14,0)
	W	18 (72%)	**1,30*** (1,22 / 1,33)	**11,3*(9,2*/** 12,1)

* signifikante (95%) Abweichung vom Gesamtmittelwert

Abb. 96 Vernetzungsindex V_idx und Komplexitätsindex K_Idx Heidelbach-Aufgabe

Der mittlere Vernetzungsindex der Mädchen ist (knapp) signifikant unterdurchschnittlich, genauso wie der Vernetzungs- und Komplexitätsindex der 17-jährigen. Beim Lehrer der Klassen G und K sind beide Indizes signifikant hoch , in der Klasse W sind beide Indizes sehr niedrig. Es wurde auch untersucht, ob zwischen dem Vernetzungs- bzw. Komplexitätsindex der Heidelbach-Aufgabe und anderen quantitativen Parametern (Vernetzungsindex Hilu-Beispiel, Komplexitätsindex Hilu-Beispiel, mittlere Dauer der Computer-Nutzung, Alter, Mathematiknote) irgend ein nennenswerter Zusammenhang besteht. Die Ergebnisse waren allesamt negativ – auch dann, wenn die jeweiligen Ausreißer nicht in die Korrelationsanalyse einbezogen worden sind. Insbesondere war zwischen dem Vernetzungsindex (Komplexitätsindex) beim Hilu-Beispiel und dem entsprechenden, analog definierten Index bei der Heidelbach-Aufgabe keinerlei Korrelation festzustellen. Auch zwischen Vernetzungsindex und Komplexitätsindex war weder innerhalb des Hilu-Beispiel noch innerhalb der Heidelbach-Aufgabe eine Korrelation feststellbar. Diese Ergebnisse eröffnen folgende Deutungsmöglichkeiten:

1) Die Hilu-Zeichenaufgabe und die Argumente-Gegenargumente-Aufgabe sind zwei substantiell verschiedene Aufgabentypen, die verschiedene Aspekte systemischen Denkens messen.

2) Der Grad an Komplexität und der Grad an Vernetzung sind sowohl bei wirkungsdiagrammartigen Darstellungen als auch bei Argumentationsketten essenziell verschiedene Maße.

Diese Ergebnisse rechtfertigen auch, warum im Test zwei verschiedene Aufgabentypen gestellt worden sind und auch für jeden Aufgabentyp zwei Leistungsmaße (Vernetzungs- und Komplexitätsindex) errechnet worden sind. Die Leistungen aus der Hilu-Aufgabe erlauben keinerlei Rückschluss auf die Leistung bei der Argumente-Gegenargumente-Aufgabe und umgekehrt. Genauso wenig kann man aus einen der beiden Vernetzungsindizes auf die Größe des entsprechenden Komplexitätsindex schließen – und umgekehrt.

5.7.6 Darstellungen Argumente-Gegenargumente-Aufgabe

Die Auswertung der Darstellungen zur Heidelbach-Aufgabe gestaltete sich aus folgenden Gründen ziemlich problematisch:

- Die Variabilität der Darstellungen war größer als bei der Hilu-Aufgabe.
- Relativ viele Darstellungen waren Grenzfälle, die nur recht willkürlich einer Gruppe zugeordnet werden konnten. Es fehlten die klar definierten Kriterien, die bei den Hilu-Darstellungen durch die genaue Auszählung der Darstellungselemente vorlagen.
- Rund ein Viertel der Schüler zeichneten überhaupt keine oder nur eine sehr rudimentäre, nichtssagende Darstellung.

Aus den genannten Gründen erscheint eine detaillierte Analyse der Ergebnisse wenig sinnvoll, weil einfach die Qualität der Daten dafür nicht ausreicht. Ich beschränke mich daher auf einen groben Überblick.

Etwa ein Viertel aller Schüler erstellten eine metaplan-artige Darstellung, wie sie im Management zur Visualisierung üblich sind; gefolgt von je ca. 10% szenischen Darstellungen, Wirkungsdiagrammen und tabellenartigen Darstellungen. Möglicherweise liegt die Beliebtheit derartiger Darstellungen auch daran, dass ca. 80% der untersuchten Schüler eine kaufmännisch orientierte höhere Schule (HAK) besuchten, in der sie solche Darstellungstypen als Management-Instrumente möglicherweise kennen lernen. Tendenziell war unter den HAK-Schülern der Anteil an metaplanartigen Darstellungen und Wirkungsdiagrammen höher, während von den Gymnasiasten eher überdurchschnittlich oft szenische Darstellungen gewählt wurden. Alle diese Abweichungen sind jedoch noch nicht signifikant. Auch beim Vergleich zwischen dem Darstellungstyp bei der Hilu-Aufgabe und bei der Heidelbach-Aufgabe zeigten sich nur ganz leichte Tendenzen zu einer konsistenten Wahl des Darstellungstyps. So wählten etwa fünf von fünfzehn Schülern mit einer szenischen Darstellung beim Heidelbach-Beispiel auch beim Hilu-Beispiel die szenische Darstellung. Bei den anderen Darstellungstypen ist der Grad an Konsistenz noch geringer.

5.8 Vergleich Vortest-Nachtest

5.8.1 Darstellungstypen Hilu/Mori-Aufgaben

Abb. 97 zeigt die Gesamtverteilungen der Darstellungstypen beim Vor- und Nachtest der vorliegenden Studie Ossimitz (1996c) und bei Klieme/Maichle (1994). Waren die Verteilungen der Darstellungstypen beim Vortest noch in etwa vergleichbar, so ergab sich zwischen Vortest und Nachtest bei der Studie *Entwicklung vernetzten Denkens* eine wesentlich stärkere Verschiebung hin zu Netzdiagrammen als dies bei der Studie von Klieme und Maichle (1994) der Fall war. In der letztgenannten Studie stieg der Anteil der Netzdiagramme gerade von 20% auf 25% und der Anteil der Wirkungsdiagramme von 50% auf 60%; in der vorliegenden Studie zeichneten hingegen fast zwei Drittel der Schüler beim Nachtest Netzdiagramme (Diagramme mit Rückkoppelungskreisen). Fasst man hingegen Baumdiagramme, Wirkungsdiagramme und Netzdiagramme zu einer Gruppe zusammen, so haben beim Nachtest in beiden Untersuchungen ca. 85% der Schüler ein Diagramm aus dieser Gruppe gezeichnet. Beim Vortest waren es in der vorliegenden Studie nur 53%, in der Klieme/Maichle-Studie immerhin 70% (allerdings bei einer etwas anderen Beurteilungsweise "sonstiger" Darstellungen, die es bei Klieme/Maichle (1994) als eigene Kategorie nicht gab).

<table>
<tr><th>Darstellungstyp</th><th>Ossimitz NT (VT)</th><th>Klieme/Maichle NT(VT)</th></tr>
<tr><td>Szenenbild</td><td>5% (12%)</td><td>2% (10%)</td></tr>
<tr><td>Stadienbild</td><td>1% (6%)</td><td>3% (5%)</td></tr>
<tr><td>Lineares Wirkungsdiagramm</td><td>3% (15%)</td><td>10% (16%)</td></tr>
<tr><td>Baumdiagramm</td><td>3% (7%)</td><td rowspan="2">60% (50%)</td></tr>
<tr><td>Wirkungsdiagramm</td><td>19% (29%)</td></tr>
<tr><td>Netzdiagramm</td><td>62% (17%)</td><td>25% (20%)</td></tr>
<tr><td>sonst. Darstellung</td><td>7% (14%)</td><td>—</td></tr>
<tr><td>GESAMT</td><td>100%</td><td>100%</td></tr>
</table>

Abb. 97 Darstellungstypen Vortest (VT) – Nachtest (NT)

Dieser Vergleich zeigt, dass in der Studie *Entwicklung vernetzten Denkens* doch ein signifikanter Wechsel hin zu Netzdiagrammen festzustellen ist, den es bei der Vorgängeruntersuchung nicht gab. Ein möglicher Grund könnte sein, dass in den Unterrichtsdurchführungen bei der vorliegenden Studie die meisten Lehrer sich zunächst einige Stunden lang explizit mit qualitativer Modellierung und Wirkungsdiagrammen beschäftigt haben. In den Soester Themenheften, die dem Unterricht bei der Studie von Klieme/Maichle (1994) zu Grunde lagen, wird nach einer eher allgemein gehaltenen Einführung in Modellbildung und Simulation sofort auf eine Modellierung mit MODUS hingesteuert.

Abb. 98 zeigt, wie viele Schüler beim Vor- und Nachtest in der Studie *Entwicklung vernetzten Denkens* bei der Hilu- bzw. Mori-Aufgabe bestimmte Kombinationen von Darstellungstypen wählten.

Die Tabelle Abb. 98 zeigt bemerkenswerte Trends. Man kann zunächst "niedrigere" Darstellungstypen (Nacherzählung, szenische Darstellung, Stadienbild, Funktionsgraphen) identifizieren, die beim Nachtest im Wesentlichen nur dann gewählt wurden, wenn sie auch beim Vortest gewählt worden waren. Von den 15 Schülern, die beim Vortest eine szenische Darstellung wählten, blieben vier auch beim Nachtest dabei. Zehn dieser Schüler jedoch wechselten gleich zu einem Netzdiagramm. Von den fünf Schülern mit einer Nacherzählung beim Vortest wechselten vier zu einem Wirkungs- oder Netzdiagramm. Auch die Hälfte der sechs Schüler, die beim Vortest einen Funktionsgraphen zeichneten, wechselten zu einem Netzdiagramm. Am "stabilsten" erwiesen sich noch die Schüler, die beim Vortest ein Baumdiagramm zeichneten. Immerhin fünf von den acht blieben dabei, der Rest wechselte wiederum zu einer Wirkungs- bzw. Netzdiagrammdarstellung. Von den 18 Schülern, die beim Vortest ein lineares Wirkungsdiagramm zeichneten, wechselten 15 beim Nachtest zu einem Netzdiagramm. Fast alle Schüler, die beim Vortest ein Wirkungsdiagramm zeichneten, erstellten beim Nachtest wieder ein Wirkungs- oder Netzdiagramm. Generell gilt: Wer bereits beim Vortest eine der "höheren" Darstellungstypen (Baumdiagramm, Lineares Wirkungsdiagramm, Wirkungsdiagramm, Netzdiagramm) verwendete, wechselte beim Nachtest nicht mehr zu einem niedrigeren Darstellungstyp. Insgesamt am auffälligsten bleibt jedoch der hochsignifikante Wechsel hin zu Netzdiagrammen beim Nachtest – und zwar weitestgehend unabhängig davon, welcher Diagrammtyp beim Vortest gewählt worden ist.

		VORTEST (Hilu-Aufgabe)									
		So	Na	Sz	St	Fu	Ba	LW	Wi	Ne	Gesamt
NACHTEST Mori-Aufg.	So	1	1								2 (2%)
	Na										0 (0%)
	Sz	2		4							6 (5%)
	St				1						1 (1%)
	Fu					3					3 (2%)
	Ba						5		3		8 (7%)
	LW	1			1			1		1	4 (3%)
	Wi	1	1	1	2		1	2	11	4	23 (19%)
	Ne	2	3	10	3	3	2	15	21	16	75 (62%)
	Ges.	7 (6%)	5 (4%)	15 (12%)	7 (6%)	6 (5%)	8 (7%)	18 (15%)	35 (29%)	21 (17%)	122 (100%)

Na: Nacherzählung	Fu: Funktionsgraph	Wi: Wirkungsdiagramm
Sz: Szenische Darstellung	Ba: Baumdiagramm	Ne: Netzdiagramm
St: Stadienbild	LW: Lin. Wirkungsdiag.	So: sonstige Darstellung

Abb. 98 Darstellungstypen Hilu- und Mori-Aufgabe

Von den Schülern, die beim Vortest Nacherzählungen, lineare Wirkungsdiagramme oder sonstige Darstellungen wählten, wechselten beim Nachtest fast alle die Darstellungsform. Die höchsten Anteile an Schülern mit gleichen Darstellungsformen bei Hilu- und Mori-Aufgabe finden sich bei den Schülern, die Netzdiagramme (76%) oder Baumdiagramme (63%) zeichneten. Insgesamt war das Netzdiagramm der einzige Darstellungstyp, der beim Nachtest häufiger gezeichnet wurde als beim Vortest: Die Anzahl wuchs gleich um das 3,5-fache! Die Zahl der Baumdiagramme blieb gleich, die Zahl der Wirkungsdiagramme ging um ca. ein Drittel zurück. Alle anderen Diagrammtypen gingen wenigstens um die Hälfte zurück.

Zwischen dem Bildtyp bei der Mori-Aufgabe und dem Alter, dem Geschlecht und Mathematiknote konnte keinerlei signifikanter Zusammenhang nachgewiesen werden.

Wesentlich interessanter ist jedoch die Aufschlüsselung des Bildtyps bei der Mori-Aufgabe nach dem unterrichtenden Lehrer (Abb. 99). Hier zeigt sich etwa, dass alle Schüler, die beim Nachtest noch szenische Darstellungen zeichneten, aus der Klasse W kamen. In der Klasse W waren die Darstellungstypen beim Nachtest überhaupt sehr ähnlich verteilt wie beim Vortest.

In allen anderen Klassen ergaben sich durch die Ausbildung deutliche Verschiebungen hin zur Verwendung von Netzdiagrammen (vgl. Abb. 99). Am stärksten weicht die Verteilung der Darstellungstypen in den Klassen S und P ab. In beiden Klassen wechselten fast alle Schüler zu Netzdiagrammen, während es beim Vortest nur jeweils zwei von 21 bzw. 18 Schülern waren, die Netzdiagramme zeichneten. Auch beim Lehrer der Klassen G und K ist ein massiver Trend hin zu Netzdiagrammen zu beobachten; etwas schwächer – aber noch immer deutlich sichtbar war dieser Effekt auch in den Klassen D und F.

	Anzahl Schüler Nachtest (Vortest) in Klasse ...						
	D	**F**	**G,K**	**P**	**S**	**W**	**Gesamt**
Funktionsgraph	0 (0)	0 (1)	2 (3)	1 (2)	0 (0)	0 (0)	3 (6)
Szene	0 (0)	0 (1)	0 (2)	0 (1)	0 (6)	**6 (5)**	6 (15)
Stadienbild	1 (2)	0 (1)	0 (1)	0 (0)	0 (1)	0 (2)	1 (7)
lineares	0 (1)	2 (2)	0 (3)	0 (3)	0 (8)	2 (1)	4 (18)
Baumdiagramm	1 (1)	4 (4)	1 (1)	0 (1)	0 (0)	2 (1)	8 (8)
Wirkungsdiagramm	2 (5)	8 (10)	5 (7)	2 (6)	1 (3)	5 (4)	23 (35)
Netzdiagramm	12	10 (5)	**16 (5)**	**15 (2)**	**20 (2)**	2 (2)	75 (21)
sonstige	1 (3)	0 (0)	0 (2)	0 (1)	0 (1)	1 (2)	2 (9)
Gesamt	17	24	24	18	21	18	122

Abb. 99 Bildtyp Nachtest (Vortest) – nach Lehrer

Insgesamt kann gesagt werden, dass der Unterricht den bei der Mori-Aufgabe gewählten Bildtyp sehr deutlich beeinflusste.

5.8.2 Vernetzungsindex und Komplexitätsindex Hilu/Mori-Aufgaben

Der Vernetzungs- und der Komplexitätsindex der Darstellungen zur Hilu- bzw. Mori-Aufgabe waren beim Nachtest beide signifikant höher als beim Vortest (vgl. Abb. 100). Bei beiden Indizes war dabei der Leistungszuwachs der Burschen im Mittel etwas größer als jener der Mädchen (Vernetzungsindex: Burschen: +0,83 gegenüber +0,59 bei den Mädchen; beim Komplexitätsindex: +2,4 bei den Burschen gegenüber +1,8 bei den Mädchen).

Beim Nachtest waren die Leistungen von Burschen und Mädchen nicht mehr signifikant verschieden. Beim Vernetzungsindex war der Leistungszuwachs der Schüler ohne Computererfahrung deutlich höher als jener von den Schülern, die bereits vor Beginn des Unterrichts Computererfahrung hatten. War beim Vortest der Vernetzungsindex der Schüler mit Computererfahrung mit 1,50 etwas höher als jener der Schüler ohne Computererfahrung mit 1,40, so war dies mit 2,07 gegen 2,18 beim Nachtest genau umgekehrt. Beim Komplexitätsindex war der Zuwachs an Komplexität bei beiden Gruppen hingegen gleich groß. Man kann dieses Ergebnis dahingehend interpretieren, dass der Unterricht die beim Vortest festellbaren Leistungsunterschiede zugunsten der "Computerfreaks" keinesfalls vergrößert, sondern tendenziell eher verringert hat.

Gruppe		Anz. (dav. %w)	Ø V_Idx NT (VT)	Ø K_Idx NT (VT)
alle Schüler		122 (60%)	2,14 (1,45)	11,6 (9,6)
	davon männlich	49 (0%)	**2,25 (1,42)**	11,2 (8,8)
	davon weiblich	73 (100%)	2,06 (1,47)	11,9 (10,1)
davon mit Comp.Erf.:	**ja**	50 (52%)	2,07 (1,50)	11,8 (9,8)
	nein	72 (65%)	**2,18 (1,40)**	11,5 (9,4)
davon M-Note:	**1**	18 (72%)	2,34 (1,72)	13,0 (12,4)
	2	36 (69%)	1,96 (1,44)	11,4 (10,3)
	3	41 (63%)	2,24 (1,43)	11,6 (8,4)
	4	20 (30%)	2,06 (1,15)	11,1 (8,3)
davon Alter:	**15**	28 (46%)	2,48 (1,64)	11,9 (11,7)
	16	19 (79%)	2,32 (1,46)	12,2 (8,9)
	17	17 (41%)	1,83 (1,29)	9,5 (6,9)
	18	33 (55%)	2,05 (1,37)	10,9 (9,4)
	19	15 (87%)	1,91 (1,33)	12,2 (7,7)
davon Lehrer:	**D**	17 (82%)	2,15 (1,70)	13,1 (11,4)
	F	24 (50%)	2,00 (1,67)	12,8 (14,0)
	G,K	24 (75%)	2,11 (1,45)	12,4 (10,0)
	P	18 (22%)	**2,50 (1,39)**	**14,2 (7,3)**
	S	21 (57%)	**2,83 (1,39)**	**10,1 (6,5)**
	W	18 (72%)	1,17 (1,02)	6,8 (7,2)

Fettdruck: signifikante (95%) Veränderung gegenüber Vortest

Abb. 100 Vernetzungsindex und Komplexitätsindex: Hilu/Mori-Aufgabe im Vergleich

Bei der Differenzierung nach Mathematiknote waren sowohl beim Vernetzungs- als auch beim Komplexitätsindex die Leistungsunterschiede beim Nachtest wesentlich geringer als beim Vortest. Während beim Vortest noch eine gewisse Tendenz zu erkennen war, dass bessere Schüler auch einen besseren Vernetzungs- bzw. Komplexitätsindex aufweisen, ist beim Nachtest eine derartige Tendenz kaum mehr zu bemerken (vielleicht abgesehen vom etwas höheren Komplexitätsindex der "sehr guten" Schüler). Auch hier scheinen die Unterrichtsprojekte eher die Schüler am unteren Ende der Notenskala mehr gefördert zu haben. Die Differenzierung nach dem Alter brachte das bemerkenswerte Resultat, dass die 15- und 16-jährigen Schüler die größten Zuwächse beim Vernetzungsindex erzielten, obwohl sie bereits beim Vortest einen höheren Vernetzungsindex erreichten als die älteren. Beim Komplexitätsindex ist die Variabilität zwischen den Altersgruppen beim Nachtest wesentlich geringer als beim Vortest.

Bei der Aufgliederung nach dem *unterrichtenden Lehrer* fallen die Klassen P und S durch sehr große Zuwächse sowohl beim Vernetzungs- als auch beim Komplexitätsindex auf. Dies ist der nummerische Ausdruck dafür, dass die Schüler in diesen Klassen am konsequentesten hin zu Netzdiagrammen gewechselt haben. In jeder Hinsicht Schlusslicht ist hingegen bei beiden Indizes die Klasse W. Zu den miserablen Werten beim Vortest kam ein de-facto Nullzuwachs bis zum Nachtest. In den anderen Klassen konnten bei beiden Indizes annehmbare Zuwächse erreicht werden – mit Ausnahme des Komplexitätsindex in der Klasse F, der dort bereits beim Vortest den unglaublich hohen Mittelwert 14,0 erreichte[99]. Insgesamt ist bei beiden Indizes die Variabilität zwischen den Klassen beim Nachtest größer als beim Vortest. Dies steht in bemerkenswertem Gegensatz zu der Beobachtung, dass Differenzierungen hinsichtlich Computererfahrung oder Mathematiknote durch denselben Unterricht eher egalisiert wurden.

5.8.3 "Was-wäre-wenn?" - Fragen Hilu/Mori-Aufgaben

Abb. 101 zeigt das Antwortverhalten bei den "Was-wäre-wenn?"-Fragen beim Nachtest. Zu Vergleichszwecken ist auch angegeben, wie viel Prozent aller Schüler die betreffende Antwort beim Vortest (VT) bzw. bei beiden Untersuchungen angekreuzt haben.

Bei *Frage 1* (Wie wirkt sich eine verstärkte Düngung und Vogelscheuchen gegen die Kleinkrebse fressenden Wasservögel auf die Zahl der Fische aus?) steigt der Anteil der Antworten (a) (Der Fischbestand wird zunehmen) von 30 auf 51%, während die Anteile der qualitativ höherwertigen Antworten (c) (Der Fischbestand wird gleichbleiben) und (d) (Der Fischbestand kann zunehmen, gleichbleiben oder auch abnehmen) beide zurückgingen.

Bei *Frage 2* (Wie wirken sich speziell gezüchtete Kleinkrebse, die sich schneller vermehren, auf die Schwarzalgen aus?) war das Antwortverhalten beim Nachtest dem beim Vortest sehr ähnlich. Lediglich der Anteil der Schüler, die Antwort (e) gaben (Die neuen Kleinkrebse haben keinerlei Einfluss auf die Zahl der Algen) lag beim Nachtest mit 26% deutlich höher als der auf die analoge Frage beim Vortest. Die meisten dieser Schüler begründeten dies damit, dass im Ausgangstext stehe, dass die Algen bei einer hohen Zahl an Kleinkrebsen genauso gut wachsen wie bei einer geringen Zahl von Kleinkrebsen.

[99] Dies könnte an dem Unterricht liegen, den die Schüler unmittelbar vor dem Vortest erhielten. Es lässt sich aus den mir vorliegenden Aufzeichnungen nicht schlüssig nachweisen, dass vor dem Vortest tatsächlich nur "normaler" Unterricht stattgefunden hat.

Antw.	Frage 1 NT (VT / beide)	Frage 2 NT (VT / beide)	Frage 3 NT (VT / beide)	Frage 4 NT (VT / beide)
leer	1% (0% / 0%)	0% (1% / 0%)	2% (0% / 0%)	0% (2% / 0%)
(a)	51% (30% / 21%)	57% (61% / 41%)	11% (15% / 3%)	39% (23% /11%)
(b)	13% (16% / 6%)	5% (4% / 0%)	5% (8% / 1%)	12% (37% / 7%)
(c)	18% (33% / 11%)	8%(9% / 1%)	45% (38% / 25%)	40% (30% /12%)
(d)	15% (21% / 7%)	3% (7% / 1%)	37% (39% / 20%)	8% (7% / 1%)
(e)	2% (0% / 0%)	26% (18% / 10%)	—	1% (1% / 0%)
Ges.	100% (100% /45%)	100% (100% /52%)	100%(100%/48%)	100%(100% /31%)

Die Prozentsätze beziehen sich jeweils auf alle Befragten (N=122)

Abb. 101 "Was-wäre-wenn?"-Fragen; Hilu- und Mori-Aufgabe

Bei *Frage 3* (Was sollen die Moris gegen eine bevorstehende Invasion durch Schwarzalgen tun?) sind die Antworten beim Nachtest etwa gleich verteilt wie beim Vortest. Die geschlechtsspezifische Komponente bei den Antworten (a) (Düngung sofort einstellen) und (b) (Schnellstmöglich AlgenEx besorgen), die beim Vortest beobachtet werden konnte, war beim Nachtest nicht mehr festzustellen. Über Erklärungen für dieses Phänomen kann man wohl nur spekulieren.

Bei *Frage 4* haben beim Nachtest nur mehr 12% der Schüler die hochwertige Antwort (b) (Der Fischbestand wird kurzfristig zunehmen, langfristig aber stark abnehmen) angekreuzt. Bei der Analyse der Begründungen zeigte sich, dass beim Vortest viele Schüler Antwort (b) damit begründeten, dass die Rinder sich bei mäßiger Bewässerung nicht auf Dauer vermehren können. Dem gegenüber wurde beim Nachtest nur von sehr wenigen Schülern gesehen, dass ein zunehmender Fischbestand dazu führen kann, dass die Nahrungsressourcen der Fische, die Kleinkrebse, aufgebraucht werden und damit die Gefahr besteht, dass die Fische ihren eigenen Laich fressen und sich damit selbst langfristig dezimieren. Es ist hier durchaus vorstellbar, dass dieser Effekt an der Art der Einkleidung liegt und sich die Schüler eine Überweidung durch Rinder leichter vorstellen können als eine formal äquivalente "Überweidung" der Kleinkrebse in den Fischteichen durch zu viele Fische.

Bei den Fragen 1 bis 3 haben jeweils ca. die Hälfte der Schüler beim Vor- und Nachtest dieselbe Antwort angekreuzt, bei Frage 4 ca. ein Drittel.

Insgesamt lassen die Antworten auf die "Was-wäre-wenn?"-Fragen beim Nachtest keine Tendenz zu eher höherwertigen Antworten hin erkennen. Überwiegend war das Antwortverhalten beim Nachtest in etwa gleich wie beim Vortest; zum Teil wurden beim Vortest sogar mehr höherwertige Antworten gegeben als beim Nachtest. Es gelang mir auch nicht, aus den Begründungen der Antworten eine plausible Erklärung für dieses Phänomen zu erhalten. Man kann zwar spekulieren, dass dies an den Einkleidungen der Fragen liegen könnte, aber auch dafür liegen keine schlüssigen Indizien vor.

Auch die ergänzenden Recherchen, ob es bestimmte Zusammenhänge zwischen dem Antwortverhalten auf die "Was-wäre-wenn?"-Fragen und dem Geschlecht, der Klasse oder der Computervorerfahrung gäbe, führten zu keinerlei nennenswerten Resultaten. Insgesamt muss man somit wohl nüchtern resümieren, dass dieser Teil der Untersuchung wenig ertragreich war.

Gruppe		Anzahl (davon %w)	Ø V_Idx NT (VT)	Ø K_Idx NT (VT)
alle Schüler		122 (60%)	1,78 (1,52)	15,5 (14,2)
davon mit Comp.Erf.:	ja	50 (52%)	1,83 (1,51)	15,1 (13,5)
	nein	72 (65%)	1,75 (1,53)	15,8 (14,7)
davon M-Note:	1	18 (72%)	1,88 (1,75)	18,2 (15,1)
	2	36 (69%)	1,77 (1,42)	14,9 (13,4)
	3	41 (63%)	1,81 (1,51)	15,4 (14,3)
	4	20 (30%)	1,72 (1,58)	15,1 (15,3)
davon Alter:	15	28 (46%)	1,95 (1,56)	15,8 (14,9)
	16	19 (79%)	1,65 (1,41)	16,7 (13,3)
	17	17 (41%)	1,68 (1,28)	13,6 (11,2)
	18	33 (55%)	1,74 (1,57)	15,0 (15,1)
	10	15 (07%)	1,74 (1,74)	16,6 (15,4)
davon Lehrer:	D	17 (82%)	1,75 (1,59)	15,1 (13,8)
	F	24 (50%)	**1,94 (1,45)**	**17,5 (14,5)**
	G,K	24 (75%)	1,89 (1,73)	18,3 (17,5)
	P	18 (22%)	1,72 (1,46)	15,7 (13,6)
	S	21 (57%)	1,79 (1,54)	13,6 (13,6)
	W	18 (72%)	1,47 (1,30)	11,5 (11,3)

Abb. 102 Vernetzungs- und Komplexitätsindex Argumente-Gegenargumente-Aufgaben

5.8.4 Argumente und Gegenargumente-Aufgaben

Für die Argumente-Gegenargumente-Aufgaben wurden primär der Vernetzungs- und der Komplexitätsindex der beiden Tests verglichen. Abb. 102 bietet einen Gesamtüberblick. Über alle Schüler betrachtet sind die Zuwächse sowohl beim Vernetzungsindex als auch beim Komplexitätsindex kleiner als dies beim Hilu/Mori-Aufgabentyp der Fall war. Dennoch gab es (trotz z. T. sehr guter Leistungen bereits beim Vortest) nicht den bei Klieme/Maichle (1994) festgestellten "Deckeneffekt" (vgl. 4.3.2).

Das spektakulärste Detailresultat bei den Argumente-Gegenargumente-Aufgaben ist die frappante Steigerung bei beiden Indizes in Klasse F, vor allem beim Vernetzungsindex. Mit Ausnahme von Klasse W waren in fast allen Klassen bei beiden Indizes wenigstens moderate Verbesserungen gegenüber dem Vortest festzustellen. Die einzige Ausnahme bildet dabei der Komplexitätsindex in Klasse S, der beim Nachtest gegenüber dem (eher schwachen) Stand von 13,6 beim Vortest gleich blieb. Allerdings bleibt dieses Phänomen jedoch noch deutlich innerhalb der bei solchen Untersuchungen unvermeidlichen Zufallsschwankungen, so dass kein besonderer Erklärungsbedarf besteht.

5.9 Zusammenfassung

Abschließend möchte ich die wesentlichen Ergebnisse der Studie *Entwicklung vernetzten Denkens* noch einmal zusammenfassend würdigen. Die Gliederung erfolgt dabei entlang der in 5.1.1 genannten Ziele.

5.9.1 Messung systemischen Denkens

Die Frage, wie man die Entwicklung systemischen Denkens überhaupt unter schulpraktischen Rahmenbedingungen messen kann, war eine der Hauptherausforderungen der gesamten Studie. In den Studien von Klieme und Maichle (1991, 1994) gab es zwar generell brauchbare Vorbilder, die aber in einzelnen Aspekten gewisse konzeptuelle Schwächen aufwiesen ("Deckeneffekt" bei mehreren Teilfragen, die problematische Unterscheidung von determinierten und nichtdeterminierte Systemfragen bei der Hilu-Aufgabe).

Die Beschränkung der schriftlichen Untersuchung auf einen einstündigen Vor- und Nachtest "mit Papier und Bleistift" hat sich in der Praxis sehr bewährt. Auch die gegenüber den Vorgängerstudien deutlich höhere Komplexität der Hilu- bzw. Moriaufgabe erwies sich als günstig und notwendig, um die bei den früheren Studien beobachteten Deckeneffekte zu vermeiden; eventuell könnte man sogar noch schwierigere Texte geben. Die Darstellungsaufgabe zum Hilu/Mori-Beispiel lieferte auch die inhaltlich interessantesten Ergebnisse zur Entwicklung systemischen Denkens. Weniger ertragreich waren die "Was-wäre-wenn"?-Aufgaben beim Hilu/Mori-Beispiel. Sowohl der Vortest als auch der Vergleich Vortest-Nachtest brachten hier nur enttäuschend wenig interessante Resultate.

Bei der Klassifikation der Darstellungstypen der Hilu- bzw. Mori-Aufgaben hat sich die strenge Definition und Auszählung unterschiedlicher Darstellungselemente (*Bezeichnungen, Icons, Pfeile* usw.) sehr bewährt. Es konnten auf diese Weise ca. 95% aller Darstellungen eindeutig einer bestimmten Kategorie zugeordnet werden und auch für die wenigen Restfälle war eine Zuordnung einigermaßen schlüssig möglich.

Die Argumente-Gegenargumente-Aufgaben wurden (anders als in der Studie Klieme/Maichle 1994) mit Erfolg mit Hilfe eines Vernetzungs- und Komplexitätsindex ausgewertet. Beide Indizes zeigten schon beim Vortest einen recht hohen Leistungsstandard, der jedoch beim Nachtest in den meisten Klassen noch übertroffen wurde. Die Zeichenaufgabe beim Argumente-Gegenargumente-Beispiel konnte jedoch nicht vernünftig ausgewertet werden, weil bei beiden Tests zu viele Schüler gar keine Zeichnung erstellten.

Zu den bemerkenswerten Ergebnissen zählt auch, dass sowohl beim Vortest als auch beim Nachtest die vier Messgrößen *Vernetzungs- und Komplexitätsindex der Hilu/Mori-Aufgabe* sowie *Vernetzungs- und Komplexitätsindex der Argumente-Gegenargumente-Aufgabe* in keinerlei Weise irgendwie miteinander korrelierten. Man darf daher davon ausgehen, dass Vernetzungsindex und Komplexitätsindex zwei essenziell verschiedene Maße und die Hilu/Mori-Aufgabe und Argumente-Gegenargumente-Aufgabe zwei essenziell verschiedene Aufgabenstellungen sind. Hinsichtlich der Beurteilung, was nun ein bestimmter Wert auf einer dieser Skalen bedeutet, erscheint mir beim gegenwärtigen Stand der Forschung jedoch noch Zurückhaltung angebracht. Ich möchte mich hier auf die vorsichtige Aussage beschränken, dass die vier Indizes insgesamt einen gewissen Teil systemischer Denk- und Darstellungsfähigkeiten zu erfassen imstande sind[100].

5.9.2 Systemische Denk- und Darstellungskompetenzen beim Vortest

Die Darstellungsaufgabe zum Hilu-Beispiel zeigte eine breite Streuung an Darstellungstypen, wobei immerhin 56 von 122 Schülern bereits beim Vortest ein Wirkungsdiagramm oder Netzdiagramm zeichneten. Insgesamt entsprach die Verteilung der Darstellungstypen in etwa der Verteilung, die auch Klieme und Maichle (1994) bei ihrem Vortest festgestellt haben. Hypothesen, dass der Typ des zur Hilu-Aufgabe gezeichneten Diagramms vom Geschlecht, vom Alter oder von der Computer-Vorerfahrung abhängt, konnten nicht wirklich signifikant erhärtet werden. Sehr wohl konnte jedoch ein Zusammenhang zwischen dem Darstellungstyp beim Vortest und der Variable "Lehrer" festgestellt werden. In zwei

---

[100] Für eine genauere Klärung dieser Frage wären wohl weitere Untersuchungen, die vornehmlich das *Messwerkzeug* (und weniger die unterrichteten Schüler) als Untersuchungsgegenstand haben müssten, erforderlich.

Klassen zeichneten beim Vortest jeweils fast 30% der Schüler szenische Darstellungen; in den anderen Klassen waren es null bis zwei Schüler. Auch der durchschnittliche Komplexitäts- und Vernetzungsindex der Darstellungen variierte am stärksten in Abhängigkeit von der Variable "Lehrer"; die beiden Indizes waren auch für Schüler mit Mathematiknote *sehr gut* signifikant besser als dies durch bloße Zufallsschwankungen zu erwarten war.

Auch beim Vernetzungs- und Komplexitätsindex der Argumente-Gegenargumente-Aufgabe ergab sich die deutlichste Variabilität entlang der Variable "Lehrer". Beim durchschnittlichen Vernetzungsindex war auch eine geschlechtsspezifische Komponente festzustellen: Der mittlere Vernetzungsindex der Mädchen lag mit 1,45 signifikant unter dem Gesamtschnitt von 1,52; bei den Burschen mit Mathematiknote *sehr gut* war der Vernetzungsindex mit 2,13 außergewöhnlich hoch.

5.9.3 Entwicklung systemischen Denkens durch Systemdynamikunterricht

Beim Vergleich zwischen Vor- und Nachtest kann generell eine erfreuliche Entwicklung der Leistungsparameter festgestellt werden. Jedenfalls ist dies in viel höherem Maße gelungen, als dies Klieme und Maichle (1994) berichten konnten. Dies hat vermutlich drei Bündel von Gründen:

1) Es konnten die in der Studie Klieme/Maichle massiv auftretenden "Deckeneffekte", dass die Schüler schon beim Vortest mit ihren Leistungen nahe am möglichen Maximum liegen und daher keine Steigerung mehr gemessen werden kann, durch eine kompliziertere Struktur beim Hilu/Mori-Beispiel sowie durch eine realistischere Auswertungsmethode bei der Argumente-Gegenargumente-Aufgabe vermieden werden.

2) Das offene Unterrichtsdesign und die Verwendung von POWERSIM statt MODUS erlaubten vermutlich eine motivierendere Lernatmosphäre, als dies bei dem etwas starren und rigiden Unterrichtskonzept der Klieme/Maichle-Studie möglich war.

3) Die Lehrer bekamen in der Einführungswoche möglicherweise eine bessere Einschulung in die Grundideen systemischen Denkens und der systemdynamischen Modellierung als dies in der Klieme/Maichle-Studie der Fall war.

Besonders augenfällig zeigte sich der Lerngewinn in der Art, wie die Schüler beim Nachtest die Mori-Aufgabe in ein Diagramm umsetzen. Fast zwei Drittel aller Schüler zeichnen nun ein Netzdiagramm mit Rückkoppelungen, gegenüber nur 17% beim Vortest. Auch beim Vernetzungs- und Komplexitätsindex zu beiden

Aufgaben gibt es beim Nachtest bei den meisten Schülern bessere Resultate als beim Vortest. Interessanterweise korreliert das Ausmaß dieser Zuwächse mit keiner der Variablen "Alter", "Geschlecht","Mathematiknote", "Computervorerfahrung" oder auch mit der "Leistung beim Vortest" in nennenswerter Weise. Die einzige wirklich hochsignifikant erklärende Variable ist der Lehrer.

5.9.4 Systemdynamische Modellbildung im Mathematikunterricht

Bringt man die Ergebnisse der Studie *Entwicklung vernetzten Denkens* auf den Punkt, so gibt es ein Resultat, das alle anderen Ergebnisse deutlich an Wichtigkeit übertrifft:

Der unterrichtende Lehrer ist bei weitem der wichtigste Faktor bei der Erklärung unterschiedlicher Lernerfolge. Das Geschlecht, das Alter, die Mathematiknote, die Computererfahrung oder auch die regionale Herkunft haben dem gegenüber einen weit untergeordneten Stellenwert.

Dieses Resultat ist insofern besonders bemerkenswert, als es bei der Konzeption der Studie *Entwicklung vernetzten Denkens* das Kriterium "unterrichtender Lehrer" gar nicht so sehr im Vordergrund stand. Ich bin vielmehr davon ausgegangen, dass doch auch ganz wesentlich schülerspezifische Variable (Alter, mathematische Leistungsfähigkeit, Computervorerfahrung, usw.) unterschiedliche Leistungszuwächse bei den Tests determinieren.

Wenn man allerdings berücksichtigt, dass das konkrete Unterrichtsdesign bei der vorliegenden Studie in sehr hohem Maße in direkter Verantwortung des Lehrers lag, dann ist dieses Ergebnis nicht mehr so überraschend. Zieht man die Unterschiedlichkeit der einzelnen Unterrichtskonzepte in Betracht (vgl. 2), dann mutiert das zunächst Unerwartete tendenziell zu einem logischen, ja fast zwingenden Resultat. Man ist geneigt, folgend zu argumentieren: Wenn derart unterschiedlich unterrichtet wird, dann *müssen* die Ergebnisse ja auch unterschiedlich ausfallen. Am wenigsten überraschend ist dabei noch, dass das sechsstündige Pseudoprojekt in Klasse W (siehe S. 190) ohne messbaren Lernerfolg blieb. Für mich schon wesentlich überraschender war, dass die stärker projektorientierten Ansätze in den Klassen D, F und S gegenüber dem sehr konventionell und straff organisierten Unterricht in Klasse P keineswegs bessere Testergebnisse brachten – im Gegenteil: Bei fast allen Parametern lag die Leistungsentwicklung von Klasse P im absoluten Spitzenfeld.

Zu den wesentlichen Konsequenzen der Studie *Entwicklung vernetzten Denkens* gehört wohl, dass man in der empirischen mathematikdidaktischen Forschungs-

und Entwicklungsarbeit der Variable "Lehrer" einen höheren Stellenwert einräumen wird müssen, als dies derzeit vielfach geschieht. Rückblickend erscheint es mir problematisch, wenn man sich in der mathematikdidaktischen Forschung quasi nur auf mathematisch-inhaltliche Aspekte konzentriert und gleichzeitig die Lehrer-bezogene Dimension nach dem Motto: "Das ist Sache der Pädagogik, nicht der Fachdidaktik Mathematik" praktisch gänzlich ausblendet. Dies ist hier in erster Linie durchaus auch selbstkritisch gemeint, weil ich beim Design der vorliegenden Studie die Variable "Lehrer" keineswegs besonders im Blickfeld hatte. Dass in dieser Studie sechs Lehrer mit je einer Klasse (in einem Fall mit zwei Klassen) und nicht etwa zwei Lehrer mit je drei Klassen arbeiteten, kam mehr zufällig als bewusst geplant zustande. Jedenfalls habe ich in dieser Studie persönlich zum ersten Mal den Lehrer quasi als Gegenstand mathematikdidaktischer Forschung "entdeckt".

Inwieweit haben nun die Schüler in dem Systemdynamikunterricht systemisch denken gelernt? Zur Beantwortung dieser Frage wurden in der vorliegenden Studie eine Reihe von empirischen Messwerkzeugen entwickelt, mit denen sich dann durchaus gewisse Verbesserungen empirisch feststellen ließen. Ob die Leistungsentwicklung in den einzelnen Klassen oder auch insgesamt nun als besonders großartig oder nur als mittelmäßig oder gar als unbedeutend einzustufen ist, kann durch diese Studie allein nicht wirklich seriös beurteilt werden. Bei sechs der sieben mitwirkenden Klassen war ein mehr oder weniger großer Fortschritt jedenfalls praktisch messbar – und das darf man wohl schon als einen konkreten Erfolg der mitwirkenden Lehrer und auch der vorliegenden Studie werten.

5.10 Schlussfolgerungen

Aus der Studie *Entwicklung vernetzten Denkens* können Schlussfolgerungen auf verschiedenen Ebenen gezogen werden:
(1) beim praktischen Unterricht zur Förderung systemischen Denkens
(2) auf der Ebene systemdynamischer Modellbildung und Simulation im Unterricht
(3) hinsichtlich des schulischen Einsatzes von Systemdynamiksoftware
(4) im Bezug auf Lehrerfortbildung und Unterrichtsmaterialien
(5) auf der Ebene mathematikdidaktischer Forschung.

5.10.1 Konsequenzen für die Förderung systemischen Denkens im Unterricht

Die Studie zeigte ganz deutlich, dass diejenigen Lehrer die besten Lernerfolge (im Hinblick auf die in der Studie *Entwicklung vernetzten Denkens* verwendeten Instrumente zur Messung systemischen Denkens) erzielten, die einerseits selbst ein gewisses Faible für systemisches Denken entwickelten und die andererseits auch am konsequentesten versuchten, systemische Sachzusammenhänge zum Unterrichtsthema zu machen. Dabei war für den Erfolg weder die Frage der Projektorientierung (in Klasse P brachte "herkömmlicher" Unterricht sehr gute Erfolge) noch die Intensität des Computereinsatzes (in Klasse F erzielten die Schüler ungeachtet des nur sehr bescheidenen Einsatzes von POWERSIM z. T. erstaunliche Resultate) der wirklich maßgebliche Faktor. Sehr wohl bedeutsam war hingegen die *Dauer des systemorientierten Unterrichtsvorhabens*. Besonders bewährt hat sich der fächerübergreifende Ansatz in Klasse P (wo nach einer gemeinsamen Phase das Projekt in den Fächern Mathematik und Physik parallel weitergeführt und damit problemlos eine Gesamtzahl von 30 Projektstunden erreicht wurde). Negativbeispiel war der Unterricht in Klasse W, wo ein chaotisches Projektdesign über 6 Stunden keinerlei messbare Erfolge zeigte. Insgesamt darf man aus den vorliegenden Praxiserfahrungen wohl den Schluss ziehen, dass die Entwicklung systemischen Denkens nur dann eine realistische Entfaltungschance hat, wenn sie nicht nur auf ein paar isolierte Unterrichtsstunden beschränkt bleibt, sondern quasi als *leitendes Unterrichtsprinzip für eine längere Phase* gesehen wird (wie dies vor allem die Lehrer in den Klassen S und F mit Erfolg realisiert haben).

Ein wesentlicher Erfolgsfaktor scheint das Üben im *Umgang mit systemischen Darstellungsformen* (Wirkungsdiagrammen, Flussdiagrammen) zu sein. Zumindest zeigen die Ergebnisse recht deutlich, dass in den Klassen, in denen mit diesen Darstellungsformen gearbeitet wurde, die Schüler diese dann bei einer Aufgabe des Hilu/Mori-Typs ganz selbstverständlich und kompetent einsetzen, obwohl Aufgaben des Hilu/Mori-Typs (nach meinem Wissensstand) in keiner der Klassen explizit geübt worden sind[101]. Vermutlich könnte eine explizite Thematisierung solcher Aufgaben im Unterricht (auch mit offenen Fragestellungen vom Typ der *Was-wäre-wenn?*-Aufgaben) noch wesentlich effizienter dazu beitragen, gewisse Elemente systemischen Denkens zu entwickeln.

---

[101] In der Einschulung wurde bewusst vermieden, die Lehrer mit den Hilu/Mori-Aufgaben von Klieme/Maichle (1991) bzw. Ossimitz (1994e) zu konfrontieren.

5.10.2 Systemdynamische Modellbildung im Unterricht

Die Ergebnisse zur Frage "Inwieweit fördert systemdynamische Modellbildung systemisches Denken?" lassen sich wie folgt auf den Punkt bringen: Quantitative systemdynamische Modellbildung und Simulation erwies sich hinsichtlich der Entwicklung systemischen Denkens weder als besonders hinderlich noch als übertrieben förderlich. Der entscheidende Faktor war die Motivation, mit der die systemische Modellbildung betrieben wurde: Während die Lehrerin in Klasse P ihren Systemdynamik-Unterricht mit einem gewissen Anspruch auf das Entwickeln eines grundlegenden Verständnisses von Systemen verband (und die Lernerfolge dieser Klasse zu den Besten gehörten), bewirkte in Klasse D der mehr auf das praktische Durchspielen von möglichst "angewandten" Simulationsmodellen ausgerichtete Ansatz einen deutlich bescheideneren Lernzuwachs. Auch die besondere Computerbegeisterung beim Lehrer der Klassen G und K brachte (bei einem gleichzeitig inhaltlich wenig ambitionierten Systemdynamikprojekt) nur einen mäßigen Lernerfolg der Schüler; während das konsequente "Systemdenkertum" des Lehrers der Klasse F bei diesen Schülern ungeachtet des nicht unbedingt systemdynamisch ausgerichteten Unterrichts zumindest in Teilbereichen des Tests beachtliche Lernerfolge brachte.

5.10.3 Einsatz von Systemdynamiksoftware

Zu den herausragendsten Ergebnissen der Studie *Entwicklung vernetzten Denkens* zählte, wie positiv die Software POWERSIM aufgenommen wurde und wie sehr sie sich im praktischen Einsatz bewährt hat. Weder der beträchtliche Funktionsumfang noch die rein englischsprachige Version machten echte Probleme. Es scheint so, als hätte die gründliche Einführungswoche samt der deutschsprachigen Anleitung (Ossimitz 1994f) diese Probleme ausreichend abgefangen.

Noch bemerkenswerter ist jedoch, dass die Simulationssoftware POWERSIM (im Gegensatz zur Modellierlogik von MODUS) uneingeschränkte Zustimmung und Anerkennung fand. Dieser Befund motiviert, darüber nachzudenken, inwieweit Systemdynamiksoftware neben CAS, Geometriesoftware und Tabellenkalkulationsprogrammen als ein weiterer Typ von Standardsoftware für den Mathematikunterricht etabliert werden könnte. Die didaktischen Überlegungen würden dabei auf jeden Fall den sehr spezifischen Rahmen systemischen Denkens (wie er in dieser Arbeit jedenfalls gegeben war) sprengen und etwa Aspekte des funktionalen Denkens, der mathematischen Modellbildung, der Quantifizierung und nummerischen Simulation sowie den Ansatz *Mathematik als Kommunikationsmittel* (Fischer 1984a) wesentlich stärker in das Zentrum des Interesses rücken.

5.10.4 Unterrichtsmaterialien und Lehrerbildung

Der Anspruch an Lehrer, Materialien für einen Unterricht, der systemisches Denken fördern soll, selbst zu entwickeln, ist sehr hoch. Die Studie hat gezeigt, dass es schon außergewöhnlich engagierter Lehrer bedarf, um ein halbwegs erfolgreiches Unterrichtsvorhaben zustande zu bringen. Man muss in diesem Zusammenhang bedenken, dass es sich bei den am Projekt mitarbeitenden Lehrern ausnahmslos um eine Elite von sich freiwillig besonders engagierenden Lehrern handelte. Um auch einem "normalen" Lehrer hier eine realistische Chance zu bieten, sind *ausgearbeitete didaktische Unterrichtsmaterialien zur Entwicklung systemischen Denkens* dringend erforderlich. So wertvoll und notwendig die Auseinandersetzung des einzelnen Lehrers mit der Frage systemischen Denkens beim Design seines Unterrichts ist, so erscheint eine gewisse Sammlung an unterrichtspraktischen Materialien zur systemdynamischen Modellbildung und zum systemischen Denken äußerst nützlich. Dabei sollte der Grad an unterrichtlicher Aufbereitung auf jeden Fall deutlich höher sein als dies etwa bei den Materialien in Ossimitz (1990a) der Fall ist.

Eine wesentliche Erfordernis erscheint mir dabei zu sein, dass die Materialien nicht zu eng an eine bestimmte Software gekoppelt sind, damit sie nicht das Schicksal der Soester Themenhefte (z. B. Stieglitz et al. 1991, Winkelmann 1992a) zur Modellbildung und Simulation erleiden, die durch ihre enge Bindung an die Software MODUS schon wenige Jahre nach ihrer Einführung wohl eher mehr von historischem Interesse waren. Eine Idee könnte sein, die Materialien so zu gestalten, dass man die inhaltliche Thematik und die softwaremäßige Umsetzung so weit von einander unabhängig hält, dass es möglich ist, zum selben inhaltlichen Teil mehrere verschiedene Softwaremodule quasi anzukoppeln, so dass jemand dasselbe Thema mit DYNASYS, jemand anders mit STELLA und ein dritter Lehrer mit POWERSIM oder VENSIM realisieren kann, wobei stets nur das softwarespezifische Modul auszutauschen wäre. Ein gewisses Problem stellt dabei die im Detail unterschiedliche Syntax der verschiedenen Systemdynamiksoftwareprodukte dar. Am sinnvollsten erscheint es mir, hier eine gewisse Flexibilität zu entwickeln, die dann auch hilft, das Wesentliche einer Notationsform von den schmückenden Beigaben zu unterscheiden.[102]

---

[102] So gibt es beispielsweise bei Flussdiagrammen verschiedenste Varianten, wie Flussgrößen oder Hilfsgrößen dargestellt werden können. In Abb. 21, S. 76 etwa wurden im Bevölkerungsmodell [4] die Kreise bei den Flussgrößen weggelassen, so dass nur mehr die x-förmigen Ventilsymbole bei den Flusspfeilen zu sehen sind. Diese Diagramme wurden mit VENSIM erstellt, das in dieser Hinsicht eine extrem flexible Gestaltung der Symbole bei fixer Modellstruktur erlaubt. – Durch die Arbeit mit VENSIM wird auch rasch klar, dass Fragen des grafischen Designs der Flussdiagramme weitestgehend unabhängig von der logisch-rechnerischen Struktur eines SD-Modells sind.

Jedenfalls wäre die Entwicklung softwareübergreifender Materialien ein entwicklungsdidaktisch interessantes, aber vermutlich auch ein ziemlich anspruchsvolles Unterfangen. Ob Materialien dieser Art sich dann in der Praxis bewähren, wäre in einem weiteren Schritt zu verifizieren.

Die derzeitigen Bemühungen zur Entwicklung systemdynamischer Unterrichtsmaterialien laufen jedoch tendenziell eher in die entgegengesetzte Richtung: sie sind zumeist sehr eng an eine bestimmte Software gekoppelt und werden oft von den Herstellern des jeweiligen Softwareprodukts gepflegt und über das Internet angeboten. Beispielsweise bietet Walter Hupfeld eine umfangreiche Seite mit Modellbeilspielen zu DYNASYS an; STELLA-Modelle werden von der *Creative Learning Exchange* (CLE) angeboten[103]. Eine Ausnahme bildet hier das außergewöhnlich aufwändige und umfangreiche Lehrbuch *Business Dynamics* von John Sterman (Sterman 2000). Sämtliche Modelle dieses Buches sind auf einer mitgelieferten CD-ROM zusammen mit Runtime-Versionen von VENSIM, STELLA und POWERSIM sofort verfügbar, ergänzende Modelle können über eine eigene Web-Site heruntergeladen werden.

Zu den wichtigsten Ergebnissen der Studie *Entwicklung vernetzten Denkens* zählt die Tatsache, dass die auf systemisches Denken bezogenen Lernzuwächse bei denjenigen Schülern am größten waren, deren Lehrer von ihrer Grundeinstellung her selbst am stärksten systemorientiert ausgerichtet waren. Diese Lehrer haben auch den Unterricht selbst als ein systemisches Gesamtvorhaben gesehen. Auf der anderen Seite hat die Analyse der Umsetzung des Lehrplankapitels "Untersuchung vernetzter Systeme" in den österreichischen Schulbüchern gezeigt, dass bei einer ausschließlich per Lehrplan verordneten Entwicklung systemischen Denkens in der Praxis keine großen Wirkungen zu erwarten sind. Mit anderen Worten: *Lehrer(fort)bildung ist der entscheidende Schlüssel für das Lehren und Lernen systemischen Denkens. Wie* eine derartige Lehrerbildung zum pädagogischen Systemdenker aussehen könnte, das ist eine noch weitestgehend offene Frage. Und von daher eine der ganz großen Herausforderungen, der ich mich in meiner weiteren Arbeit gerne stellen möchte.

---

103 Die jeweiligen Links findet man auf meiner *System Dynamics and Systems Thinking Mega Link List* (Ossimitz 2000a).

Literaturverzeichnis

Allen, R. G. D. (1955): *The Engineers Approach to Economic Models.* Economica, 22, 158-168.

Ashby, Ross W. (1956): *Introduction to Cybernetics.* New York: John Wiley and Son.

Augustin, Werner / Petra Ischep / Hermelinde Droneberger (1997): *Das Lehrplankapitel "Untersuchung vernetzter Systeme" in verschiedenen österreichischen Mathematik-Schulbüchern.* Klagenfurt: Institut für Mathematik.
URL: http://www.uni-klu.ac.at/~gossimit/sdyn/sdlb/sdlb.htm

Bachmann, Christian (1983): *Was hat die Ausstellung 'Unsere Welt - ein vernetztes System' bewirkt?* In: F. Vester (Hg.): Unsere Welt – ein vernetztes System (S. 161-174). München: DTV.

Bateson, Gregory (1935): *Culture Contact and Schismogenesis.* Man(35), 178-183.

Beer, Stafford (1959): *Cybernetics and Management.* London: English Universities Press.

Bertalanffy, Ludwig von (1945): *Zu einer allgemeinen Systemlehre.* Deutsche Zeitschrift für Philosophie, 18(3/4).

Bertalanffy, Ludwig von (1968): *General System Theory: Foundations, Development, Applications.* New York: George Braziller.

Blokland, Piet van / Douwe Kok (1989): *Dynamische Simulatie.* Amsterdam: Vrije Universiteit.

Blokland, Piet van / Friedhelm Schumacher (1990a): *Handbuch zur Programmierumgebung VU-Dynamo.* Hamburg: Amt für Schule.

Blokland, Piet van / Friedhelm Schumacher (1990b): *Modellbildung und Simulation mit VU-Dynamo.* Hamburg: Amt für Schule.

Bossel, Hartmut (1985): *Umweltdynamik. 30 Programme für kybernetische Umwelterfahrungen auf jedem BASIC-Rechner.* München: Te-Wi Verlag.

Bossel, Hartmut (1987): *Systemdynamik. Grundwissen, Methoden und Basic-Programme zur Simulation dynamischer Systeme.* Braunschweig: Vieweg.

Brandenburg, R. J. / B. Husch / B. G. Kokavecz (1988): *Dynamos. Werkzeug zur Dynamischen Modellbildung und Simulation. Handbuch und Modellbuch zur gleichnamigen Software.* Braunschweig: Westermann.

Bruckmann, Gerhart (1987): *Zur Didaktik der Systemdynamik.* In: W. Dörfler et al. (Hg.): Wirtschaftsmathematik in Beruf und Ausbildung (S. 41-51). Wien: Hölder-Pichler-Tempsky.

Bürger, Heinrich / Roland Fischer / Otto Hederer, et al. (1991a): *Lehrplanservice Mathematik AHS Oberstufe Kommentar.* Wien: Österreichischer Bundesverlag.

Bürger, Heinrich / Roland Fischer / Günther Malle, et al. (1991b): *Mathematik Oberstufe 3.* Wien: Hölder-Pichler-Tempsky.

Craemer, Diether (1985): *Mathematisches Modellieren dynamischer Vorgänge (Einführung in die Programmiersprache DYNAMO).* Stuttgart: B. G. Teubner.

Davidsen, Pål I. / David N. Ford / Ali Mashayekhi (Hg.) (2000): *Sustainability in the Third Millennium.* Proceedings of the 18th International Conference of the System Dynamics Society. Albany, NY: The System Dynamics Society. ISBN 0-9672914-2-9.

Deutsch, Karl (1948): *Toward a Cybernetic Model of Man and Society, from Some Notes on Research on the Role of Models in the Natural and Social Sciences.* Synthese, 7, 506-533.

Deutsch, Karl (1963): *The Nerves of Government.* London: The free press of Glencoe, Collier-Macmillan.

Dörfler, Willibald / Roland Fischer / Werner Peschek (Hg.) (1987): *Wirschaftsmathematik in Beruf und Ausbildung* (Schriftenreihe Didaktik der Mathematik Band 17). Wien: Hölder-Pichler-Tempsky.

Dörfler, Willibald (1990): *Der Computer als kognitives Werkzeug und kognitives Medium.* In: W. Dörfler et al. (Hg.): Computer-Mensch-Mathematik (Bd. 21, pp. 51-75). Wien: Hölder-Pichler-Tempsky.

Dörfler, Willibald / Werner Peschek / Edith Schneider et al. (Hg.) (1990): *Computer – Mensch – Mathematik.* (Schriftenreihe Didaktik der Mathematik, Band 21). Wien: Hölder-Pichler-Tempsky.

Dörner, Dietrich / Franz Reither (1978): *Über das Problemlösen in sehr komplexen Realitätsbereichen.* Zeitschrift für Experimentelle und Angewandte Psychologie, 25, 527-551.

Dörner, Dietrich / H. W. Kreuzig / Franz Reither, et al. (1983): *Lohhausen. Vom Umgang mit Unbestimmtheit und Komplexität.* Bern: Huber.

Dörner, Dietrich (1989): *Die Logik des Misslingens. Strategisches Denken in komplexen Situationen.* Reinbek: Rowohlt.

Draper, Frank (1991): *Integrating Systems Thinking and Simulation into the Eighth Grade Science Curriculum.* Tucson: Orange Grove Middle School
URL: ftp://sysdyn.mit.edu/ftp/cle/documents/system-ed/SE1993-01IntegratingST&Sim.pdf

Draper, Frank (1993): *A proposed sequence for developing systems dynamics thinking in a grades 4—12 curriculum.* System Dynamics Review, 9(2), 207-214.
URL: ftp://sysdyn.mit.edu/ftp/cle/documents/system-ed/SE1993-01AProposedSequence.pdf

Dürr, Rolf / Jochen Ziegenbalg (1984): *Dynamische Prozesse und ihre Mathematisierung durch Differenzengleichungen.* Paderborn: Schöningh.

Easton, David (1957): *An Approach to the Analysis of Political Systems.* World Politics, 9, 383-400.

Easton, David (1965): *A System Analysis of Political Life.* New York: John Wiley.

Fischer, Roland (1984a): *Offene Mathematik und Visualisierung.* mathematica didactica 7, 14-20.

Fischer, Roland (1984b): *Unterricht als Prozeß der Befreiung vom Gegenstand – Visionen eines neuen Mathematikunterrichts.* JMD, 1(1984), 51-85.

Fischer, Roland / Günther Malle (1985): *Mensch und Mathematik. Eine Einführung in didaktisches Denken und Handeln.* Mannheim: B. I. Wissenschaftsverlag.

Fischer, Roland (1996): *Reflektierte Mathematik für die Allgemeinheit* (1996/15). Wien: IFF.

Fischer, Roland (1998): *Mathematik anthropologisch: Materialisierung und Systemhaftigkeit.* (1998/8). Wien: IFF.

Fischer, Roland (1999): *Technologie, Mathematik und Bewußtsein der Gesellschaft.* In: G. Kadunz et al. (Hg.): Mathematische Bildung und neue Technologien (S. 85-102). Stuttgart: B. G. Teubner.

Fischer, Roland (2000): *Mathematik als Materialisierung des Abstrakten.* In: M. Arnold et al. (Hg.): Studium Integrale (S. 48-58). Wien: Springer.

Fischer, Wolfgang (Hg.) (1998): *Systemorientierte Ansätze in Wirtschaft und Gesellschaft.* Graz: Österreichische Hochschülerschaft.

Forrester, Jay W. (1958): *Industrial Dynamics: A Major Breakthrough for Decision Makers.* Harvard Business Review, 36(4), 37-66.

Forrester, Jay (1961): *Industrial Dynamics.* Cambridge, MA: The MIT Press.

Forrester, Jay (1968): *Principles of Systems.* Cambridge, MA: The MIT Press.

Forrester, Jay W. (1969): *Urban Dynamics.* Cambridge, MA: The MIT. Press.

Forrester, Jay W. (1971): *World Dynamics.* Waltham: Pegasus Communications.

Forrester, Jay W. (1972): *Counterintuitive Behavior of Social Systems.* In: J. W. Forrester (Hg.): Collected Papers of Jay W. Forrester (S. 211-244). Cambridge, MA: Wright-Allen. URL: ftp://sysdyn.mit.edu/ftp/cle/documents/SYSTEM-DYNAMICS/SD1993-01CounterintuitiveBe.pdf

Forrester, Jay, W. (Hg.) (1975): *Collected Papers of Jay W. Forrester* Cambridge, MA: Wright-Allen Press.

Forrester, Jay W. / Peter M. Senge (1980): *Tests for Building Confidence in System Dynamic Models.* In: A. A. J. Legasto (Hg.): System Dynamics (S. 209-228). New York: North-Holland.

Forrester, Jay W. (1991): *System Dynamics and the Lessons of 35 Years* (D-4224-4). Cambridge, MA: Massachusetts Institute of Technology. URL: ftp://sysdyn.mit.edu/ftp/sdep/papers/D-4224-4.pdf

Forrester, Jay W. (1992): *System Dynamics and Learner-Centered-Learning in Kindergarten through 12th-Grade Education* (D-4337). Cambridge, MA: Massachusetts Institute of Technology. URL: ftp://sysdyn.mit.edu/ftp/sdep/Roadmaps/RM1/D-4337.pdf

Forrester, Jay W. (1994): *System Dynamics, Systems Thinking and Soft OR.* System Dynamics Review, 10(2). URL: ftp://sysdyn.mit.edu/ftp/sdep/Roadmaps/RM7/D-4405-1.pdf

Frensch, Peter A./ Joachim Funke (Hg.) (1995): *Complex Problem Solving: The European Perspective* New Jersey: Lawrence Erlbaum Associates Publishers.

Funke, Joachim (1984): *Diagnose der westdeutschen Problemlöseforschung in Form einiger Thesen.* Sprache und Kognition, 3, 1984(3), 159-172.

Funke, Joachim (1985): *Problemlösen in komplexen computersimulierten Realitätsbereichen.* Sprache und Kognition, 4, 1985(3), 113-129.

Funke, Joachim / Horst Müller (1988): *Eingreifen und Prognostizieren als Determinanten von Systemidentifikation und Systemsteuerung.* Sprache und Kognition, 7, 1988(3), 176-186.

Funke, Joachim (1990): *Systemmerkmale als Determinanten des Umgangs mit dynamischen Systemen.* Sprache und Kognition, 9, 1990(3), 143-154.

Funke, Joachim (1995): *Experimental Research on Complex Problem Solving.* In: P. A. Frensch et al. (Hg.): Complex Problem Solving: The European Perspective (S. 243-268). New Jersey: Lawrence Erlbaum Associates Publishers.

Gomez, Peter / Gilbert Probst (1987): *Vernetztes Denken im Management: Eine Methodik des ganzheitlichen Problemlösens* (Die Orientierung 89). Bern: Schweizerische Volksbank.

Gomez, Peter / Gilbert Probst (1997): *Die Praxis des ganzheitlichen Problemlösens: Vernetzt denken, Unternehmerisch handeln, Persönlich überzeugen* (2. Aufl.). Bern: Paul Haupt.

Goodwin, Richard M. (1951): *Econometrics in Business-Cycle Analysis.* In: A. H. Hansen (Hg.): Business Cycles and National Income. New York: W. W. Norton.

Gödel, Kurt (1931): *Über formal unentscheidbare Sätze der 'Principia Mathematica' und verwandter Systeme. I.* Monatshefte für Mathematik und Physik, 1931(38), 173-198.

Hering, Ekbert / Andreas Hermann / Eckhard Kronmüller (1988): *Neue grafische Darstellungsmethode für Simulationsmodelle.* Angewandte Informatik, 1988(2), 90-93.

Hsiao, Naiyi / George P. Richardson (1999): *In Search of Theories of Dynamic Decision Making: A Literature Review.* Albany: University of Albany, State University of New York. URL: http://ALPHA1.albany.edu/~nh7365/litrev1.htm

Hupfeld, Walter (2000): *Modellbildung und Simulation dynamischer Systeme.* (Materialien und DYNASYS-Download). URL: http://www.ham.nw.schule.de/projekte/modsim/

Hussy, Walter (1991): *Komplexes Problemlösen und Verarbeitungskapazität.* Sprache und Kognition, 10, 1991(4), 208-220.

Hübner, R. (1988): *Die kognitive Regelung dynamischer Systeme und der Einfluss analoger versus digitaler Informationsverarbeitung.* Zeitschrift für Psychologie, 196(2), 161 – 170.

Kadunz, Gert / Hermann Kautschitsch / Günther Ossimitz et al. (Hg.) (1994): *Trends und Perspektiven.* (Schriftenreihe Didaktik der Mathematik, Band 23). Wien: Hölder-Pichler-Tempsky

Kadunz, Gert / Günther Ossimitz / Werner Peschek et al. (Hg.) (1994): *Mathematische Bildung und neue Technologien.* Stuttgart und Leipzig: B. G. Teubner

Kautschitsch, Hermann / Wolfgang Metzler (Hg.) (1991): *Anschauliche und experimentelle Mathematik I.* (Schriftenreihe Didaktik der Mathematik, Band 20). Wien: Hölder-Pichler-Tempsky.

Kautschitsch, Hermann / Wolfgang Metzler (Hg.) (1994): *Anschauliche und experimentelle Mathematik II.* (Schriftenreihe Didaktik der Mathematik, Band 22). Wien: Hölder-Pichler-Tempsky.

Klieme, Eckhard / Ulla Maichle (1991): *Erprobung eines Modellbildungssystems im Unterricht. Bericht über eine Pilotstudie zur Unterrichtsevaluation.* Bonn: Institut für Test- und Begabungsforschung.

Klieme, Eckhard / Ulla Maichle (1994): *Modellbildung und Simulation im Unterricht der Sekundarstufe I. Auswertungen von Unterrichtsversuchen mit dem Modellbildungssystem MODUS..* Bonn: Institut für Bildungsforschung.

Klir, George (Hg.) (1991): *Facets of Systems Science.* New York: Plenum Press.

Koller, Dieter (1993): *Vernetztes Denken – Denken in Wirkungsnetzen. Bericht über ein fächerverbindendes Thema in Gymnasien.* Schulintern – Informationen für Lehrer in Baden-Württemberg, 1993(12), 1-4.

Koller, Dieter (1995): *Simulation Dynamischer Vorgänge.* Stuttgart: Klett.

Krieger, David (1996): *Einführung in die allgemeine Systemtheorie.* München: Fink.

Kühle, Hans-Jürgen / Petra Badke (1986): *Die Entwicklung von Lösungsvorstellungen in komplexen Problemsituationen und die Gedächtnisstruktur.* Sprache und Kognition, 5, 1986(2), 95-105.

Landesinstitut für Schule und Weiterbildung (Hg.) (1992): *Lebensgemeinschaft Wald – Beziehungen zwischen Lebewesen.* Soest: Soester Verlagskontor.

Langheim, Richard / Timothy Lucas (1993): *The First Year: Integrating Systems Thinking and Stella into a K-12 Curriculum.* CLE Newsletter 2(1) (1993), 1-5

Leutner, Detlef (1992): *Adaptive Lehrsysteme. Instruktionspsychologische Grundlagen und experimentelle Analysen.* Weinheim: Psychologie Verlags-Union.

Lewin, Kurt (1947): *Feedback Problems of Social Diagnosis and Action.* In: Human Relations (1), Frontiers in Group Dynamics, Part IIB, 147-153.

Lorenz, Edward N. (1963): *Deterministic Nonperiodic Flow.* Journal of the Athmospheric Sciences, 20, 130-141.

Lück, Willi van (1988): *Organische Systeme.* Soest: Institut für Schule und Weiterbildung.

Maaß, Jürgen / Wolfgang Schlöglmann (1994): *Black boxes im Mathematikunterricht.* JMD, 15 (1994) (1/2), 123-147.

Maderner, Josef (1972): *Die Integration von Schulfächern unter besonderer Berücksichtigung des Modells "Politische Bildung".* Wien: Österreichischer Bundesverlag.

Mandinach, Ellen (1989): *Model-Building and the Use of Computer Simulation of Dynamic Systems.* J. Educational Computing Research, 5(2), 221-243.

Maturana, Humberto / Francisco Varela (1987): *Der Baum der Erkenntnis.* München: Goldmann.

Mayer, Horst (1981): *Beschreibende Statistik.* München: Hanser.

Meadows, Dennis / Donella Meadows / Erich Zahn, et al. (1973): *Die Grenzen des Wachstums. Bericht des Club of Rome zur Lage der Menschheit.* Reinbek: Rowohlt.

McCaughan, Nano / Barry Palmer (1997): *Leiten und Leiden. Systemisches Denken für genervte Führungskräfte.* Dortmund: Borgmann

Merton, Robert King (1948): *The Self-Fulfilling Prophecy.* Antioch Review, 1948(Summer), 193-210.

Metzler, Wolfgang (1987): *Dynamische Systeme in der Ökologie.* Stuttgart: B. G. Teubner.

Millwood, Richard (1992): *MODUS – an integrated Model Building System.* In: J. Wedekind et al. (Hg.): Modellbildungssysteme – Konzepte und Realisierungen (S. 141-151). Duisburg: CoMet.

Myrdal, Gunnar (1944): *An American Dilemma: The Negro Problem and modern Democracy.* New York: Harper.

Newell, Allan / J. Cliff Shaw / Herbert Simon (1958): *Elements of a Theory of Human Problem Solving.* Psychological Review, 65(3), 151-166.

Newell, Allan / Herbert Simon (1963): *GPS: A Program that Simulates Human Thought.* In: E. a. J. F. Feigenbaum (Hg.): Computers and Thought. New York: McGraw-Hill.

Newell, Allan / Herbert Simon (1972): *Human Problem Solving.* Englewood Cliffs, NJ: Prentice-Hall.

Novak, J. / A. Bohar-Nordenkampf / H.-C. Schalk, et al. (1991): *Mathematik Oberstufe Band III.* Wien: Hölder-Pichler-Tempsky.

O'Connor, Joseph / Ian McDermott (1998): *Die Lösung lauert überall. Systemisches Denken verstehen und nutzen* (Knut Frierss, Übers.). Kirchzarten bei Freiburg: VAK Verlags GmbH.

Ossimitz, Günther / Franz Schlöglhofer (1988): *Systemdynamik in der Schule – Ein Diskussionspapier zur Lehrplanreform.* Klagenfurt: Universität Klagenfurt.

Ossimitz, Günther / Franz Schlöglhofer (1989): *Lehrplankommentar zum Kapitel "Untersuchung vernetzter Systeme" (Langfassung).* Klagenfurt: Universität Klagenfurt.

Ossimitz, Günther (1990a): *Materialien zur Systemdynamik* (Schriftenreihe Didaktik der Mathematik Band 19). Wien, Stuttgart: Hölder-Pichler-Tempsky, B.G. Teubner.

Ossimitz, Günther (1990b): *Endbericht zum Projekt "Systemdynamik im Mathematikunterricht der AHS-Oberstufe.* Klagenfurt: Universität Klagenfurt.

Ossimitz, Günther / Franz Schlöglhofer (1991): *Untersuchung vernetzter Systeme (Lehrplankommentar).* In: H. Bürger et al. (Hg.): Mathematik AHS Oberstufe Kommentar (S. 198-211). Wien: Österreichischer Bundesverlag.

Ossimitz, Günther (1991a): *Endbericht zum Projekt "Qualitatives und quantitatives Modellieren Dynamischer Systeme".* Klagenfurt: Universität Klagenfurt.

Ossimitz, Günther (1991b): *System Dynamics Modelling in Secondary Schools.* In: M. Niss et al. (Hg.): Teaching of Mathematical Modelling and Applications (S. 213-129). Chichester: Ellis Horwood.

Ossimitz, Günther (1991c): *Mathematik für Betriebswirte.* Dissertation, Institut für Mathematik, Universität Klagenfurt, Klagenfurt.

Ossimitz, Günther (1991d): *Systemdynamik und Mathematikunterricht. Eine Nachlese zur Expertentagung in Bielefeld 6.-9. Dezember 1990* (Occasional Paper 127). Bielefeld: Institut für Didaktik der Mathematik.

Ossimitz, Günther (1991e): *Qualitatives und quantitatives systemdynamisches Modellieren* (Occasional Paper 127). Bielefeld: Institut für Didaktik der Mathematik. URL: http://www.uni-klu.ac.at/~gossimit/pap/qualqua.htm

Ossimitz, Günther (1991f): *Systemdynamik in der Sekundarstufe II.* In: W. Dörfler et al. (Hg.): Computer–Mensch–Mathematik (Bd. 21, pp. 199-206). Wien: Hölder-Pichler-Tempsky.

Ossimitz, Günther (1991g): *Systemdynamische Modelle in Biologie und Ökologie.* Zentralblatt für Didaktik der Mathematik, 6, 221-228.

Ossimitz, Günther (1991h): *Darstellungsformen in der Systemdynamik.* In: H. Kautschitsch et al. (Hg.): Anschauliche und experimentelle Mathematik (S. 175-184). Wien: Hölder-Pichler-Tempsky.

Ossimitz, Günther (1992a): *Endbericht zum Projekt "Evaluation von Systemdynamiksoftware".* Wien: Bundesministerium für Unterricht und Kunst.

Ossimitz, Günther (1992b): *Grafische Repräsentation systemdynamischer Modelle.* Klagenfurt: Universität Klagenfurt.

Ossimitz, Günther (1993a): *The disappearing Multiplier. A System Dynamics Approach to Macroeconomics.* In: G. Karmann et al. (Hg.): Operations Research (Bd. '92, pp. 488-490). Heidelberg: Physica Verlag.

Ossimitz, Günther (1993b): *Ergebnisse einer Evaluierung von Softwareprodukten zur Simulation dynamischer Systeme.* In: K. P. Müller (Hg.): Beiträge zum Mathematikunterricht (S. 299-302). Hildesheim: Franzbecker.

Ossimitz, Günther (1994a): *Der Systembegriff und der Modellbildungsaspekt in der Didaktik der Systemdynamik.* In: H. Kautschitsch (Hg.): Anschauliche und Experimentelle Mathematik II (Bd. 22, pp. 247-260). Wien: Hölder-Pichler-Tempsky.

Ossimitz, Günther (1994b): *Was kann der Mathematikunterricht zum systemischen Denken und Handeln beitragen?* Zentralblatt für Didaktik der Mathematik, 94(6), 196-199.

Ossimitz, Günther (1994c): *Ergebnisse des Forschungsprojekts "Systemdynamiksoftware im Unterricht".* In: K. P. Müller (Hg.): Beiträge zum Mathematikunterricht (S. 271-274). Hildesheim: Franzbecker.

Ossimitz, Günther (1994d): *Modellierung dynamischer Systeme – wozu?* In: H. Hischer (Hg.): Mathematikunterricht und Computer – Neue Ziele oder neue Wege zu alten Zielen? (S. 72-78). Hildesheim: Franzbecker.

Ossimitz, Günther (1994e): *Endbericht zum Projekt "Systemdynamiksoftware im Unterricht"*. Klagenfurt: Universität Klagenfurt.

Ossimitz, Günther (1994f): *Einführung in die Software Powersim.* Klagenfurt: Institut für Mathematik.

Ossimitz, Günther (1995a): *Entwicklung vernetzten Denkens bei Schülern der S II.* In: K. P. Müller (Hg.): Beiträge zum Mathematikunterricht (S. 364-367).

Ossimitz, Günther (1995b): *Leitideen für einen Mathematikunterricht im Informationszeitalter -- Perspektiven für die nächsten Jahrzehnte.* In: H. Hischer et al. (Hg.): Fundamentale Ideen – Zur Zielorientierung eines künftigen Mathematikunterrichts unter Berücksichtigung der Informatik (S. 132-139). Hildesheim: Franzbecker.

Ossimitz, Günther (1995c): *Untersuchungen zur Entwicklung systemischen Denkens* (Konzept für eine Habilitationsschrift). Klagenfurt.

Ossimitz, Günther (1995d): *Systemisches Denken und Modellbilden. Konzeptpapier für den Workshop "Systemisches Denken – Lehren und Lernen in Simulations- und Modellbildungssystemen" am Deutschen Institut für Fernstudien.* Tübingen: Deutsches Institut für Fernstudien. URL: http://www.uni-klu.ac.at/~gossimit/pap/go95d.htm

Ossimitz, Günther (1996a): *Können Schüler im Mathematikunterricht systemisch denken lernen?* In: K. P. Müller (Hg.): Beiträge zum Mathematikunterricht (S. 337-340). Hildesheim: Franzbecker.

Ossimitz, Günther (1996b): *Stand und Perspektiven der Forschung zum systemischen Denken.* In: G. Kadunz et al. (Hg.): Trends und Perspektiven (Bd. 23, pp. 279-286). Wien: Hölder-Pichler-Tempsky.

Ossimitz, Günther (1996c): *Projekt "Entwicklung vernetzten Denkens"* (Endbericht an die Forschungskommission). Klagenfurt: Universität Klagenfurt.

Ossimitz, Günther (1997): *Einführung und Kommentar zum Lehrplankapitel "Untersuchung vernetzter Systeme".* Manuskript, Universität Klagenfurt.
URL: http://www.uni-klu.ac.at/~gossimit/sdyn/lkom.htm

Ossimitz, Günther (1998a): *The development of Systems Thinking Skills.* In: E. Cohors-Fresenborg et al. (Hg.): Selected Papers from the Annual Conference of Didactics of Mathematics 1996. Osnabrück.
URL: http://www.fmd.uni-osnabrueck.de/ebooks/gdm/annual1996.html

Ossimitz, Günther (1998b): *Systemisches Denken und Systemisches Management.* In: W. Fischer et al. (Hg.): Systemorientierte Ansätze in Wirtschaft und Gesellschaft (S. 117-131). Graz: Österreichische Hochschülerschaft.
URL: http://www.uni-klu.ac.at/~gossimit/pap/pap.htm

Ossimitz, Günther (2000a): *System Dynamics and Systems Thinking Mega Link List.*
URL: http://www.uni-klu.ac.at/~gossimit/links/bookmksd.htm.

Ossimitz, Günther (2000b): *Teaching System Dynamics and Systems Thinking in Austria and Germany.* In: Pål I. Davidsen et al.: *Sustainability in the Third Millennium.* Albany, NY: The System Dynamics Society.

Ossimitz, Günther (2000c): *Einführung in die Systemwissenschaften.* Vorlesungsskriptum, Universität Graz URL: http://www.uni-klu.ac.at/~gossimit/pap/pap.htm

Phillips, A. W. (1954): *Stabilization Policy in a Closed Economy.* Economic Journal, 1954(June), 290-305.

Phillips, A. W. (1957): *Stabilization Policy and the Time-Forms of Lagged Responses.* Economic Journal, 1957(June), 265-277.

Powers, William (1973): *Behavior: The Control of Perception.* Chicago: Aldine.

Prigogine, Ilya / Isabelle Stengers (1984): *Order out of Chaos.* New York: Bantam Books.

Probst, Gilbert / Peter Gomez (Hg.) (1991): *Vernetztes Denken: Ganzheitliches Führen in der Praxis* (2 Aufl.) Wiesbaden: Gabler Verlag.

Probst, Gilbert / Bettina Büchel (1994): *Organisationales Lernen: Wettbewerbsvorteil der Zukunft.* Wiesbaden: Gabler Verlag.

Putz-Osterloh, Wiebke (1983): *Über Determinanten komplexer Problemlösungen und Möglichkeiten zu ihrer Erfassung.* Sprache und Kognition, 1983(2), 100-116.

Putz-Osterloh, Wiebke (1987): *Gibt es Experten für komplexe Probleme.* Zeitschrift für Psychologie, 195(1987), 63-84.

Putz-Osterloh, Wiebke / Birgit Bott / Isabel Houben (1988): *Beeinflusst Wissen über ein realitätsnahes System dessen Steuerung?* Sprache und Kognition, 7, 1988(4), 240-251.

Rapoport, Anatol (1986): *General System Theory. Essential Concepts & Applications.* Tunbridge Wells, Kent: Abacus Press.

Ratzinger, Wolfgang / Otmar Haring / Wolfgang Jansche (1993): *Entdecken und Experimentieren mit der Tabellenkalkulation.* Linz: Veritas.

Rauch, Hans (1985): *Modelle der Wirklichkeit: Simulation dynamischer Systeme mit dem Microcomputer.* Hannover: Heise.

Reichel, Hans-Christian / Robert Müller / Günter Hanisch, et al. (1992): *Lehrbuch der Mathematik 7.* Wien: Hölder-Pichler-Tempsky.

Reither, Franz (1985): *Wertorientierung in komplexen Entscheidungssituationen.* Sprache und Kognition, 1985(1), 21-27.

Richardson, George P. (1991): *Feedback Thought in Social Science and Systems Theory.* Philadelphia: University of Pennsylvania Press.

Richmond, Barry / Steve Peterson / Peter Vescusco (1987): *An Academic User's Guide to STELLA.* Lyme, NJ: High Performance Systems, Inc.

Richmond, Barry (1991): *Systems Thinking: Four Key Questions.* Lyme, NH: High Performance Systems Inc.
URL: ftp://sysdyn.mit.edu/ftp/cle/documents/system-ed/SE1993-05STFourKeyQuestions.pdf

Richmond, Barry (1993): *Systems thinking: critical thinking skills for the 1990s and beyond.* System Dynamics Review, 9(2), 113-133.
URL: ftp://sysdyn.mit.edu/ftp/cle/documents/system-ed/SE1993-05STCriticalThinking.pdf

Richmond, Barry (1994): *System Dynamics/Systems Thinking: Let's just Get On With It.* Lyme, NH: High Performance Systems, Inc.

Rieckmann, Heijo (1997): *Führen und Managen am Rande des Dritten Jahrtausends.* Frankfurt: Peter Lang.

Roberts, Nancy (1978): *Teaching Dynamics Feedback Systems Thinking: An Elementary View.* Management Science (24/8) (1978).
URL: ftp://sysdyn.mit.edu/ftp/cle/documents/system-ed/SE1993-01TeachingFeedBackST.pdf

Roberts, Fred S. (1979): *Measurement theory, with applications to decision making, utility, and the social sciences.* Encyclopedia of Mathematics and its Applications, Vol. 7. Reading, MA: Addison-Wesley.

Roberts, Nancy / David Andersen / Ralph Deal et al. (1983): *Introduction to Computer Simulation. A System Dynamics Modeling Approach.* Reading, MA: Addison-Wesley

Schecker, Horst / Eckhard Klieme / Hans Niedderer, et al. (1997): *Physiklernen mit Modellbildungssystemen. Förderung physikalischer Kompetenz und systemischen Denkens durch computergestützte Modellbildungssysteme* (Zwischenbericht zum DFG Projekt). Bremen und Bonn: Universität Bremen, Institut für Bildungsforschung Bonn.

Schecker, Horst / Eckhard Klieme / Hans Niedderer, et al. (1999): *Physiklernen mit Modellbildungssystemen. Förderung physikalischer Kompetenz und systemischen Denkens durch computergestützte Modellbildungssysteme* (Abschlussbericht zum DFG Projekt). Bremen und Bonn: Universität Bremen, Institut für Bildungsforschung Bonn.

Schlöglhofer, Franz (1993): *"Das Lehrplankapitel "Untersuchung vernetzter Systeme" im österreichischen Mathematiklehrplan der Oberstufe der AHS.* Dissertation, Institut für Mathematik, Universität Klagenfurt.

Schwarz, Gerhard (1985): *Die Heilige Ordnung der Männer.* Opladen: Westdeutscher Verlag.

Seel, Norbert M. (1991): *Weltwissen und mentale Modelle.* Göttingen: Hogrefe.

Senge, Peter M. (1990): *The Fifth Discipline: the Art and Practice of the Learning Organization.* New York: Doubleday.

Senge, Peter / Art Kleiner / Charlotte Roberts, et al. (1994): *The Fifth Discipline Fieldbook.* London: Nicholas Brealey.

Senge, Peter (1998): *Die fünfte Disziplin. Kunst und Praxis der lernenden Organisation* (Maren Klostermann, Übers.) (6. Aufl.). Stuttgart: Klett-Cotta.

Staschen, Susanne / Joachim Wedekind (1989): *Nara – Leben in der Sahel-Zone* (Studienbrief 1-5). Tübingen: DIFF.

Sterman, John D. (2000): *Business Dynamics. Systems Thinking and Modeling for a Complex World.* Boston: Irwin McGraw-Hill.

Sternemann, Wilhelm (1994): *Inhalte einer systemdynamischen Ausbildung im Mathematikunterricht.* In: H. Hischer (Hg.): Mathematikunterricht und Computer (S. 84-90). Hildesheim: Franzbecker.

Stieglitz, Rainer / Bernd Freisberg (1991): *Wirtschaftskapitän – Modellbildung und Simulation*. Soest: Institut für Schule und Weiterbildung.

Stieglitz, Rainer (1994): *Systemorientierte Modellbildung*. Soest: Landesinstitut für Schule und Weiterbildung.

Strohschneider, Stefan (1986): *Zur Stabilität und Validität von Handeln in komplexen Realitätsbereichen*. Sprache und Kognition, 1986(1), 42-48.

Strzalka, Jutta / Josef Strzalka (1986): *Perspektivisches Denken und Reflexionen beim Lösen eines komplexen Problems*. Sprache und Kognition, 5, 1986(4), 202-210.

Stuntz, Lees (Hg.) (2000): *The Creative Learning Exchange Website*. URL: http://sysdyn.mit.edu/cle/

Tustin, Arnold (1953): *The Mechanism of Economic Systems*. Cambridge, MA: Harvard University Press.

Ulrich, Hans / Gilbert Probst (1988): *Anleitung zum ganzheitlichen Denken und Handeln*. Bern: Paul Haupt Verlag.

Vester, Frederic (1972): *Das Überlebensprogramm*. München: Kindler.

Vester, Frederic (1978): *Denken, Lernen, Vergessen*. München: DTV.

Vester, Frederic / Alexander von Hesler (1980): *Sensitivitätsmodell*. Frankfurt/Main: Umweltbundesamt.

Vester, Frederic (1983a): *Ballungsgebiete in der Krise*. München: DTV.

Vester, Frederic (1983b): *Unsere Welt – ein vernetztes System*. München: DTV.

Vester, Frederic (1984): *Neuland des Denkens*. München: DTV.

Vester, Frederic (1988): *Leitmotiv vernetztes Denken*. München: Heyne.

Vester, Frederic (1999): *Die Kunst vernetzt zu denken. Ideen und Werkzeuge für einen neuen Umgang mit Komplexität*. Stuttgart: DVA.

Walser, Werner / Joachim Wedekind (1991): *Konzeption eines grafisch interaktiven Modellbildungssystems* (Arbeitsberichte Medienforschung 4). Tübingen: Deutsches Institut für Fernstudien.

Walser, Werner (1992): *MOBILE: Ein Modellbildungssystem mit struktureller Modellrepräsentation*. In: J. Wedekind et al. (Hg.): Modellbildungssysteme – Konzepte und Realisierungen (S. 33-55). Duisburg: CoMet.

Waters Foundation (ed) (1996): *Systems thinking and System Dynamics in K-12 Education*. Waters Foundation.

Watzlawick, Paul / Janet H. Beavin / Don D. Jackson (1969): *Menschliche Kommunikation: Formen, Störungen, Paradoxien*. Bern: Hans Huber.

Watzlawick, Paul / John H. Weakland / Richard Fisch (1974): *Lösungen: zur Theorie und Praxis menschlichen Wandels*. Bern: Huber.

Wedekind, Joachim / Werner Walser (Hg.) (1992): *Modellbildungssysteme – Konzepte und Realisierungen* Duisburg: CoMet Verlag.

Weick, Karl (1969): *The Social Psychology of Organizing*. New York: Addison-Wesley.

Wiener, Norbert (1948): *Cybernetics: or Control and Communication in the Animal and the Machine*. Cambridge, MA: MIT Press.

Wiener, Norbert (1950): *The Human Use of Human Beings*. New York: Houghton Mifflin.

Winkelmann, Bernard (Hg.) (1991): *Systemdynamik und Mathematikunterricht* (Occasional Paper 127). Bielefeld: Institut für Didaktik der Mathematik.

Winkelmann, Bernard (1992a): *Wachstum – Modellbildung und Simulation im Mathematikunterricht* (17 WA). Soest: Landesinstitut für Schule und Weiterbildung.

Winkelmann, Bernard (1992b): *Dynamische Systeme und rationales Verhalten.* Mathematikunterricht (4-1992), 46-61.

Winkelmann, Bernard (1994): *Modellbildung und Simulation im Mathematikunterricht.* In: H. Hischer (Hg.): Mathematikunterricht (S. 79-83). Hildesheim: Franzbecker.

Winkelmann, Bernard (1996): *Mathematische Aufgabentypen zur Systemdynamik.* In: G. Kadunz et al. (Hg.): Trends und Perspektiven (S. 423-430). Wien: Hölder-Pichler-Tempsky.

Wirth, Nikolaus (1972): *Algorithmen und Datenstrukturen.* Stuttgart: Teubner.

Yates, Eugene F. (Hg.). (1987): *Self-Organizing Systems: The Emergence of Order.* New York: Plenum Press.

Anschrift des Autors:

Dr. Günther Ossimitz
Abteilung Didaktik der Mathematik
Universität Klagenfurt
Universitätsstr. 65
A-9020 Klagenfurt
Österreich/EU

Mail: ossimitz@bigfoot.com
Web: http://www.guenther.ossimitz.at/